高职高专计算机专业精品教材

# Red Hat Enterprise Linux
# 服务器配置与管理

张恒杰　张　彦　主　编

武云霞　杨良军　副主编

清华大学出版社
北京

## 内 容 简 介

本书以目前被广泛应用的 Red Hat Enterprise Linux 服务器 6.2 版为例,从实际应用的角度全面介绍了 Linux 的系统管理与利用 Linux 操作系统架设常见网络服务器的方法。内容包括 Linux 的安装与启动、shell 基本命令、用户和组管理、文件系统管理、Linux 服务与进程管理、配置网络、配置 Samba 服务器、配置 DNS 服务器、配置 Web 服务器、配置 FTP 服务器、配置 DHCP 服务器、配置 E-mail 服务器、配置 Linux 防火墙与配置 SELinux 等内容。

本书内容深入浅出,知识全面且实例丰富,语言通俗易懂。本书采用教、学、做相结合的模式,以培养技能型人才为目标,注重知识的实用性和可操作性,强调职业技能训练,是 Linux 组网技术的理想教材。

本书适合作为高职高专院校相关专业的教材,同时也是广大 Linux 爱好者不可多得的一本入门级参考书,也可作为中小型网络管理员、技术支持人员以及从事网络管理的网络爱好者必备的参考书。

**图书在版编目(CIP)数据**

Red Hat Enterprise Linux 服务器配置与管理/张恒杰等主编. —北京:清华大学出版社,2013
(2019.12重印)

高职高专计算机专业精品教材

ISBN 978-7-302-32766-0

Ⅰ. ①R… Ⅱ. ①张… Ⅲ. ①Linux 操作系统-高等职业教育-教材　Ⅳ. ①TP316.89

中国版本图书馆 CIP 数据核字(2013)第 130859 号

责任编辑:张龙卿
封面设计:徐日强
责任校对:李　梅
责任印制:刘海龙

出版发行:清华大学出版社
　　　　网　　　址:http://www.tup.com.cn,http://www.wqbook.com
　　　　地　　　址:北京清华大学学研大厦 A 座　　　　　　邮　　编:100084
　　　　社 总 机:010-62770175　　　　　　　　　　　　　邮　　购:010-62786544
　　　　投稿与读者服务:010-62776969,c-service@tup.tsinghua.edu.cn
　　　　质量反馈:010-62772015,zhiliang@tup.tsinghua.edu.cn
　　　　课件下载:http://www.tup.com.cn,010-62795764

印 装 者:三河市君旺印务有限公司
经　销:全国新华书店
开　本:185mm×260mm　　印　张:22.5　　字　数:514 千字
版　次:2013 年 10 月第 1 版　　印　次:2019 年 12 月第 6 次印刷
定　价:39.50 元

产品编号:052077-01

# 前 言

  Linux 是真正的多用户、多任务的操作系统。在个人机和工作站上使用 Linux 能更有效地发挥硬件的功能，使台式机能胜任工作站和服务器的功能。与其他著名的操作系统相比，Linux 在 Internet 和 Intranet 的应用中占有明显优势，在教学和科研等领域也展现出广阔的应用前景。

  Linux 产品有很多版本，真可谓"百花齐放"。红帽企业级 Linux 6（代号 Santiago）是最新研发出来的，红帽在该版本中特别注意了可扩展性和灵活性，该版本可以支持物理、虚拟和云系统。它集 UNIX 系统的强大、稳定和良好用户界面于一身，提供了完美的中文支撑环境，方便、简捷、灵活的图形化全中文安装、配置界面，为不同的应用需求提供有力的支持。

  本书以最流行的 Red Hat Enterprise Linux 高级服务器 6.2 为蓝本，全面系统地介绍了 Linux 的概念、使用和实现。全书共 14 章。

  第 1 章是 Linux 的安装与启动，给出有关操作系统的一些概念和术语，并较全面地介绍 Linux 操作系统的功能、版本、特点以及安装和启动过程。

  第 2 章介绍 shell 基本命令，即如何在安全的环境中执行系统命令，包括有关文件、目录、文件系统、进程等概念，如何使用相应的命令对文件、目录、进程及软盘等进行管理，遇到问题时如何找到帮助信息等。

  第 3 章介绍 Linux 系统上用户和组的管理。

  第 4 章介绍了 Linux 文件系统的类型以及文件系统的管理命令。

  第 5 章介绍了 Linux 服务和进程管理，即 Linux 操作系统的功能和实现，包括 Linux 核心的一般结构，进程的概念，进程的调度和进程通信，文件系统的构成和管理，内存管理，设备驱动以及中断处理等。

  第 6 章介绍 Linux 网络的相关文件及 TCP/IP 配置。

  第 7 章至 12 章分别介绍 Samba 服务、DNS 服务、Web 服务、FTP 服务、DHCP 服务器和 E-mail 服务器的功能、安装、启动及配置方法。

  第 13 章和 14 章分别介绍了 Linux 防火墙和 SELinux 的相关概念和使用方法。

本书是在多年 UNIX/Linux 教学、科研的基础上编写的,充分考虑到本书的读者范围,内容由浅入深。在每章的开头部分简要介绍本章的内容,然后分层次讲解有关的概念和知识,讲述具体的应用技术,如命令格式、功能、具体应用实例以及使用中会出现的主要问题等。在语言上注意通俗易懂,将问题、重点、难点归纳成条,便于教学、培训和自学。

本书适用于具有一定计算机基础的读者,适合作为高职高专计算机及相关专业的教材,也可作为 Linux 应用技术的培训、自学用书,还可供网络组建、管理和维护技术人员参考使用。

本书由张恒杰编写了第 1~4 章,武云霞编写了第 5 和 6 章,杨良军编写了第 7 和 8 章,张彦编写了第 10 和 11 章,吴昊编写了第 9 和 12 章,高强编写了第 13 和 14 章。全书由张恒杰统稿。限于编者水平有限,加上时间紧迫,Linux 技术又发展迅速,故书中难免存在疏漏、欠妥,甚至错误之处,请广大读者发现后及时予以指正,也恳切期望大家提出建议,在此表示感谢。

作 者
2013 年 8 月

# 目 录

# 第 1 章　Linux 的安装与启动

Linux 是当前最具发展潜力的计算机操作系统，Internet 的旺盛需求正推动着 Linux 的发展。本章介绍了 Linux 系统的发展历史、版本及特点。本书选择流行的企业版 Linux-64 位 Red Hat Enterprise Linux 的最新版本 6.2 为例进行介绍。

**本章要点：**

(1) 了解 Linux 的发展史。

(2) 了解 Linux 版本及特点。

(3) 掌握 Linux 的安装方法。

(4) 掌握 Linux 的启动及关闭方法。

## 1.1　Linux 概　述

### 1.1.1　Linux 简介

简单地说，Linux 是一套免费使用和自由传播的类似 UNIX 的操作系统，它主要用于基于 Intel x86 系列 CPU 的计算机上。这个系统是由遍布全球的成千上万的程序员设计和实现的。其目的是建立不受任何商品化软件版权制约的、全世界都能自由使用的 UNIX 兼容产品。

Linux 的出现，最早开始于一位名叫 Linus Torvalds 的计算机业余爱好者，当时他是芬兰赫尔辛基大学的学生。他的目的是设计一个代替 Minix（是由一位名叫 Andrew Tannebaum 的计算机教授编写的一个操作系统演示程序）的操作系统，这个操作系统可用于 386、486 或奔腾处理器的个人计算机上，并且具有 UNIX 操作系统的全部功能，因而开始了 Linux 雏形的设计。1991 年 10 月 5 日，Linus Torvalds 在新闻组 comp. os. minix 发表了 Linux 的正式版V0.02。1992 年 1 月，全世界大约有 100 个人在使用 Linux，他们为 Linus 所提供的所有初期的上载源代码做评论，并为了解决 Linux 的错误而编写了许多插入代码段。1993 年，Linux 的第一个"产品"版 Linux 1.0 问世，它按完全自由扩散版权进行扩散。它要求所有的源码必须公开，而且任何人均不得从 Linux 交易中获利。1994 年，Linux 决定转向 GPL 版权，这一版权除了规定有自由软件的各项许可权之外，还允许用户出售自己的程序。1997 年，Linux 支持者群体在众多的软件公司中一举胜出，荣获了美国 *InfoWorld* 杂志的最佳技术支持奖，而这一奖项原本只是为商业公司而设立的。

1997 年夏天,制作电影《泰坦尼克号》所用的 160 台 Alpha 图形工作站中,有 105 台采用了 Linux 操作系统。1998 年,Linux 赢得大型数据库软件公司 Oracle、Informix、Ingres 的支持。1998 年 Linux 在全球范围内的装机台数最低估计为 300 万。经过遍布于全世界 Internet 上自愿参加的程序员的努力,加上计算机公司的支持,Linux 的影响和应用日益广泛,地位直逼 Windows NT。据 IDC 的统计数字,若以销量计算,1999 年在服务器操作系统市场占有率方面,Microsoft 的 Windows NT 仍然位居榜首,与 1998 年一样占有市场的 38%;至于"后起之秀"的 Linux 则售出 135 万套占第二位,市场占有率由 1998 年的 16% 升至 25%。同时,UNIX 操作系统的销量却由 1998 年的 19% 下跌至 15%。调查还显示,Linux 软件销量增长速度比预期快得多。IDC 原来曾预测,Linux 在 2002 年或 2003 年才能升上销量榜的第二位,但这一目标已经于 1999 年提前实现了。当然,除了上述外因之外,Linux 本身所具有的优点更是关键。

Linux 以它的高效性和灵活性著称。支持多种文件系统及跨平台的文件服务,可胜任文件服务器和 FTP 服务器用途,并提供了 UNIX 风格的设备和 SMB(Server Message Block)共享设备方式的文件打印服务。多数 Linux 发行版本都提供了以图形界面方式或标准 UNIX 命令行方式的系统管理功能,可以快速高效地管理用户及文件系统。Linux 内置 TCP/IP 协议,并支持所有基于 Internet 的通用协议,可用作 Web 服务器、邮件服务器和域名服务器等。在系统安全性方面,Linux 提供了包括文件访问控制、防火墙及代理服务等多种功能,对基于 Windows 的各类病毒具有天然的免疫能力。另外,Linux 还支持多处理器,可运行于 Intel、Alpha、Sparc、Mips 及 Power PC 等多种处理器平台上,并已具备较好的硬件自动识别能力。

除上述优点之外,Linux 操作系统还可以从 Internet 上直接免费下载使用,只要用户有快速的网络连接即可。而且,Linux 平台上的许多应用程序也是免费获取的。此外,使用 Linux 还可以帮助公司节省硬件费用,因为即使是在 386 档次的 PC 上,Linux 及其应用程序也能运行自如。不过,像其他的软件一样,Linux 也存在一些问题,如发行版种类太多,易用性不够,服务与技术支持不如商业软件且支持硬件种类相对较少等。但瑕不掩瑜,Linux 众多的优点还是得到了许多用户的喜爱。

说到 Linux 的应用,企业是首选。现在,一台 Linux 服务器可以支持 300 个用户同时工作而没有丝毫问题,而一台 Linux 打印服务器支持 200～300 台网络打印机更是轻松自如。Linux 强劲的发展势头,使得各大数据库厂商纷纷将他们的数据库产品移植到 Linux 上来。到目前为止,已有 Sybase、Informix、Oracle、IBM 推出了基于 Linux 的数据库产品。Lotus 也决定推出基于 Linux 系统的群件产品:Domino/Notes;Dell、HP、Compaq 也纷纷推出采用 Linux 系统为网络操作系统的网络服务器。国内也有联想、浪潮等厂商加入了这一行列。这些大型软硬件厂商的支持足以增强用户使用 Linux 的信心。对于喜爱 UNIX,但又买不起商业版 UNIX 的个人用户而言,Linux 是其最佳的选择。因为 Linux 是一个完全的 UNIX 兼容产品,可以让用户享受 UNIX 的一切特性,而且是完全免费的。

众所周知,Linux 是开放源代码的操作系统,随软件一起可以得到包括内核在内的所有源代码,所以很适合高校计算机专业的教学使用,特别是操作系统设计的课程教学。通过实际的学习及剖析,学习者可以彻底明白操作系统的机理,从而像 Linus 一样,设计自己的操作系统。据相关报道,Linux 正得到非计算机专业大学生的喜爱。由此看来,Linux 在高校的发展前景不可限量。另外,如果用户想充分发挥计算机的潜在功能,或是一个计算机编程爱好者希望知道整个系统的来龙去脉,那么 Linux 将非常适合,因为它的发行版中包含了所有应用软件的源代码;如果用户希望能得到一个运行稳定、可靠的系统,那么也可以试一试 Linux;如果用户对计算机发展的新技术感兴趣,那么也应使用 Linux,因为最新的软件包中可以找到像 SMP、IP 隐藏、IPv6、群集等;如果用户需要强劲的科学计算、强大的图形图像处理软件,也许 Linux 正是用户要寻找的操作系统。

Linux 起步时就敢于向 Microsoft 和 Sun 挑战。最近几年,弃 DOS 或 Windows 而采用 Linux 的用户与日俱增。其实,Linux 的成功与它在许多计算机平台上运行时的稳定性有关,但最重要的原因还是"免费"。此外,Linux 程序只有 Windows NT 大小的一半,Windows NT 凭借强劲的网络性能争霸企业市场。而 Linux 的出现,虽然不能很快改变形势,但却在 Microsoft 控制的平静水面上激起了浪花。不过,Linux 若要与 Windows 对抗,首先要得到其他机构的支持,克服装载应用程序及标准接口的问题。除上述原因之外,Linux 之所以能很快进入角色,是因为得到各方的鼎力支持。目前,支持 Linux 阵营的公司包括 IBM、SCO、Adobe、Corel、Oracle、Informix 和 NetScape 等。

IBM 向外界透露了该公司长期的 Linux 战略,它宣布将把 Linux 操作系统的安装范围扩大到瘦客户机、服务器和笔记本电脑领域。同时,IBM 近日还透露 Linux 不久将用在其 Network Station 2200 和 2800 瘦客户机上,同时把 Linux 作为其 Netfinity 服务器和 ThinkPad 笔记本电脑的预装选项。IBM 公司还称,它将使其 ViaVoice 语言识别技术用于 Caldera Systems、Red Hat 和 SuSe 等 Linux 产品之上,并且为 Linux 软件开发商建立了一个免费开发商软件包。SCO 公司则计划推出一个跨平台 Tarantella 网上中间件为 Linux 版本。它在 2000 年推出 Tarantella,并已经与 Linux 销售商 Caldera Systems、SuSe 和 Turbo Linux 签署了协议。SCO 公司称,虽然 Tarantella 将被用在开放源码的操作系统上,但它仍将保留其独立性,不会提供给开放源码委员会,但新版本将使在网络中运行的 Linux 客户机能够通过浏览器软件访问 Web tops。Adobe 公司从 2000 年就已经开始提供 Adobe Acrobat Distiller 的最新 Linux 版本。与此同时,Adobe Acrobat Distiller Server 软件的 Linux、Sun Sparc Solaris 和 Windows NT 版也已于 2000 年发布。

## 1.1.2 Linux 的版本

Linux 的版本可以分为两类:内核(Kernel)版本与发行(Distribution)版本。内核版本是指在 Linux 领导的开发小组开发出来的系统内核版本号,其命名是有一定规则的,版本号的格式通常为"主版本号.次版本号.修订号"。主版本号和次版本号标志着重要的功能变动,修订号表示较小的功能变更。其中,次版本号还有特定的意义:如果是偶数,就表示该内核是一个可放心使用的稳定版;如果是奇数,则表示该内核加入了某些测试的新功能,是一个内部可能存在着 Bug 的测试版。众所周知,使用仅有内核没有应用软件的操作系统极为不便,而一些组织或公司将 Linux 内核与应用软件和文档包装起来,并提供一些安装界面和系统设置与管理工具，这样就构成了一个发行版本。例如通常所说的 Mandriva Linux、Red Hat Linux、Debian Linux 和国产的红旗 Linux 等。

**1. Red Hat Linux**

Red Hat Linux 最早由 Bob Young 和 Marc Ewing 于 1995 年开发，目前 Red Hat Linux 分为两个系列：由 Red Hat 公司提供收费技术支持和更新的 Red Hat Enterprise Linux，其登录界面如图 1-1 所示，以及由社区开发的免费的 Fedora Core。

图 1-1　Red Hat Linux 登录界面

Red Hat Linux 是一个比较成熟的 Linux 版本，无论是销售还是装机量都比较可观。该版本从 4.0 时就开始同时支持 Intel、Alpha 和 Sparc 硬件平台，并且通过 Red Hat 公司的开发，用户可以轻松地进行软件升级并彻底卸载应用软件和系统部件。Red Hat Enterprise Linux 是一个收费的操作系统，它适用于服务器；Fedora Core 是一个免费版本，该版本提供了最新的软件包，且其版本的更新周期也非常短，只有 6 个月，目前最新版本为 Fedora Core 19。本书将以成熟、稳定的 Red Hat Enterprise Linux 6.2 为基础，全面讲解 Linux 操作系统的相关知识。

**2. Mandriva Linux**

国内最早开始流行 Linux 操作系统时，Mandriva 非常流行。最早的 Mandriva 原名为 Mandrake，是其开发者基于 Red Hat Linux 进行开发的。Red Hat 采用 GNOME 桌面系统，而 Mandrake 采用了 KDE。由于安装 Linux 时比较复杂，为方便第一次接触 Linux 的新手使用，Mandrake 简化了系统安装过程。不但如此，该版本当时还在易用性方面做了很多努力，包括默认情况下的硬件检测等，这也是当时能在国内流行的原因之一。其登录界面如图 1-2 所示。

**3. Debian Linux**

Debian Linux 最早由 Ian Murdock 于 1993 年开发，可以称得上迄今为止最遵循

GNU 规范的 Linux 操作系统。该版本有 3 个系统分支：Stable、Testing 和 Unstable。到 2005 年 5 月，3 个版本分别为 Woody、Sarge 和 Sid。其中，Unstable 为最新测试版本，其中包括最新的软件包，但是也有相对较多的 Bug，适合桌面用户；而 Testing 版本经过 Unstable 中的测试，相对较为稳定，也支持了不少新技术；Woody 一般只用于服务器，上面的软件包大部分都比较过时，但是稳定性和安全性都非常高。其界面如图 1-3 所示。

图 1-2　Mandriva Linux 登录界面

图 1-3　debian Linux 界面

**4. 红旗 Linux**

红旗（RedFlag）Linux 中文操作系统是中国科学软件所、北大方正电子有限公司和康柏计算机公司联合推出的具有自主版权的全中文化 Linux 发行版本。

红旗 Linux 中全新优化整合的 KDE 图形环境、桌面设计、结构布局和菜单设计完整

5

和谐，令人耳目一新；集成的硬件自动检测功能满足 PC 用户硬件的随时更换；高质量中文字体显示、高效率文字输入法选择确保用户系统办公的工作品质；具有高效完善的网络使用功能、快捷友好的打印机管理和配置工具；人性化设计的在线升级工具、身份注册、软件更新、数据库管理一应俱全；用户可各取所需实时提升系统性能，定制个性化桌面环境，拥有完善的工作平台；图形图像软件从基本的 PS/PDF 文件阅读工具到看图、画图、截图再到图像的扫描、数码相机支持，全线集成满足用户的各种需求。其启动界面如图 1-4 所示。

图 1-4　红旗 Linux 启动界面

### 1.1.3　Red Hat Enterprise Linux

　　Red Hat Enterprise Linux 简称 RHEL，是 Red Hat 公司的 Linux 发行版，面向商业市场，包括大型机。红帽公司对企业版 Linux 的每个版本提供 7 年的支持。

　　Red Hat 于 2010 年 11 月 11 日发布 Enterprise Linux 6 正式版，该版本包含更强大的可伸缩性和虚拟化特性，并全面改进了系统资源分配和节能方案。从理论上讲，RHEL 可以在一个单系统中使用 64000 个核心。除了更好的多核心支持，RHEL 6.2 还继承了 RHEL 5.5 版本中对新型芯片架构的支持，其中包括英特尔的 Xeon 5600 和 7500，以及 IBM 的 Power 7。新版本带来了一个完全重写的进程调度器和一个全新的多处理器锁定机制，并利用 NVIDIA 图形处理器的优势对 GNOME 和 KDE 做了重大升级，新的系统安全服务守护程序（SSSD）功能允许集中身份管理，而 SELinux 的沙盒功能允许管理员更好地处理不受信任的内容。RHEL 6.2 内置的新组件有 GCC 4.4（包括向下兼容 RHEL 4 和 RHEL 5 组件）、OpenJDK 6、Tomcat 6、Ruby 1.8.7、Rails 3、PHP 5.3.2 与 Perl 5.10.1，数据库前端有 PostgreSQL 8.4.4，MySQL 5.1.47 和 SQLite 3.6.20。

　　Red Hat Enterprise Linux 6 提供以下几方面内容。

　　（1）大规模、适合企业集中化管理的高性能应用程序平台。

　　（2）针对高端可伸缩性硬件平台的进一步效能优化。

（3）在性能、灵活性及安全性方面达到业界领先水平的虚拟化主机及客户机方案。

（4）为降低环境影响及减少二氧化碳排放提供延展性支持。

（5）可以通过多种方式部署，包括物理、虚拟化以及云方式等。

## 1.1.4　Linux 的特性

相对于其他操作系统，Linux 系统有如下特性。

### 1. 自由与开放

由于 Linux 基于 GPL(General Public License)架构，因此它是自由软件，即任何人都可以自由地使用或修改其中的源码，这就是所谓的"开放性架构"，这对科学界来说相当重要。很多工程师由于特殊需求，常常需要修改系统源码，使该系统可以满足自己的需求。这个开放性的架构可以满足不同需求的工程师，因此就有可能越来越流行。

### 2. 配置要求低廉

Linux 可以支持个人计算机的 x86 架构，系统资源不必像早期的 UNIX 系统那样，仅适合于公司(例如 Sun)的单一设备。不过，如果想要在 Linux 下执行 X Window 系统，硬件的等级就不能太低。

### 3. 功能强大而稳定

由于 Linux 并不比一些大型的 UNIX 工作站功能少，因此，近年来越来越多的公司或团体、个人投入到这个操作系统的开发与整合工作中。

### 4. 独立工作

由于这个操作系统使用了很多软件套件，这些套件软件都在 Linux 操作系统上进行了开发与测试，因此，Linux 近来已经可以独力地完成几乎所有的工作站或服务器的服务，例如 Web、Mail、Proxy、FTP 等。

目前 Linux 已经是相当成熟的一套操作系统，耗资源低又可以自由获取，给微软带来了相当大的压力。由于系统硬件要求很低，而且目前"Intel 的阴谋"造成了相当多的硬件设备被淘汰，Linux 利用这些被淘汰的硬件设备就可以执行得相当顺畅与稳定，因此也引起相当多人士的关注。

"自由获取(free)"的操作系统，也是 Linux 受到瞩目的原因之一。它是开放性的系统，也就是说可以随时获取程序的源码，这对于程序开发工程师而言是很重要的。虽然是自由获取的自由软件，不过它的功能却很强大，并且 Linux 对硬件要求很低，这一点是它流行的主要原因。因为硬件淘汰太快了，很多人都有一些淘汰的硬件，将这些硬件组织起来就可以用来运行 Linux，而且组建一个工作站并不使用屏幕(只要主机就可以)，所以 Linux 就越来越流行。(也是因为 Linux 具有硬件要求低、架构开放、系统稳定、保密功能强和完全免费的特点，所以造成一些"反微软联盟"的程序设计高手不断开发新软件，以与

7

微软进行抗衡。)

## 1.1.5 Linux 的优缺点

### 1. Linux 的主要优点

（1）稳定的系统

Linux 是基于 UNIX 概念而开发出来的操作系统，具有与 UNIX 系统相似的程序接口和操作方式，继承了 UNIX 稳定且有效率的特点。安装 Linux 操作系统的主机连续运行 1 年以上不曾死机、不必关机是很平常的事。

（2）免费或少许费用

由于 Linux 是基于 GPL 基础的产物，因此任何人均可以自由获取 Linux，"安装套件"发行者发行的安装光盘仅需少许费用即可获得，不像 UNIX 那样，需要负担庞大的版权费用，当然也不同于微软需要不断地更新系统，并且缴纳大量费用。

（3）安全性、漏洞的快速修补

如果经常上网，常常会听到人们说"没有绝对安全的主机"。没错，不过 Linux 由于支持者众多，有相当多的热心团体、个人参与开发，因此可以随时获得最新的安全信息，并随时更新，相对较安全。

（4）多任务、多用户

与 Windows 系统不同，Linux 主机上可以同时允许多人上线工作，并且资源分配较为公平，比起 Windows 的多用户、多任务系统要稳定得多。这种多用户、多任务是类 UNIX 系统的相当不错的功能。管理员可以在一个 Linux 主机上规划出不同等级的用户，而且每个用户登录系统时的工作环境都可以不同。还可以允许不同的用户在同一个时间登录主机，以便同时使用主机的资源。

（5）用户与组的规划

在 Linux 机器中可以用"可读、可写、可执行"来定义一个文件的适用性，这些属性可以分为 3 个种类，分别是文件拥有者、文件所属用户组、其他非拥有者与用户组。这对于项目计划或者其他计划开发人员具有相当良好的系统保密性。

（6）相对较少的资源耗费

Linux 只要一台奔腾 100 以上等级的计算机就可以安装并且使用顺畅，并不需要 P4 或 AMD K8 等级的计算机。如果要架设的是大型主机（服务于百人以上的主机系统），那么就需要比较好的机器了。不过，目前市面上任何一款个人计算机均可以满足这个要求。

（7）适合需要小核心程序的嵌入式系统

由于 Linux 用很少的程序代码就可以实现一个完整的操作系统，因此非常适合作为家电或者是电子用品的操作系统，即"嵌入式"系统。Linux 很适合做如手机、数码相机、PDA、家电用品等的操作系统。

虽然 Linux 具有这么多的好处，但它还是存在一个先天不足的地方，这使它的普及率受到很大的限制，即 Linux 需要使用"命令行"终端模式进行系统管理。虽然近年来在

Linux 上开发了很多图形界面,但要熟悉 Linux,还是要通过命令行操作,用户必须熟悉对计算机执行命令的行为,而不是用鼠标单击图标这样简单的操作。如果只是要架设一些简单的小网站,那么大家都可以做得到,只要对 Linux 做一些小小的设置就可以了。

**2. Linux 的主要缺点**

(1) 没有特定的支持厂商

因为 Linux 上的所有套件几乎都是自由软件,而每个自由软件的开发人员可能并不属于公司团体,而是属于非营利性质的团体。如此一来,在 Linux 主机上的软件若发生问题,Red Hat 与 SuSE 均设立了服务点,可以通过服务点直接向他们购买软硬件或咨询相关的软硬件问题。如果没有选择专门商业公司的 Linux 版本,没有专人上门服务时也不要太担心,因为用户的问题几乎在网络上都可以找到答案。

(2) 图形界面还不够友好

虽然早在 1994 年 Linux 1.0 版发布时,就已经含有 XFree86 的 X Window 架构了,但是 X Window 毕竟是 Linux 上的一个软件,并不是 Linux 最核心的部分,有没有它,对 Linux 的服务器执行都没有影响,所以熟练的用户通常并不使用 X Window。很多人对于 Linux 的使用并非注重于网络服务器,而是一般台式机的使用,Linux 在这方面做得还不够好,虽然目前已有 KDE(http://www.kde.org)及 GNOME(http://www.gnome.org)等优秀的窗口管理程序,但是还是希望未来可以看到整合度超高的 Linux 台式机。

# 1.2　Linux 系统的安装

## 1.2.1　Linux 安装方式

Red Hat Enterprise Linux 6.2(以下简称 RHEL 6.2)支持多种安装方式,根据安装时软件的来源,有光盘安装、硬盘安装、网络安装等多种方式,可根据实际情况进行选择。

**1. 光盘安装**

需要一张 Red Hat Linux 光盘,一个支持 DVD 的驱动器,以及启动安装程序的方式。
使用 Linux 安装盘引导后,在 boot:命令符下直接按 Enter 键或输入 Linux askmethod 引导选项,将出现 Installation Method(安装方法)安装介质选择界面。选择 Local CDROM(本地光盘)选项,选择 OK 选项,然后按 Enter 键继续安装。

**2. 硬盘安装**

硬盘安装需要用户做出一些努力,因为在开始安装 Linux 之前必须将所有需要的文件复制到硬盘的一个分区。而且需要采取办法(针对不同情况,可采取不同的方法)使计算机引导后能够找到自定的安装目录。成功引导安装程序之后,在 Installation Method 界面中选择 hard drive(硬盘)选项,然后按 Enter 键继续安装。接下来要为安装程序指定

ISO 镜像文件所在的位置。在 Select Partition(选择分区)界面中指定包含 ISO 镜像文件的分区设备名。如果 ISO 镜像不在该分区的根目录中,则需要在 Directory Holding images(包含镜像目录)文本框中输入镜像文件所在的路径。例如,ISO 镜像在/dev/hda3 中的/download/linux 中,就应该输入"/download/linux"。

> 🛡️ **注意**:存放 ISO 镜像文件的分区必须是 ext2、ext3、ext4 或 FAT 文件系统格式,否则将无法执行硬盘安装。

### 3. 网络安装

Linux 提供了 NFS、FTP、HTTP 共 3 种网络安装方式。网络安装方式所用的 NFS、FTP、HTTP 服务器必须能够提供完整的 Linux 安装树目录,即安装盘中所有必需的文件都存在且可以使用。

把安装盘中的内容复制到网络安装服务器上可以执行以下步骤。

```
# mount /dev/cdrom /mnt/cdrom
# cp -var /mnt/cdrom/* /filelocation(/filelocation 代表存放安装树的目录)
# umount /mnt/cdrom
```

(1) 配置网卡

进行网络安装需要准备网络驱动盘。成功引导安装程序后,在 Installation Method(安装方法)界面中选择要从哪种网络服务器上安装 Linux,即 NFS image(NFS 镜像)、FTP、HTTP 其中之一,然后按 Enter 键继续安装。

无论采用哪一种网络安装方式,都要先进行本机的 TCP/IP 配置。Configure TCP/IP(配置 TCP/IP)对话框中的待填项如下:

```
[ ]Use dynamic IP configuration(BOOTUP/DHCP)        //通过 DHCP 自动配置
   IP Address:(IP 地址)
   Netmask:(网络掩码)
   Default gateway:(默认网关)
   Primary nameserver:(主名称服务器)
```

(2) NFS 安装

NFS 网络安装的筹备工作如下所述。

除了可以利用可用的安装树外,还可以使用 ISO 镜像文件。把 Linux 安装光盘的 ISO 镜像文件存放到 NFS 服务器的某一目录中,然后把该目录作为 NFS 安装指向的目录。然后在 NFS 设置界面中输入 NFS 服务器信息:NFS server name(NFS 服务器名称)文本框中输入 NSF 服务器的域名或 IP,Linux directory(目录位置)文本框中输入包含 Linux 安装树或光盘镜像的目录名。

(3) FTP 安装

FTP 安装需要基于局域网的网络访问,通过调制解调器拨号上网是不行的。如果局域网和因特网相连,可以用许多有 Red Hat Linux 镜像的 FTP 站点。可以在 ftp:// ftp.redhat.com/pub/MIRRORS 站点找到镜像的清单。如果局域网和因特网不相连,但局域网上有一台机器可以接受匿名 FTP 访问,只需将 Linux 发行版本复制到那台机器就可以开始安装了。

类似于 NFS 安装,需要在 FTP 设置对话框中输入 FTP site name(FTP 站点名称)、Linux directory(目录位置)、Use non-anonymous FTP(使用非匿名的 FTP 账户)等信息。

(4) HTTP 安装

类似 NFS 安装,需要在 HTTP 设置对话框中输入 HTTP site name(HTTP 站点名称)、Linux directory(目录位置)等信息。

## 1.2.2　安装 Linux

本节采用最常用的光盘安装方式介绍 RHEL 6.2 的安装方法。根据安装界面的不同,Linux 的安装又可分为图形界面安装和文字字符界面安装两种方式。

图形界面安装可使用鼠标进行操作,安装速度较慢;文字字符界面安装只能使用键盘操作,安装速度快,适用于所有要安装 Linux 的主机。RHEL 6.2 安装程序支持简体中文、英文以及其他多种语言,为使初学者能够尽快适应 Linux 的界面,本节采用中文语言进行安装。

### 1. 需求

从 Live CD 安装 RHEL 6.2 的计算机应该满足以下要求。

(1) CD 或 DVD 光驱,并能够从此驱动器引导。

(2) 400MHz 或更快的处理器。

(3) 256MB 以上内存(RAM)。

(4) 10GB 以上的永久存储空间(硬盘)。

这些是图形模式下运行 RHEL 6.2 的最低要求。近 10 年制造的几乎所有笔记本和台式机都能满足这个条件。

### 2. 安装步骤

(1) 如果已经有安装光盘,则首先在计算机的 CMOS 中进行设置,确保 CD 路径优先引导计算机。将 RHEL 6.2 安装盘放到 CD 或 DVD 驱动器中,然后重新启动计算机。理想情况下,经过文件解压缩、设备检测后,会看到 Linux 的启动屏幕和一个 60 秒倒计时,如图 1-5 所示。

(2) 选择 Install or upgrade an existing system 选项或等 60 秒倒计时完毕,计算机加载 Linux 系统并出现测试光盘介质的画面,如图 1-6 所示。

**注意**:安装程序提供了测试光盘介质自身正确性的功能,通过测试可以检测出光盘是否有物理损坏,或是否有无法正确读取的文件,这样可以避免由于某些文件无法读出而造成安装无法继续的情况。另外,还可确保此光盘是官方发布版,而且没有经过非法篡改,以保证安装程序的安全性。

11

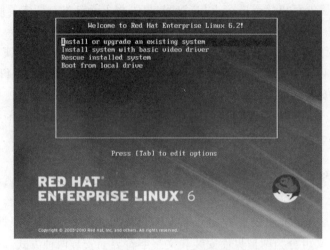

图 1-5 Live CD 启动屏幕

图 1-6 测试光盘介质

在此建议测试安装光盘,因为 Linux 不像 Windows 安装程序,可以跳过读不出的文件,Linux 在安装过程中,只要有一个文件无法读出,则整个安装将宣告失败。

利用 Tab 键选中 OK 按钮,然后按 Enter 键进入测试界面,如图 1-7 所示。若放弃测试,则选择 Eject Disc 按钮,并按 Enter 键,以跳过测试。在测试界面,选择 Test 按钮并按

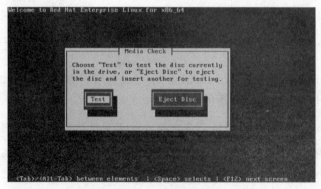

图 1-7 测试界面

Enter 键,即开始测试当前光盘,测试完毕,将报告测试结果为 success(成功)或 fail(失败)。在测试报告画面,选择 OK 按钮并按 Enter 键,将出现询问是否测试附加光盘的界面,选中 Test 按钮将继续测试。若不想测试或测试完毕后,选择 Continue 按钮,然后按 Enter 键将结束测试,并进入后续的安装。

（3）经过光盘测试后,将出现 RHEL 6.2 安装向导,如图 1-8 所示。

图 1-8　RHEL 6.2 安装向导

（4）单击 Next(下一步)按钮,可以选择操作系统使用的语言,如图 1-9 所示。若要选择简体中文,则可用鼠标或方向键将光标移到 Chinese(Simplified)选项,单击 Next 按钮。

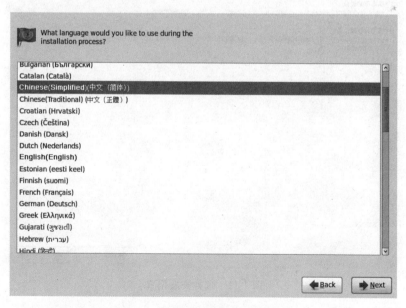

图 1-9　选择语言

（5）在图 1-10 所示的界面中选择使用的键盘的类型,在此使用默认的"美国英语式"键盘。单击"下一步"按钮继续安装。

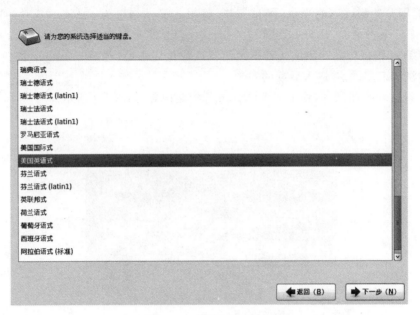

图 1-10　选择键盘的类型

（6）选择安装的位置。如果是在本机硬盘上安装，则选择"基本存储设备"单选按钮，如图 1-11 所示。单击"下一步"按钮继续安装。

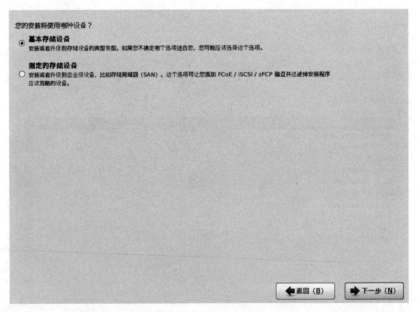

图 1-11　选择安装位置

（7）初始化硬盘。如果在已有硬盘上未找到可读的分区表，则安装程序会要求初始化硬盘，如图 1-12 所示。此操作将会使任何已有数据不再可读。如果是一个没装系统的新硬盘，或者删除了所有分区的硬盘，则单击"重新初始化所有"按钮。

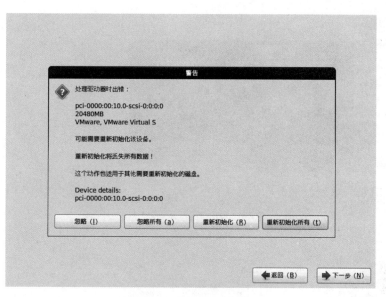

图 1-12　初始化硬盘

（8）在图 1-13 所示的界面中输入计算机的名称。除非有特定需要而需自定义主机名和域名，否则默认的 localhost.localdomain 是大多数用户的较好选择。输入主机名后单击"下一步"按钮继续安装。

图 1-13　设置主机名

（9）在图 1-14 所示的界面中选择距离计算机实际位置最近的城市来设置系统时区，可以用鼠标放大地图，单击以选定城市（用黄点表示）。红色 X 符号表示用户的选择。也可以在屏幕底部的列表中选择时区。在此设置时区为"亚洲/上海"选项，即亚洲中国东部的时区，然后单击"下一步"按钮继续安装。

15

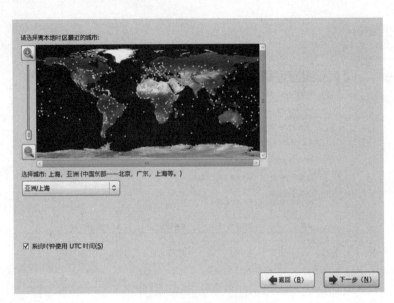

图 1-14　设置时区

（10）在图 1-15 所示的界面中设置系统根密码。Linux 操作系统的默认管理员为 root，相当于 Windows Server 中的 Administrator。Linux 中不允许密码为空。设置好密码后，单击"下一步"按钮继续安装。

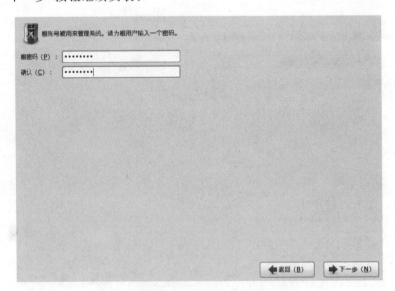

图 1-15　设置系统根密码

　　注意：如果设置的密码复杂度不够，在提示窗口中单击"无论如何都使用"按钮可继续安装。

（11）在图 1-16 所示的界面中，可以选择创建默认分区方案，也可以选择自定义分区方案来手动创建分区。前 4 个选项可执行自动安装而无须用户自己分区。

16

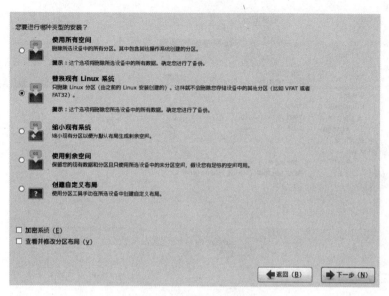

图 1-16　设置分区方案

创建默认方案允许在将要从系统中删除什么数据(如果有)的问题上有一定的支配权。供选项如下所示。

① 使用所有空间：选择这一选项来删除硬盘驱动器上的所有分区(包括由其他操作系统创建的分区，如 Windows VFAT 或 NTFS 分区)。

**注意**：如果选择了这个选项，则选定硬盘驱动器上的所有数据将会被安装程序删除。如果在打算安装 Linux 的硬盘驱动器上有想保留的数据，则不要选择此项。

② 替换现有 Linux 系统：选择该选项只会删除选定驱动器上的 Linux 分区(以前安装 Linux 时创建的分区)，而不会影响硬盘驱动器上可能会有的其他分区(例如：VFAT 或 FAT32 分区)。

③ 缩小现有系统：选择这一选项用来手动调整数据和分区，并在释放的空间上安装 RHEL 6.2。

**注意**：如果对装有其他操作系统的分区进行压缩，则可能无法再运行那个操作系统。虽然压缩分区并不会损坏数据，但是一般情况下操作系统需要一定的空闲空间。如果想继续使用那个系统，那么在重新调整该系统所在分区前，应先估算一下要保留多少空闲空间。

④ 使用剩余空间：选择这一选项将保留当前的数据和分区，前提是硬盘上有足够的空闲空间。

⑤ 创建自定义布局：用户自己手动进行分区。该选项适合专业用户使用。

如果在图 1-16 中选中了"查看并修改分区布局"复选框，单击"下一步"按钮后，出现图 1-17 所示的界面，可以使用鼠标选择打算安装 Linux 的存储驱动器。如果有两个或两个以上硬盘驱动器，需要选择其中之一作为安装驱动器。没有被选择的硬盘驱动器，以及其中的数据将不会受到影响。

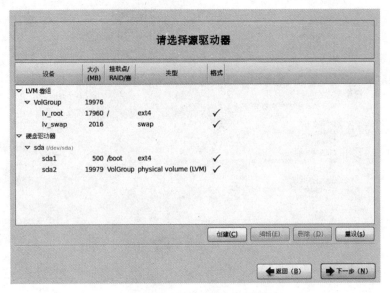

图 1-17　选择安装的驱动器

　　(12) 单击"下一步"按钮后分区需要格式化,并提示将更改写到磁盘,如图 1-18 所示。如果确定要继续,则单击"将修改写入磁盘"按钮从而允许安装程序对硬盘进行分区并安装 Linux。

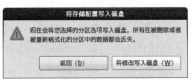

图 1-18　将设置写入磁盘

　　**注意**:这一步是最后一次安全取消的机会,到此为止安装程序还没有对计算机做出更改。当单击"将修改写入磁盘"按钮时,安装程序将在硬盘上分配空间并开始复制 Linux 文件。根据所选择的分区选项,这个过程可能还要删除计算机上已有的数据。

　　到此为止,如果要修改之前所做的任何选择,可单击"返回"按钮返回,关闭计算机来彻底取消安装。如果要在这个阶段关机,需要按住电源按钮并保持几秒钟。

　　在单击"将修改写入磁盘"按钮之后,等待安装程序完成写入。如果此过程被打断(比如关机、重启或停电),将无法使用计算机,直到重启并完成 Linux 的安装或者安装另一个操作系统。

　　(13) 有些分区选项可出现引导程序配置界面,如图 1-19 所示。在此界面中可以单击"更换设备"按钮来修改安装引导程序的设备;可以单击"添加"、"编辑"、"删除"按钮来添加、修改或删除已检测到的操作系统及设置。

　　GRUB(GRand Unified Bootloader)是一个默认安装的功能强大的引导程序。GRUB能够引导各种自由操作系统,也能够以链式载入(通过载入其他引导程序来引导如 DOS或 Windows 一类不被支持的操作系统的机制)方式来引导专有操作系统。

　　如果计算机上没有安装别的系统或者正打算删除其他系统,安装程序将不受任何干预地将 GRUB 作为引导程序安装。如果已经安装了其他操作系统,Linux 将尝试自动检测并配置 GRUB 来引导它们。如果 GRUB 没有检测到它们,用户可以手动配置它们。

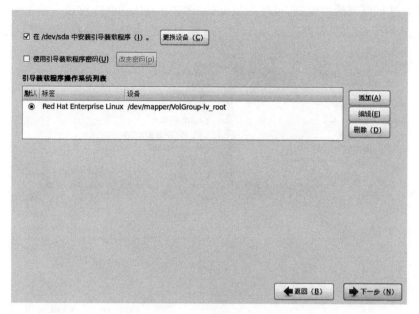

图 1-19　引导程序配置

**注意**：在引导装载程序操作系统列表中一定要选择默认引导的操作系统。只有选择默认引导的操作系统后，单击"下一步"按钮后安装才能继续。

（14）在图 1-20 所示的界面中可定义安装系统的角色并根据系统的应用情况定制安装的软件。做完相应的设置后，单击"下一步"按钮继续安装。

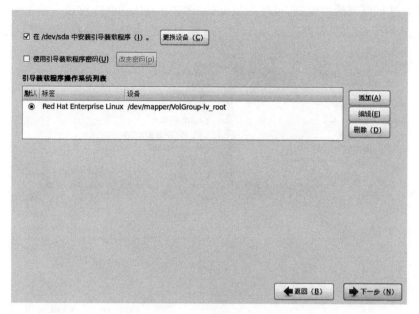

图 1-20　安装软件

　　如果要进行更灵活的定制，可选择下面的"现在自定义"单选按钮。单击"下一步"按钮后出现图 1-21 所示的界面，在此可以打破系统角色定义，随意选择安装需要的软件。

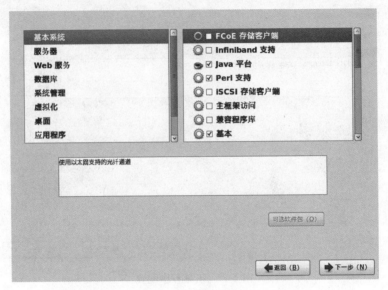

图 1-21　定制安装

　　**注意**：如果从 Linux Live 镜像安装，将不能选择软件包。这种安装方法只是转移了 Live 镜像，而不是从软件仓库中安装软件包。要调整软件包，可在安装完成后运行"添加/删除软件"程序。

　　（15）在图 1-22 所示的界面中，安装程序将自动安装软件包而不必进行任何操作。安装速度的快慢取决于所选择的软件包数量和计算机的运行速度。

图 1-22　安装软件包

安装完成后,单击"重新引导"按钮重新启动计算机。Linux 将在计算机启动前弹出任何插入的光盘。

(16) 首次启动会启动全新的 Linux 系统。登录之前会出现系统的配置向导以进行必要的配置。如图 1-23 所示,单击"前进"按钮继续配置。

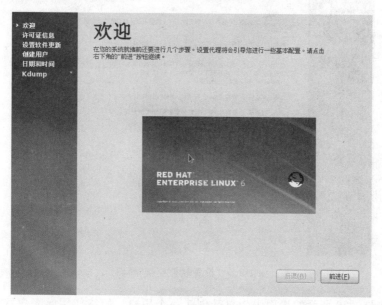

图 1-23　首次启动"欢迎"界面

(17) 在图 1-24 所示的界面中显示了全部 RHEL 授权条款。每个 Linux 软件有各自的许可协议,阅读完毕后单击"前进"按钮继续配置。

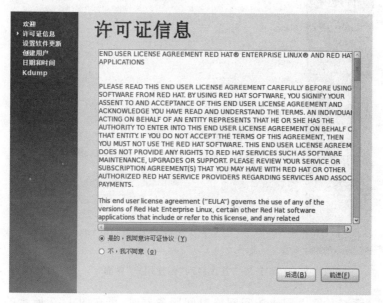

图 1-24　首次启动"许可证信息"界面

(18) 在图 1-25 所示的界面中可以设置软件的更新，设置完毕后单击"前进"按钮继续配置。

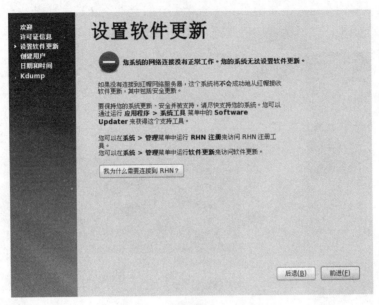

图 1-25  "设置软件更新"界面

(19) 在图 1-26 所示的界面中为自己创建一个用户。始终使用此账户登录 Linux 系统，而不是用 root 账户。输入"用户名"、"密码"等信息后单击"前进"按钮继续配置。

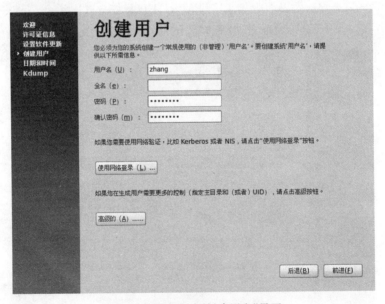

图 1-26  首次启动"创建用户"界面

(20) 如果系统无法上网或访问网络时间服务器时，可在图 1-27 所示的界面中为计算机手动设置日期和时间。否则，使用 NTP（网络时间协议）服务器以保持时钟精度。设置完毕单击"前进"按钮继续配置。NTP 为同一网络内的计算机提供时间同步服务。互联网上有很多计算机可提供公共 NTP 服务。

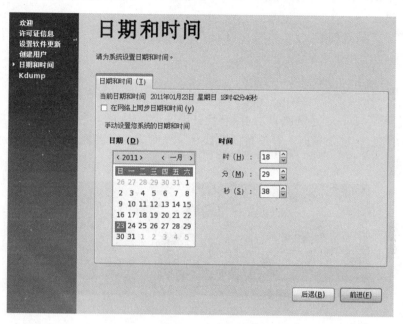

图 1-27　首次启动"日期和时间"界面

（21）在图 1-28 所示的界面中可以设置 Kdump。配置 Kdump 需要有充足的内存，若内存不够则出现提示。单击"完成"按钮将会出现登录界面，至此安装全部完成。

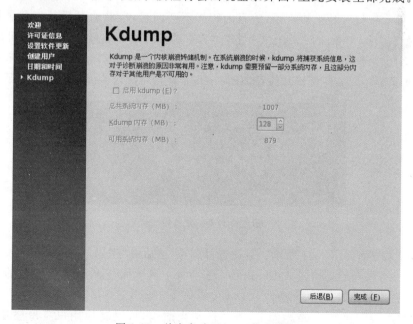

图 1-28　首次启动 Kdump 信息界面

### 1.2.3 Linux 的启动与登录

RHEL 6.2 安装完毕,接下来就可启动了,启动成功后,系统将要求用户登录,只有登录成功,才能访问和使用系统。

**1. Linux 的启动**

打开电源后,Linux 系统将自动引导,其引导过程如图 1-29 所示。引导完毕后,将进入文本虚拟控制台登录界面。若设置的默认登录界面为图形界面,则将启动图形系统,并进入图形登录界面。

图 1-29　Linux 的启动界面

**2. 登录与注销**

文本虚拟控制台登录界面如图 1-30 所示。首先输入登录者账号名,如 root,然后在 Password 提示行输入对应的密码,输入的密码不会回显,校验通过后就能登录到 Linux 系统,此时将出现 Linux 的命令行提示符"♯",在命令行中,通过输入命令,即可操作和使用 Linux 系统。root 用户登录后,命令行提示符为♯,普通用户登录后,命令行提示符为 $ 。Linux 是多用户多任务操作系统,任何用户要使用 Linux 系统,都必须登录。

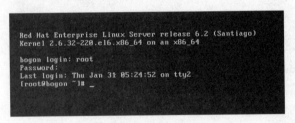

图 1-30　文本登录界面

图形登录界面如图 1-31 所示。首先选择用户,然后在"密码"文本框中输入相应的密码,单击"登录"按钮后即可进入 Linux 的图形界面。其界面与 Windows 系统的界面极其类似,操作方式也类似。

在文本虚拟控制台(tty)界面下,若要注销当前用户,以其他用户身份登录,可输入 logout 或 exit 命令;若要重新启动系统,可输入 reboot 或 shutdown -r now 命令;若要关机退出,则须管理员用户输入 shutdown -h now 或 init 0 命令;输入 man 命令或命

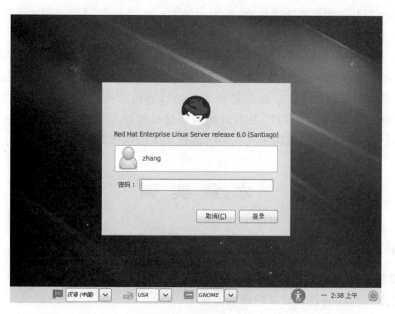

图 1-31　图形登录界面

令--help 可获得对命令的详细用法的帮助。

　　直接关掉电源可能引起严重的磁盘错误,这是不安全的做法,正确关闭系统是非常重要的,要使用 shutdown 命令,必须是 root 用户或者使用 su 命令切换到 root 身份。

　　在图形界面中,"系统"菜单中有"注销"和"关机"选项,如图 1-32 所示。可选择相应的选项完成用户切换或机器的重启、关机等功能。

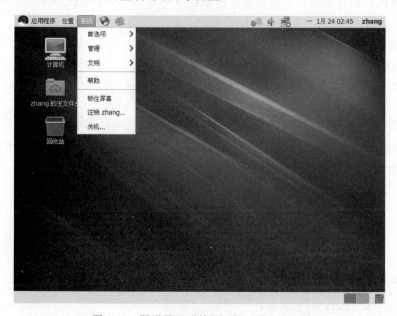

图 1-32　图形界面下的"注销"、"关机"选项

进入 XWindow 图形界面系统后,按 Ctrl+Alt 和 F2～F6 键可回到文本控制台界面,按 Ctrl+Alt+F1 键可返回 XWindow 界面。

Linux 允许同时打开 6 个(tty1～tty6)文本虚拟控制台进行输入和操作。启动 Linux 后,默认使用 1 号虚拟控制台,按 Alt 和 F1～F6 的一个功能键,可以选择指定的虚拟控制台登录,也可用同样的方法在虚拟控制台之间进行自由切换。对于 XWindow 界面下的仿真终端(pts/0、pts/1、…)窗口,则用鼠标可以进行选择或切换。利用虚拟控制台可以实现以不同用户身份登录,或用于实现同时运行多个应用程序。

# 本 章 实 训

## 实训目的

(1) 掌握光盘方式下安装 RHEL 6.2 的基本步骤。
(2) 了解系统中各硬件设备的设置方法。
(3) 理解磁盘分区的相关知识,能手工建立磁盘分区。

## 实训内容

(1) 安装 RHEL 6.2
利用光盘或硬盘(镜像文件)进行安装。
(2) 启动 RHEL 6.2
用超级用户和普通用户分别启动进入 RHEL 6.2。
(3) 注销用户
注销用户实现不同用户的登录。
(4) 关机
正确关机,保证操作系统的安全和稳定。

## 实训总结

通过此次的上机实训,使用户掌握 RHEL 6.2 的一般安装方法,为后面的学习打下良好的基础。

# 本 章 习 题

## 一、选择题

1. Linux 和 UNIX 的关系是(　　　)。
　　A. 没有关系
　　B. UNIX 是一种类 Linux 的操作系统

  C. Linux 是一种类 UNIX 的操作系统

  D. Linux 和 UNIX 是一回事

2. Linux 是一个（　　）的操作系统。

  A. 单用户、单任务        B. 单用户、多任务

  C. 多用户、单任务        D. 多用户、多任务

3. 以下命令中可以重新启动计算机的是（　　）。

  A. reboot    B. halt      C. shutdown -h    D. init 0

4. 以下关于 Linux 内核版本的说法，错误的是（　　　）。

  A. 表示为"主版本号. 次版本号. 修正次数"的形式

  B. "1. 2. 2"表示稳定的发行版本

  C. "2. 2. 6"表示对内核 2.2 的第 6 次修正

  D. "1. 3. 2"表示稳定的发行版本

5. 下面关于 shell 的说法，不正确的是（　　　）。

  A. 操作系统的外壳       B. 用户与 Linux 内核之间的接口程序

  C. 一个命令语言解释器      D. 一种和 C 类似的程序设计语言

6. 在 Linux 中，选择使用第二号虚拟控制台，应按（　　）键。

  A. F2     B. Ctrl＋F2    C. Alt＋F2     D. Alt＋2

7. （　　）命令可以将普通用户切换成超级用户。

  A. super    B. su      C. tar      D. passwd

8. 以下（　　）内核版本属于测试版本。

  A. 2. 0. 0    B. 1. 2. 25    C. 2. 3. 4     D. 3. 0. 13

## 二、简答题

1. 试列举 Linux 的主要特点。

2. 简述 Linux 的内核版本号的构成。

3. Linux 的主要发行版本有哪些？

4. 哪些命令可以实现系统重启或关闭？

5. 如何在各个虚拟控制台之间进行切换？

# 第2章 shell 基本命令

在 Linux 操作系统中,虽然图形界面越来越成熟,但是命令依然有很强的生命力。即使在 X Window 界面下,Linux 用户也会经常切换到文本模式或终端模式进行各种操作。本章对 Linux 的常用命令进行分类介绍。

**本章要点:**

(1) Linux 命令基础。

(2) 文件目录类命令。

(3) 系统管理类命令。

(4) 文本编辑工具。

## 2.1 shell 命令概述

### 2.1.1 shell 简介

shell 是一种具备特殊功能的程序,它是介于使用者和 UNIX/Linux 操作系统之核心程序(kernel)间的一个接口,是命令语言、命令解释程序及程序设计语言的统称。操作系统是一个系统资源的管理者与分配者,当用户有需求时,需要向系统提出,由系统来协调资源;从操作系统的角度来看,它也必须防止使用者因为错误的操作而造成系统的伤害。其实 shell 也是一种程序,它由输入设备读取命令,再将其转为计算机可以识别的机器码,然后执行它。

各种操作系统都有它自己的 shell,以 DOS 为例,它的 shell 就是 command. com 文件。如同 DOS 下有 NDOS、PCDOS、DRDOS 等不同的命令解译程序可以取代标准的 command. com,UNIX 下除了 Bourne shell(/bin/sh)外还有 C shell(/bin/csh)、Korn shell(/bin/ksh)、Bourne again shell(/bin/bash)、Tenex C shell(tcsh)等其他的 shell。UNIX/Linux 将 shell 独立于核心程序之外,使得它如同一般的应用程序,可以在不影响操作系统本身的情况下进行修改、更新版本或是添加新的功能。

shell 的启用如下所示。在系统启动的时候,核心程序会被加载到内存,负责管理系统的工作,直到系统关闭为止。核心程序建立并控制着处理程序,管理内存、文件系统、通信等,而其他的程序,包括 shell 程序,都存放在磁盘中。核心程序将它们加载到内存,执行它们,并且在它们终止后清理系统。shell 是一个公用程序,它在用户登录时启动,即由使用者输入命令(有命令行或命令档),shell 提供使用者和核心程序交互的功能。

当用户登录(login)时,一个交互式的 shell 会跟着启动,并提示输入命令。在用户输入一个命令后,接着就是 shell 的工作了,它会进行如下工作。

(1) 命令行语法分析。

(2) 处理万用字符(wildcards)、转向(redirection)、管线(pipes)与工作控制(job control)等。

(3) 搜寻并执行命令。

如果用户经常输入一组相同形式的命令,可能会想要自动执行那些工作。因此,可以将一些命令放入一个文件(称为脚本文件,script),然后执行该文件。一个 shell 命令文件很像是 DOS 下的批处理文件(如 Autoexec.bat),它把一连串的 Linux 命令存入一个文件,然后执行该文件。较成熟的命令文件还支持若干现代程序语言的控制结构,如能做条件判断、循环、文件测试、传送参数等操作。要写命令文件,不仅要学习程序设计的结构和技巧,而且对 UNIX/Linux 公用程序及如何运行须有深入的了解。有些公用程序的功能非常强大(例如 grep、sed 和 awk),它们常被用于命令文件来操控命令输出和执行。当由命令文件执行命令时,用户就已经把 shell 当作程序语言使用了。

## 2.1.2　shell 的分类

在大部分的 UNIX/Linux 系统中,3 种著名且广被支持的 shell 是 Bourne shell (AT&T shell,在 Linux 下是 BASH)、C shell(Berkeley shell,在 Linux 下是 TCSH)和 Korn shell(Bourne shell 的超集)。这 3 种 shell 在交互模式下的表现相当类似,但作为命令文件语言时,在语法和执行效率上就有些不同了。

Bourne shell 是标准的 UNIX shell,以前常被用来作为管理系统之用。大部分的系统管理命令文件,例如 rc start、stop 与 shutdown,都是 Bourne shell 的命令文件,且在单一使用者模式(single user mode)下以 root 登录时它常被系统管理者使用。Bourne shell 是由 AT&T 发展而来的,以简洁、快速著名。Bourne shell 提示符号的默认值是 $ 。

C shell 是柏克莱大学(Berkeley)所开发的,且加入了一些新特性,如命令行历史(history)、别名(alias)、内建算术、文件名完成和作业控制(job control)等。对于常在交互模式下执行 shell 的使用者而言,他们较喜爱使用 C shell;但对于系统管理者而言,则较偏好以 Bourne shell 来做命令文件,因为 Bourne shell 命令文件比 C shell 命令文件简单及快速。C shell 提示符号的默认值是%。

Korn shell 是 Bourne shell 的超集(superset),由 AT&T 公司的 David Korn 开发。它增加了一些特色,比 C shell 更为先进。Korn shell 的特色包括可编辑的历程、别名、函式、正规表达式万用字符、内建算术、作业控制、协同处理(coprocessing)和特殊的除错功能。Bourne shell 几乎和 Korn shell 完全向上兼容(upward compatible),所以在 Bourne shell 下开发的程序仍能在 Korn shell 上执行。Korn shell 提示符号的默认值也是 $ 。在 Linux 系统中使用的 Korn shell 称为 pdksh,它是指 Public Domain Korn Shell。

除了执行效率稍差外,Korn shell 在许多方面都比 Bourne shell 更好,但是,若将

Korn shell 与 C shell 相比就很困难,因为二者在许多方面都各有所长,就效率和是否容易使用方面看,Korn shell 优于 C shell,许多使用者对于 C shell 的执行效率都有负面的印象。

在 shell 的语法方面,Korn shell 比较接近一般程序语言,而且它具有子程序的功能并能提供较多的资料形态。至于 Bourne shell,它所拥有的资料形态是三种 shell 中最少的,仅提供字符串变量和布尔形态。在整体考虑下,Korn shell 是三者中表现最佳者,其次为 C shell,最后才是 Bourne shell,但是在实际使用中仍有其他应列入考虑的因素,如当速度是最重要的选择时,很可能应该采用 Bourne shell,因它是最基本的 shell,执行的速度最快。

tcsh 是近几年崛起的一个免费软件(Linux 下的 C shell 其实就是使用了 tcsh),它虽然不是 UNIX 的标准配备,但是从许多地方都可以下载它。它新增了一些优越的功能,如下面所示。

(1) tcsh 提供了一个命令行(command line)编辑程序。

(2) 提供了命令行补全功能。

(3) 提供了拼字更正功能。它能够自动检测并且更正在命令行拼错的命令或是单字。

(4) 危险命令侦测并提醒的功能,避免用户不小心执行 rm * 这种杀伤力极大的命令。

(5) 提供常用命令的快捷方式(shortcut)。

bash 对 Bourne shell 是向下兼容的(backward compatible),并融入了许多 C shell 与 Korn shell 的功能。这些功能其实 C shell(当然也包括了 tcsh)都有,只是过去 Bourne shell 都未支持。以下介绍 bash 的 6 点重要的改进。

(1) 工作控制。

(2) 别名功能(alias)。alias 命令用来为一个命令建立另一个名称,它的运作就像一个宏,展开成为它所代表的命令。别名并不会替代命令的名称,它只是赋予那个命令另一个名字。

(3) 命令历史(command history)。bash shell 加入了 C shell 所提供的命令历史功能,它以 history 工具程序记录了最近执行过的命令。命令由 1 开始编号,默认值为 500。history 工具程序是一种短期记忆,记录最近所执行的命令。要查看这些命令可以在提示符下输入 history 命令,界面将会显示最近执行过的命令的清单,并在前方加上编号。

每个命令在技术上都称为一个事件。事件描述的是一个已经采取的行动(已经被执行的命令)。事件依照执行的顺序编号,越近的事件其编号越大,事件都是以它的编号或命令的开头字符来辨认的。history 工具程序让用户参照一个先前发生过的事件,将它放在命令行上并允许用户执行它。最简单的方法是用上下方向键一次放一个历史事件在命令行上,用户并不需要先用 history 显示清单。按一次上方向键会将最后一个历史事件放在命令行上,再按一次会放入下一个历史事件。按下方向键则会将前一个事件放在命令行上。

（4）命令行编辑程序。bash shell 命令行编辑能力是内建的,可让用户轻松地在执行之前修改输入的命令。若在输入命令时拼错了字,不需重新输入整个命令,只需在执行命令之前使用编辑功能纠正错误即可。这尤其适合于使用冗长的路径名称当作参数的命令。命令行编辑作业是 Emacs 编辑命令的一部分。可以用 Ctrl＋F 键或右方向键往前移一个字符,Ctrl＋B 键或左方向键往回移一个字符。Ctrl＋D 或 Del 键会删除光标目前所在处的字符。要增加字符的话,只需要将光标移到要插入文字的地方并输入新字符即可。无论何时,都可以按 Enter 键执行命令。

（5）允许使用者自定义按键。

（6）提供更丰富的变量形态、命令与控制结构至 shell 中。

bash 与 tcsh 一样可以从许多网站上免费下载,它们的性质也十分类似,都是整合其前一代的产品,然后增添新的功能,这些新增的功能都着重强化 shell 的程序设计能力以及让使用者能够自行定义自己偏好的作业环境。除了上述的 5 种 shell 之外,zsh 也是一个广为 UNIX 程序设计人员与进阶使用者所采用的 shell,zsh 基本上也是 Bourne shell 功能的扩充。

## 2.1.3　启动 shell

在 Linux 中有很多方法进入 shell 界面,使用 shell 提示符、终端窗口和虚拟终端是 3 种最普通的方法。下面将分别对其进行讨论。

### 1. 使用 shell 提示符

如果所用的 Linux 系统没有安装或尚未运行图形用户界面,在登录后最可能看到的是一个 shell 提示符。从 shell 提示符输入命令是使用 Linux 系统最主要的方式之一。

（1）一个普通用户的默认提示符就是一个美元符号：＄。

（2）根用户的默认提示符是一个井号（也叫散列符号）：＃。

在大部分 Linux 系统里,＄ 和 ＃ 提示符之前有用户名、系统名和当前目录名。例如：在一台主机名叫 Linux 的计算机上,以一个名为 zhang 的用户登录,并以/tmp 作为当前目录,则登录提示符显示为：

```
[zhang@linux tmp]$
```

如果不喜欢这种形式,可以将提示符改为任何字符。例如,可以使用当前目录、日期、本地计算机名或者任何字符串作为提示符。配置提示符可参见相关资料。

shell 中有大量功能可用,只需输入几条命令就可轻松开始使用。在接下来的例子中,＄ 和 ＃ 符号表示提示符。提示符之后是输入的命令（然后根据所使用的键盘按 Enter 键或 Return 键）,该命令的输出结果显示在下一行。

### 2. 使用终端窗口

桌面 GUI 运行时,可以通过打开一个终端仿真器程序（有时称为终端窗口）来启动

shell。多数 Linux 发行版能够在 GUI 中轻松使用 shell。在 Linux 桌面上启动终端窗口的两种常见方法如下所示。

（1）右击桌面。在出现的快捷菜单中查找 open in terminal 或者类似的项目并选择它。

（2）单击"面板"菜单。许多 Linux 桌面在屏幕上方有一个面板，从那里可以启动应用程序。例如：在 RHEL 系统中，可以选择"应用程序"菜单，然后选择"系统工具（System Tools）"→"终端（Terminal）"命令来打开终端窗口。

无论使用哪种方法，都应该能够在 shell 中输入所需的命令，无须再使用 GUI。Linux 提供了不同的终端仿真器，下面可能有一种是 Linux 系统默认使用的。

（1）XTerm：X Window System 中的一种通用终端仿真器（实际上主流 Linux 发行版本的 X Window System 中没有不包括 XTerm 的）。尽管它不提供菜单或者很多特殊的功能，但是大部分支持 GUI 的 Linux 发行版中都提供它。

（2）GNOME-Terminal：GNOME 随附提供的默认终端仿真器窗口。它比 XTerm 使用更多的系统资源，具有一些有用的菜单，可用来剪切、粘贴和打开新终端选项卡或者窗口并可以设置终端配置文件。

（3）kterm：KDE 桌面环境随附提供的 kterm 终端仿真器。使用 kterm 可以显示多语言文本编码并可以不同颜色显示文本。

如果不喜欢默认的终端仿真器，可在仿真器栏中输入命令名选择上述的某一个。

**3. 使用虚拟终端**

很多 Linux 系统可在计算机上启动运行多个虚拟终端，包括 Fedora 和 Red Hat Enterprise Linux。虚拟终端是一种无须运行 GUI 即可一次打开多个 shell 会话的方法。

在虚拟终端之间进行切换的方式与在 GUI 上的工作空间之间进行切换类似。按 Ctrl＋Alt＋F2 键（在 Fedora 和其他 Linux 系统上使用 F2～F6 键）可显示 6 个虚拟终端中的一个。GUI 在虚拟终端后的下一个虚拟工作空间中，因此如果有 6 个虚拟终端，则可以按 Ctrl＋Alt＋F1 键返回到 GUI（如果有一个 GUI 正在运行）。（对于有 4 个虚拟终端的系统，则可以按 Ctrl＋Alt＋F5 键返回到 GUI。）

## 2.1.4  shell 命令操作基础

shell 最重要的功能是命令解释，从这种意义上说，shell 是一个命令解释器。Linux 系统中的所有可执行文件都可以作为 shell 命令来执行。Linux 系统中可执行文件的分类如表 2-1 所示。

当用户提交了一个命令后，shell 首先判断它是否为内置命令，如果是就通过 shell 内部的解释器将其解释为系统功能调用并转交给内核执行；若是外部命令或实用程序就试着在硬盘中查找该命令并将其调入内存，再将其解释为系统功能调用并转交给内核执行。在查找该命令时有两种情况如下所示。

表 2-1　Linux 系统中的可执行文件

| 类　别 | 说　明 |
|---|---|
| Linux 命令 | 存放在/bin、/sbin 目录下的命令 |
| 内置命令 | 出于效率的考虑,将一些常用命令的解释程序构造在 shell 内部 |
| 实用程序 | 存放在/usr/bin、/usrs/bin、/usr/share、/usr/local/bin 等目录下的实用程序或工具 |
| 用户程序 | 用户程序经过编译生成可执行文件后,也可作为 shell 命令运行 |
| shell 脚本 | 由 shell 语言编写的批处理文件 |

　　(1)如果用户给出了命令的路径,shell 就沿着用户给出的路径进行查找,若找到则调入内存,若没找到则输出提示信息。

　　(2)如果用户没有给出命令的路径,shell 就在环境变量 PATH 所指定的路径中依次查找命令,若找到则调入内存,若没找到则输出提示信息。

　　! 提示:

　　(1)内置命令是包含在 shell 自身当中的,在编写 shell 的时候就已经包含在内存中了,当用户登录系统后就会在内存中运行一个 shell,由其自身负责解释内置命令。一些基本的命令如 cd、exit 等都是内置命令。用 help 命令可以查看内置命令的使用方法。

　　(2)外部命令是存在于文件系统某个目录下的具体的可执行程序,如文件复制命令 cp 就是在/bin 目录下的一个可执行文件。用 man 或 info 命令可以查看外部命令的使用方法。外部命令也可以是某些商业或自由软件,如 mozilla 等。

　　shell 中有一些具有特殊意义的字符,称为 shell 元字符(Shell MetaCharacters)。若不以特殊方式指明,shell 并不会把它们当作普通字符使用。表 2-2 简单介绍了常用的 shell 元字符的含义。

表 2-2　常用的 shell 元字符及含义

| shell 元字符 | shell 元字符的含义 |
|---|---|
| * | 任意字符串 |
| ? | 任意字符 |
| / | 根目录或作为路径间隔符使用 |
| \ | 转义字符。当命令的参数要用到保留字时,要在保留字前面加上转义字符 |
| \< Enter > | 续行符。可以使用续行符将一个命令行分写在多行上 |
| $ | 变量值置换,如:$ PATH 表示环境变量 PATH 的值 |
| ' | 在 ' '中间的字符都会被当做文字处理,指令、文件名、保留字等都不再具有原来的意义 |
| " | 在" "中间的字符会被当做文字处理并允许变量值置换 |
| ` | 命令替换,置换` `中命令的执行结果 |
| < | 输入重定向字符 |
| > | 输出重定向字符 |
| \| | 管道字符 |
| & | 后台执行字符。在一个命令之后加上字符"&",该命令就会以后台方式执行 |
| ; | 分隔顺序执行的多个命令 |

续表

| shell 元字符 | shell 元字符的含义 |
|---|---|
| ( ) | 在子 shell 中执行命令 |
| { } | 在当前 shell 中执行命令 |
| ! | 执行命令历史记录中的命令 |
| ~ | 登录用户的宿主目录（家目录） |

在 Linux 下可以使用长文件或目录名，也可以给目录和文件取任何名字，但必须遵循下列的规则。

（1）除了"/"之外，所有的字符都可以用于目录和文件名。

（2）有些字符最好不用，如空格符、制表符、退格符和字符"："、"？"、"，"、"@"、"♯"、"＄"、"&"、"()"、"\"、"|"、";"、"'"、""、"＜"、"＞"等。

（3）避免使用"＋"、"－"或"."作为普通文件名的第一个字符。

（4）大小写敏感。

（5）以"."开头的文件或目录是隐含的。

在 shell 命令提示符后，用户可输入相关的 shell 命令。shell 命令可由命令名、选项和参数 3 部分组成，中间用空格隔开，其中方括号部分表示可选部分，其基本格式如下所示：

```
cmd [options] [arguments]
```

其中各选项含义如下所示。

（1）cmd 是命令名，是描述该命令功能的英文单词或缩写。在 shell 命令中，命令名必不可少，并且总是放在整个命令行的起始位置。

（2）options 是选项，是执行该命令的限定参数或者功能参数。同一命令可采用不同的选项，其功能各不相同。选项可以有一个，也可以有多个，甚至还可能没有。选项通常以"-"开头，当有多个选项时，可以只使用一个"-"符号，如"ls -r -a"命令与"ls -ra"命令功能完全相同。另外，部分选项以"--"开头，这些选项通常是一个单词，还有少数命令的选项不需要"-"符号。

（3）arguments 是参数，即操作对象，是执行该命令所必需的对象，如文件、目录等。根据命令的不同，参数可以有一个，也可以有多个，甚至还可能没有。

在 shell 中，一行中可以输入多条命令，用";"字符分隔。在一行命令后加"\"表示另起一行继续输入。使用 Tab 键可以自动补齐。

# 2.2　常用的 shell 命令

## 2.2.1　基本操作命令

Linux 基本常用的命令有 ls、cd、clear、su、login、logout、exit、shutdown、reboot、mount、umount 以及发送消息的 write、mesg 命令等，有些命令在前面已做过介绍，此处

对部分命令再做补充说明。

### 1. su 命令

格式：

```
su [-] [用户名]
```

功能：切换用户身份,超级用户可以切换为任何普通用户,而且不需要输入口令。普通用户临时转换为管理员(root)或其他普通用户时需要输入被转换用户的口令,使其成为具有与被转换用户同等的权限。使用完毕后,可通过执行 exit 命令,回到原来的身份。

选项说明：如果使用"-"选项,则用户切换为新用户的同时使用新用户的环境变量。

例如：

```
[zhang@localhost zhang]$su        //执行 su 命令,临时切换到管理员身份
Password:                         //输入 root 账户密码
[root@localhost zhang]#exit       //命令行提示符变为#,切换成功,执行 exit 退出
[zhang@localhost zhang]$          //重新回到普通用户身份
```

### 2. shutdown 命令

格式：

```
shutdown [选项] 时间 [警告消息]
```

功能：该命令用于重启或安全地关闭系统,只能由 root 用户执行。

选项参数如下所示。

-c：取消前一个 shutdown 命令。值得注意的是,当执行一个如"shutdown -h 11：10"的命令时,只要按 Ctrl+C 键就可以中断关机的命令。若是执行如"shutdown -h 11：10 &"的命令,将 shutdown 转到后台时,则需要使用 shutdown -c 将前一个 shutdown 命令取消。

-h：将系统关机,在某种程度上功能与 halt 命令相当。

-k：只是送出信息给所有用户,但并不会真正关机。

-r：关闭系统之后重新启动系统,相当于执行了 reboot 命令。

时间形式：now 代表立即,"hh：mm"代表绝对时间几点几分,+m 代表 m 分钟后。

例如：

```
#shutdown - h now        //立即关机 (相当于 halt)
#shutdown - r now        //立刻重启系统 (相当于 reboot)
#shutdown - h 12:30      //系统将在今天的 12:30 关机,并广播内置消息给用户
#shutdown - r +2         //系统将在 2 分钟后重启,并广播内置消息给各用户
```

### 3. date 命令

格式：

```
date [选项] [格式控制字符串]
```

功能：显示或设置系统的日期和时间。如果没有选项和参数，将直接显示系统当前的日期和时间；如果指定显示日期的格式，将按照指定的格式显示系统当前的日期和时间。只有 root 用户才可设置或修改系统时间。

例如：

```
$date                              //显示系统当前的日期和时间
$date +%a                          //显示系统当前的星期缩写名
#date 10102012 或 #date -s 20121010 //设置系统当前日期为 2012 年 10 月 10 日，没有选项
                                   "-s"时的设置格式为[MMDDhhmm[[CC]YY][.ss]]
```

**4. history 命令**

格式：

```
history
```

功能：显示用户最近执行的命令。保留的历史命令数量和环境变量 HISTSIZE 有关。

例如：

```
$ history                          //显示执行过的命令列表
```

**5. clear 命令**

格式：

```
clear
```

功能：清除屏幕上的信息。提示符返回到屏幕的左上角。

例如：

```
$ clear                            //清屏
```

## 2.2.2　目录操作命令

**1. ls 命令**

格式：

```
ls [选项] [文件或目录]
```

功能：显示指定目录中的文件或子目录信息。当不指定目录时，显示当前目录下的文件和子目录信息。该命令很常用，支持很多选项，可以实现更详细的控制。常用选项及含义如表 2-3 所示。

例如：

```
$ls                                //查看当前目录的内容
$ls -la /etc                       //查看"/etc"目录下的所有文件和子目录的详细信息
```

**表 2-3　ls 命令选项**

| 选项 | 说　　明 |
|---|---|
| -a | 列出所有(all)文件(包括隐藏文件) |
| -A | 列出所有(almost-all)文件(不包括".."和".."文件) |
| -b | 对文件名中不可显示字符用八进制显示 |
| -B | 不输出以"～"结尾的备份文件 |
| -c | 按文件的修改时间(ctime)排序 |
| -C | 按垂直(Columns)方向对文件名进行排序 |
| -d | 如果参数是目录,只列出目录(directory)名,不列出目录内容。往往与-l 选项一起使用,以得到目录的详细信息 |
| -f | 不排序。该选项使"-l"、"-t"和"-s"选项失效,并使"-a"和"-U"选项有效 |
| -F | 显示时在目录后标记"/",在可执行文件后标记"＊",在符号链接文件后面标记"@",在管道文件后面标记"｜",在 socket 文件后面标记"＝" |
| -h | 与"-l"选项一起使用,以用户看得懂的格式来列出文件的大小信息 |
| -i | 显示出文件的 i 节点(inode)值 |
| -l | 按长(long)格式显示包括文件大小、日期、权限等详细信息 |
| -L | 若指定的名称为一个符号链接(link)文件,则显示链接所指向的文件 |
| -m | 文件名之间用逗号隔开并显示在一行上 |
| -n | 输出格式与"-l"选项相同,只不过在输出时,文件属主和属组用相应的 UID 号和 GID 号(numeric)来表示,而不是实际的名称 |
| -o | 与"-l"选项相同,只是不显示文件属主、属组信息 |
| -p | 在目录后面加一个"/" |
| -q | 将文件名中的不可显示字符用"?"代替 |
| -r | 按字母顺序逆序(reverse)显示 |
| -R | 循环(recuresive)列出目录内容,即列出所有子目录下的文件 |
| -s | 给出每个目录项所用的块数(size),包括间接块 |
| -S | 按大小对文件进行排序(sort) |
| -t | 显示时按修改时间(time)而不是按名字排序。若文件修改时间相同,则按字母顺序排序。修改时间取决于是否使用了"-c"或"-u"选项 |
| -u | 显示时按文件上次存取的时间而不是按文件名排序。即将"-t"的时间标记修改为最后一次访问的时间 |
| -x | 按水平方向对文件名进行对齐排序 |

　　ls命令的选项很多,读者在掌握 ls 命令的基本使用方法后,应该逐渐挖掘需要的功能。比如,"ls -l"以字节为计量单位显示文件大小,读起来不够直观,使用"-hl"选项,可以按照 KB、MB 等为计量单位显示。

**2. cd 命令**

格式：

cd [目录]

功能：改变当前目录。

例如：

```
$cd ..                      //返回上一级目录
$cd /home                   //进入根目录下的 home 目录
$cd -                       //在最近访问过的两个目录之间快速切换
$cd ~                       //切换到当前用户的主目录
```

**3. mkdir 命令**

格式：

mkdir [选项] 目录

功能：创建新目录。

常用的选项有"-m"和"-p"，"-m 数字"表示在创建目录时按照该选项的值设置访问权限，"-p"表示一次性创建多级目录。

例如：

```
$mkdir -p /test/linux        //在根目录下创建 test 目录，并在其下创建 linux 目录
```

**4. rmdir 命令**

格式：

rmdir [选项] 目录

功能：删除一个或多个空的目录。

选项"-p"表示递归删除目录，当子目录删除后相应的父目录为空时，也一并删除。

例如：

```
$rmdir /var/spool/tmp/lp_HP     //删除/var/spool/tmp 目录下的 lp_HP 目录
```

**5. pwd 命令**

格式：

pwd

功能：显示当前工作目录的绝对路径。

例如：

```
$pwd                          //显示当前正在操作的目录
```

## 2.2.3　文件操作命令

### 1. touch 命令

格式：

touch [文件名]

功能：用于创建一个新文件。如果文件已经存在，则改变这个文件的最后修改日期。
例如：

```
$touch textfile.txt                  //创建一个空白文件
$ls -l textfile.txt                  //查看这个文件,创建日期为"Mar 20 01:07"
-rw-r--r--1 zhang zhang 0 Mar 20 01:07 textfile.txt
$touch textfile.txt                  //修改这个文件的时间戳
$ls -l textfile.txt                  //再次查看这个文件,创建日期为"Mar 20 01:09"
-rw-r--r--1 zhang zhang 0 Mar 20 01:47 Textfile.txt
```

### 2. cp 命令

格式：

cp [选项] 源文件或目录 目标文件或目录

功能：复制(copy)目录或文件。

常用的选项："-i"表示在覆盖文件之前提示用户,由用户确认是否覆盖;"-p"表示保留权限模式和更改时间;"-r"表示复制相应的目录及其子目录;"-b"表示如果存在同名文件,则覆盖前备份原文件;"-f"则表示强制覆盖同名文件。
例如：

```
$cp myfile1 myfile1.bak              //将文件 myfile 复制到 myfile1.bak
$cp /usr/local/get.old /mnt/sbin     //将文件 get.old 从/usr/local 目录复制到
                                       /mnt/sbin 目录
$cp -r /logs /hold/logs              //将/logs 目录下的所有文件及子目录复制到
                                       /hold/logs 目录中
```

### 3. mv 命令

格式：

mv [选项] 源文件或目录 目标文件或目录

功能：移动或重命名文件或目录。

常用的选项："-b"表示如果存在同名文件,则覆盖前备份原文件;"-f"表示强制覆盖同名文件。
例如：

```
$mv file.txt /root/test        //把当前目录下的 file.txt 文件移动到/root/test 目录下
$mv test mytest                //把 test 改名为 mytest
```

### 4. rm 命令

格式：

rm [选项] 文件或目录

功能：删除文件或目录。

常用的选项："-f"表示在删除过程中不给任何提示，直接删除；"-i"与"-f"选项相反，表示在删除文件之前给出提示（安全模式）；"-r"表示删除目录。

例如：

```
$rm myfile                     //删除文件或目录 myfile
$rm -r /var/spool/tmp          //删除/var/spool/tmp 目录下的所有文件及子目录
```

### 5. cat 命令

格式：

cat [选项] 文件名

功能：依次读取其后所指文件的内容并将其输出到标准输出设备上。另外，该命令还能够用来连接两个或多个文件，形成新文件。

选项"-v"用于显示控制字符。cat 是最常用的文本文件显示命令。在脚本中 cat 命令还可以用于读入文件。

例如：

```
$cat myfile                    //用于显示 myfile 文件内容
$cat myfile myfile2>>hold_file
                               //把两个文件(myfile 和 myfile2)合并到 hold_file 中
```

### 6. more 命令

格式：

more [选项]  文件

功能：分屏显示文件内容。该命令一次显示一屏文本，显示满一屏后停下来，并在底部打印出--more--，同时系统还显示出已显示文本占全部文本的百分比。若要继续显示，按 Enter 键或空格键即可，按 Q 键退出该命令。

选项："-c"表示不滚屏，而是通过覆盖来换页；"-d"表示在分页处显示提示；"-n"表示每屏显示 n 行。

例如：

```
$more /etc/passwd             //显示 passwd 文件内容
$cat logfile |more            //分屏命令显示 logfile 文件内容
```

**7. less 命令**

less 命令与 more 命令非常相似,也能分屏显示文本文件的内容,不同之处在于 more 命只能向后翻页,而 less 命令既可以向前也可以向后翻页。输入命令后,首先显示的是第一屏文本,并在屏幕的底部出现文件名。用户可使用上下键、Enter 键、空格键、PageUp 或 PageDown 键前后翻阅文本内容,使用 Q 键可退出 less 命令。

**8. head 命令**

格式:

```
head [选项] 文件
```

功能:可以显示相应文件的前几行内容。默认显示的是前 10 行内容,如果希望指定显示的行数,可以使用"-n"选项。

例如:

```
$head -1 myfile          //只显示文件 myfile 的第一行内容
$head -30 logfile|more    //分屏显示 logfile 文件的前 30 行内容
```

**9. tail 命令**

格式:

```
tail [选项] [文件]
```

功能:从指定点开始将指定的文件写到标准输出。如果没有指定文件,则会使用标准输入。选项 n(number)指定将多少单元写入标准输出。n 的值可以是正的或负的整数。如果值的前面有"+"(加号),则必须使用选项"-n",是指从文件开头指定的单元数开始将文件写到标准输出。如果值的前面有"−"(减号),则从文件末尾指定的单元数开始将文件写到标准输出。如果值前面没有"+"(加号)或"−"(减号),那么从文件末尾指定的单元号开始读取文件。其他主要选项:"-c number"表示读取指定文件的最后 number 字节;"-f"表示如果输入文件是常规文件或如果文件参数指定 FIFO(先进先出),那么 tail 命令不会在复制了输入文件的最后指定单元后终止,而是继续从输入文件读取和复制额外的单元(当这些单元可用时)。

例如:

```
$tail -7 file.txt        //显示 file.txt 文件最后 7 行的内容
$tail -n+7 file.txt      //从第 7 行开始显示 file.txt 文件的内容
$tail -c 4 file.txt      //显示 file.txt 文件最后 4 字节的内容
```

**10. grep 命令**

格式:

```
grep [选项] [查找模式] [文件名 1,文件名 2,...]
```

功能：以指定的查找模式搜索文件，通知用户在什么文件中搜索到与指定的模式匹配的字符串，并且打印出所有包含该字符串的文本行，该文本行的最前面是该行所在的文件名。

常用的选项："-c"表示只显示匹配行的数量；"-i"表示比较时不区分大小写；"-h"表示在查找多个文件时，指示 grep 不要将文件名加入到输出之前。

例如：

```
$grep "root" /etc/root        //在/etc/root 文件中查找"root"字符串
$grep data *                   //搜索出当前目录下所有文件中含有"data"字符串的行
```

### 11. find 命令

格式：

```
find [路径] [选项] [文件]
```

功能：从指定的目录开始，递归搜索其各个子目录，查找满足条件的文件并采取相应的操作。此命令提供了相当多的查找条件，功能非常强大。其主要选项如表 2-4 所示。

表 2-4　find 命令选项

| 选　项 | 说　明 |
| --- | --- |
| -amin | 查找在指定时间曾被访问过的文件或目录，以分钟计算 |
| -atime | 查找在指定时间曾被访问过的文件或目录，以 24 小时计算 |
| -cmin | 查找在指定时间之内被更改的文件或目录，以分钟计算 |
| -cnewer | 查找其更改时间较指定文件或目录的更改时间更接近现在时间的文件或目录 |
| -ctime | 查找在指定时间之内被更改的文件或目录，以 24 小时计算 |
| -daystart | 从本日开始计算时间 |
| -depth | 从指定目录下最深层的子目录开始查找 |
| -empty | 寻找文件大小为 0 字节的文件，或目录下没有任何子目录或文件的空目录 |
| -exec | 如果 find 指令的返回值为 True，就执行该指令 |
| -false | 将 find 指令的返回值皆设为 False |
| -fls | 此选项的效果和"-ls"类似，但会把结果保存为指定的列表文件 |
| -follow | 排除符号连接。用"-l"可代替 |
| -fprint | 此选项的效果和"-print"类似，但会把结果保存成指定的列表文件 |
| -fprint0 | 此选项的效果和"-print0"类似，但会把结果保存成指定的列表文件 |
| -fprintf | 此选项的效果和"-printf"类似，但会把结果保存成指定的列表文件 |
| -fstype | 只寻找该文件系统类型下的文件或目录 |
| -gid | 查找符合指定组 ID 的文件或目录 |
| -group | 查找符合指定组名称的文件或目录 |
| -help | 在线帮助。也可写成"--help" |
| -ilname | 此选项的效果和"-lname"类似，但忽略字符大小写的差别 |

续表

| 选项 | 说　明 |
|------|--------|
| -iname | 此选项的效果和"-name"类似,但忽略字符大小写的差别 |
| -inum | 查找符合指定的 inode 编号的文件或目录 |
| -iregex | 此选项的效果和"-regexe"类似,但忽略字符大小写的差别 |
| -links | 查找符合指定的硬链接数目的文件或目录 |
| -lname | 以指定字符串为寻找符号连接的范本样式 |
| -ls | 假设 find 指令的返回值为 True,就将文件或目录名称列出到标准输出 |
| -maxdepth | 设置最大目录层级 |
| -mindepth | 设置最小目录层级 |
| -mmin | 查找在指定时间前曾被更改过的文件或目录,以分钟计算 |
| -mount | 查找时局限在先前的文件系统中,即不跨越 mount 点。与"-xdev"相同 |
| -mtime | 查找在指定时间前曾被更改过的文件或目录,以 24 小时计算 |
| -name | 查找以指定的字符串为文件名的文件或目录 |
| -newer | 查找其更改时间较指定文件或目录的更改时间更接近现在时间的文件或目录 |
| -nogroup | 找出不属于本地主机组 ID 的文件或目录 |
| -noleaf | 不考虑目录,至少须拥有两个硬链接存在 |
| -nouser | 找出不属于本地主机用户 ID 的文件或目录 |
| -ok | 此选项的效果和"-exec"类似,但在执行之前先询问用户,若同意,则执行 |
| -path | 以指定字符串为寻找目录的范本样式 |
| -perm | 查找符合指定的权限数值的文件或目录 |
| -print | 如果 find 指令的返回值为 True,就将文件或目录名称输出到标准输出。格式为每列一个名称,每个名称之前皆有"./"字符串 |
| -print0 | 如果 find 指令的返回值为 True,就将文件或目录名称输出到标准输出。格式为全部的名称皆在同一行 |
| -printf | 如果 find 指令的返回值为 True,就将文件或目录名称输出到标准输出。格式可以自行指定 |
| -prune | 查找时忽略指定的目录 |
| -regex | 以指定字符串为寻找文件或目录的正则表达式 |
| -size | 查找符合指定的文件大小的文件 |
| -true | 将 find 指令的返回值皆设为 True |
| -type | 只寻找符合指定的文件类型的文件 |
| -uid | 查找符合指定的用户 ID 的文件或目录 |
| -used | 查找被更改之后在指定时间曾被存取过的文件或目录,以天计算 |
| -user | 查找符合指定的拥有者名称的文件或目录 |
| -version | 显示版本信息。也可写成"--version" |
| -xtype | 此选项的效果和"-type"类似,差别在于它针对符号连接检查 |

例如：

```
$find / -print              //查找/目录下的目录树的每一个文件
$find / -user bob           //查找在系统中属于 bob 用户的所有文件
$find /usr/bob -perm 666 -print  //查找/usr/bob 目录树下所有存取许可为 666 的文件
$find /usr/bob -perm -666   //查找所有包含 666 在内的存取许可方式的文件
$find /usr/bob -type b -print  //查找 usr/bob 目录中的所有块文件
$find / -atime -2           //查找在系统中最后 48 小时内访问的文件
```

**12. file 命令**

格式：

```
file [文件名]
```

功能：在 Linux 文件系统中，文件扩展名不总是被使用或被一致地使用。那么，如果一个文件没有扩展名，或者文件与其扩展名不符时，file 命令的功能用于判定一个文件的类型。命令的输出将显示该文件是二进制文件、文本文件、目录文件、设备文件，还是 Linux 中其他类型的文件。

例如：

```
$file /usr/sbin/zic
/usr/sbin/zic:ELF 64-bit LSB executable,x86-64,version 1 (SYSV), dynamically
linked(uses shared libs),for GNU/Linux 2.6.18,stripped
$file textfile.txt
textfile.txt:UTF-8 Unicode text
```

以上使用 file 命令对两个文件/usr/sbin/zic 和 textfile.txt 进行了文件类型判断。第一个文件为二进制可执行文件，第二个文件为 UTF-8 格式的文本文件。

## 2.2.4　系统管理命令

**1. uname 命令**

格式：

```
uname [选项]
```

功能：查看某种系统信息。

常用的选项："-a"表示显示所有信息；"-s"表示显示内核名；"-n"表示网络节点名字；"-v"表示 Linux 系统内核版本；"-r"表示 Linux 系统内核版本号。

例如：

```
$ uname -n        //查看本机的机器名
```

**2. du 命令**

格式：

```
du [选项] 目录
```

功能：显示当前及其下各子目录的大小。

常用选项："-a"表示显示每个文件的大小,不仅是整个目录所占用的空间;"-s"表示只显示总计。利用">"或">>"重定向符可将显示结果保存到某文件。du 显示的磁盘空间占用是以 512 字节的块来表示的。

例如：

```
$du -s|sort -n      //查看目录占用磁盘空间的大小,并按由小到大顺序排序
$du -a> info.txt    //将各目录占用磁盘空间情况保存在 info.txt 文件中
```

### 3. df 命令

格式：

```
df [选项]
```

功能：显示所有文件系统对 i 节点和磁盘块的使用情况以及磁盘空间剩余多少等信息。

其常用选项："-a"表示显示所有文件系统的磁盘使用情况,包括 0 块(block)的文件系统,如/proc 文件系统;"-k"表示以 KB 为单位显示;"-i"表示显示 i 节点信息,而不是磁盘块;"-t"表示显示各指定类型的文件系统的磁盘空间使用情况;"-x"表示列出不是某一指定类型文件系统的磁盘空间使用情况(与 t 选项相反);"-t"表示显示文件系统类型。

例如：

```
$df                 //列出各文件系统的磁盘空间使用情况
```

### 4. free 命令

格式：

```
free [选项]
```

功能：显示内存的使用情况,包括实体内存、虚拟的交换文件内存、共享内存区段,以及系统核心使用的缓冲区等。

常用的选项："-b"表示以 Byte 为单位显示内存使用情况;"-k"表示以 KB 为单位显示内存使用情况;"-m"表示以 MB 为单位显示内存使用情况;"-o"表示不显示缓冲区调节列;"-s<间隔秒数>"表示持续观察内存使用状况;"-t"表示显示内存总和列;"-V"表示显示版本信息。

例如：

```
$free -s 5          //每隔 5 秒显示一次内存使用情况
```

### 5. top 命令

格式：

```
top [bciqsS][d][n]
```

功能：实时显示系统中各个进程的资源占用状况，类似于 Windows 的任务管理器。通过提供的互动式界面，可用热键管理。

常见的选项："-b"表示使用批处理模式；"-c"表示列出程序时，显示每个程序的完整指令，包括指令名称、路径和参数等相关信息；"-d"表示设置 top 监控程序执行状况的间隔时间，单位以秒计算；"-i"表示忽略闲置或僵死的进程；"-n"表示设置监控信息的更新次数；"-q"表示持续监控程序执行的状况；"-s"表示使用保密模式，消除互动模式下的潜在危机；"-S"表示使用累计模式，其效果类似 ps 指令的"-S"选项。

例如：

```
$top
top-11:06:48 up 3:18, 2 user, load average: 0.06, 0.60, 0.48
Tasks: 29 total, 1 running, 28 sleeping,  0 stopped,  0 zombie
Cpu(s):0.3%us, 1.0%sy,0.0%ni,98.7%id,0.0%wa,0.0%hi,0.0%si,0.0%st
Mem:  191272k total,  173656k used,  17616k free,  22052k buffers
Swap:  192772k total,     0k used,  192772k free,  123988k cached

PID   USER  PR  NI  VIRT   RES   SHR  S  %CPU  %MEM  TIME+    COMMAND
1379  root  16  0   7976   2456  1980 S  0.7   1.3   0:11.03  sshd
1474  wang  16  0   2128   980   796  R  0.7   0.5   0:02.72  top
   1  root  16  0   1992   632   544  S  0.0   0.3   0:00.90  init
   2  root  34  19    0     0     0   S  0.0   0.0   0:00.00  ksoftirqd/0
   3  root  RT  0     0     0     0   S  0.0   0.0   0:00.00  watchdog/0
⋮
```

（1）统计信息区

前 5 行是系统整体的统计信息。

第一行是任务队列信息，同 uptime 命令的执行结果。其内容如下：

```
11:06:48                                //当前时间
up 3:18                                 //系统运行时间,格式为时:分
2 user                                  //当前登录用户数
load average: 0.06, 0.60, 0.48          //系统负载,即任务队列的平均长度。3 个数值分别为 1 分
                                          钟、5 分钟、15 分钟前到现在的平均值
```

第二、三行为进程和 CPU 的信息。当有多个 CPU 时，这些内容可能会超过两行。内容如下：

```
Tasks: 29 total                 //进程总数
1 running                       //正在运行的进程数
28 sleeping                     //睡眠的进程数
0 stopped                       //停止的进程数
0 zombie                        //僵尸进程数
Cpu(s): 0.3% us                 //用户空间占用 CPU 百分比
1.0%sy                          //内核空间占用 CPU 百分比
0.0%ni                          //用户进程空间内改变过优先级的进程占用 CPU 百分比
98.7%id                         //空闲 CPU 百分比
```

```
0.0%wa                        //等待输入输出的 CPU 时间百分比
0.0%hi                        //服务硬中断请求
0.0%si                        //服务软中断请求
0.0%st                        //时间被其他进程抢占
```

最后两行为内存信息。内容如下：

```
Mem: 191272k total            //物理内存总量
173656k used                  //使用的物理内存总量
17616k free                   //空闲内存总量
22052k buffers                //用作内核缓存的内存量
Swap: 192772k total           //交换区总量
0k used                       //使用的交换区总量
192772k free                  //空闲交换区总量
123988k cached                //缓冲的交换区总量
```

内存中的内容被换出到交换区，而后又被换入到内存，但使用过的交换区尚未被覆盖，该数值即为这些内容已存在于内存中的交换区的大小。相应的内存再次被换出时可不必再对交换区写入。

（2）进程信息区

统计信息区域的下方显示了各个进程的详细信息。各列的含义如表 2-5 所示。

表 2-5　top 字段及含义

| 列　名 | 含　义 |
| --- | --- |
| PID | 进程 id |
| PPID | 父进程 id |
| RUSER | 任务属主的真正用户名 |
| UID | 进程所有者的用户 id |
| USER | 进程所有者的用户名 |
| GROUP | 进程所有者的组名 |
| TTY | 启动进程的终端名。不是从终端启动的进程则显示为"?" |
| PR | 优先级 |
| NI | nice 值。负值表示高优先级，正值表示低优先级 |
| P | 最后使用的 CPU，仅在多 CPU 环境下有意义 |
| %CPU | 上次更新到现在的 CPU 时间占用百分比 |
| TIME | 进程使用的 CPU 时间总计，单位秒 |
| TIME+ | 进程使用的 CPU 时间总计，单位 1/100 秒 |
| %MEM | 进程使用的物理内存百分比 |
| VIRT | 进程使用的虚拟内存总量，单位 KB。VIRT＝SWAP＋RES |
| SWAP | 进程使用的虚拟内存中被换出的物理内存大小，单位 KB |
| RES | 进程使用的、未被换出的物理内存大小，单位 KB。RES＝CODE＋DATA |
| CODE | 可执行代码占用的物理内存大小，单位 KB |
| DATA | 可执行代码以外的部分(数据段＋栈)占用的物理内存大小，单位 KB |

续表

| 列　名 | 含　义 |
|---|---|
| SHR | 共享内存大小，单位 KB |
| nFLT | 页面错误次数 |
| nDRT | 最后一次写入现在被修改过的页面数 |
| S | 进程状态。D＝不可中断的睡眠状态；R＝运行；S＝睡眠；T＝跟踪/停止；Z＝僵尸进程 |
| COMMAND | 命令名/命令行 |
| WCHAN | 若该进程在睡眠，则显示睡眠中的系统函数名 |
| Flags | 任务标志 |

默认情况下仅显示比较重要的 PID、USER、PR、NI、VIRT、RES、SHR、S、％CPU、％MEM、TIME＋、COMMAND 列。可以通过下面的快捷键来更改显示内容。

（3）更改显示内容

通过 f 键可以选择显示的内容。按 f 键之后会显示列的列表，按 a～z 键即可显示或隐藏对应的列，最后按 Enter 键确定。按 o 键可以改变列的显示顺序。按小写的 a～z 键可以将相应的列向右移动，而按大写的 A～Z 键可以将相应的列向左移动。最后按 Enter 键确定。按大写的 F 键或 O 键，然后按 a～z 键可以将进程按照相应的列进行排序。而按大写的 R 键可以将当前的排序倒转。查看完毕后按 q 键退出 top 命令。

**6. logname 命令**

格式：

logname [选项]

功能：可以显示当前所使用的登录用户名。
例如：

$logname　　　　　　　　　//查看当前登录的用户

**7. w 命令**

格式：

w [选项] [用户]

功能：显示目前登入系统的用户信息。类似的命令还有 who、whoami。

常用选项："-f"表示开启或关闭显示用户从何处登入系统；"-h"表示不显示各栏位的标题信息列；"-l"表示使用详细格式列表，此为预设值；"-s"表示使用简洁格式列表，不显示用户登入时间、终端机阶段作业和程序所耗费的 CPU 时间；"-u"表示忽略执行程序的名称，以及该程序耗费 CPU 时间的信息；"-V"表示显示版本信息。

例如：

$w root　　　　　　　　　//查看 root 用户登录本系统的情况

# 2.3　vi 编辑器

## 2.3.1　vi 简介

　　vi(visual interface)编辑器是 Linux 和 UNIX 上最基本的文本编辑器,工作在字符模式下。由于不需要图形界面,因此它成了效率很高的文本编辑器。尽管在 Linux 上也有很多图形界面的编辑器可用,但 vi 在系统和服务器管理中是那些图形编辑器所无法比拟的。

　　vi 在 Linux 上的地位就像 Edit 程序在 DOS 上一样。它可以执行输出、删除、查找、替换、块操作等众多文本操作,而且用户可以根据自己的需要对其进行定制,这是其他编辑程序所没有的。

　　vi 编辑器并不是一个排版程序,它不像 Word 或 WPS 那样可以对字体、格式、段落等其他属性进行编排,它只是一个文本编辑程序。vi 有许多命令,初学者可能会觉得它比较烦琐,但熟练之后,就会发现 vi 是一个简单易用并且功能强大的源程序编辑器。

　　vim 是 vi 的加强版,比 vi 更容易使用。vi 的命令几乎全部都可以在 vim 上使用。要在 Linux 下编写文本或语言程序,用户首先必须选择一种文本编辑器,可以选择 vi 或 vim 编辑器,使用它们的好处是几乎每一个版本的 Linux 都会有它的存在。在文本模式下使用 vim,需要记忆一些基本的命令操作方式。用户也可以选择使用 pico、joe、jove、mc 等编辑器等,它们都比 vim 简单。如果不习惯使用文字模式,可以选择视窗环境下的编辑器,如 Gedit、Kate、KDevelop 等,它们是在 Linux 中的 X Window 下执行的 C/C++整合式开发环境。

## 2.3.2　vi 的工作模式

　　vi 有 3 种工作模式:命令模式(Command Mode)、插入模式(Insert Mode)和末行模式(Last Line Mode),如图 2-1 所示。

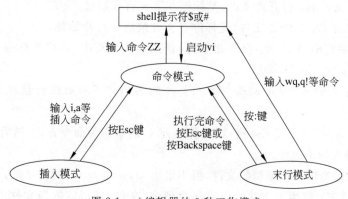

图 2-1　vi 编辑器的 3 种工作模式

### 1. 命令模式

在 shell 中启动 vi 时,最初就是进入命令模式。在该模式下可以输入各种 vi 命令,可以进行光标的移动,字符、字、行的删除,复制、粘贴等操作。此时,从键盘上输入的任何字符都可作为命令来解释。在其他两种模式下,按 Esc 键,就可以转换到命令模式。

🔥注意:在此模式下输入的任何字符屏幕都不会显示出来。

### 2. 插入模式

插入模式主要用于输入文本。在该模式下,用户输入的任何字符都可作为文件的内容保存起来,并会显示在屏幕上。在命令模式下输入 i、a 等命令就可以进入插入模式,在屏幕的最底端会提示"- - INSERT - -"字样。到命令模式,只需按 Esc 键即可。

### 3. 末行模式

在命令模式下,按":"键就进入了末行模式。此时 vi 在窗口的最后一行显示一个":",并等待用户输入命令。在末行模式下,可以进行诸如保存文件、退出、查找字符串、文本替换、显示行号等操作。一条命令执行完毕,就会返回到命令模式。

⚠提示:当处于末行模式,并已经输入了一条命令的一部分而不想继续时,按几次 Backspace 键删除已输入的命令或直接按 Esc 键都可以进入命令模式。

## 2.3.3 启动与退出 vi

输入以下命令都可以启动 vi 并进入命令模式。

(1) vi:光标定位在屏幕的第 1 行第 1 列位置。如果不指定文件名,则在保存文件时需要指定文件名。

(2) vi 文件名:如果该文件不存在,将建立此文件;如果该文件存在,则打开此文件。光标定位在屏幕的第 1 行第 1 列位置。

(3) vi+n 文件名:打开此文件,光标停在第 $n$ 行开始处。

(4) vi+ 文件名:打开此文件,光标停在文件最后一行开始处。

(5) vi+/字符串 文件名:打开此文件,查找到该字符串,并将光标停在第一次出现字符串的行首位置。

图 2-2 所示为输入"vi newfile"命令时 vi 的窗口,"-"表示该行是没有被编辑过的新行。

在退出 vi 前,可以先按 Esc 键,以确保当前 vi 的状态为命令方式,然后再输入":"进入末行模式,输入如下命令。

(1) w:保存当前正在编辑的文件,但不退出 vi,w 是 write 的首字母。

(2) w 文件名:将当前文件的内容保存到由"文件名"指定的新文件中,若该文件已存在则产生错误,该命令也不会退出 vi。

图 2-2　vi 编辑器

（3）w！文件名：将当前文件的内容保存到由"文件名"指定的新文件中，若该文件已存在则覆盖原文件，该命令也不会退出 vi。

（4）q：不保存文件直接退出 vi，若文件有改动过而没有保存则产生错误，q 是 quit 的首字母。

（5）q！：强行退出 vi，若文件内容有改动则恢复到文件的原始内容。

（6）wq：保存并退出 vi，这是最常用的退出 vi 的方式。

！提示：在末行模式下，输入如下命令。

```
: set number
```

或

```
: set nu
```

可以给每一行添加行号，这在调试程序时会很有用。行号并不是文件内容的一部分。

## 2.3.4　vi 的基本操作命令

### 1. 移动光标命令

在 vi 的插入模式下，一般使用键盘上的 4 个方向键来移动光标。而在命令行模式下则有很多移动光标的方法，熟练掌握这些命令，有助于提高用户的编辑效率。常用的移动方法如表 2-6 所示。

表 2-6　光标移动方法

| 命令 | 说　明 |
| --- | --- |
| ↑ | 移动到上一行，所在的列不变 |
| ↓ | 移动到下一行，所在的列不变 |
| ← | 左移一个字符，所在的行不变 |

51

| 命令 | 说　明 |
|------|--------|
| → | 右移一个字符,所在的行不变 |
| 数字 0 | 移动到当前行的行首 |
| $ | 移动到当前行的行尾 |
| nw | 右移 n 个字,n 为数字,光标处于第 n 个字的字首。w 代表 forword(向前) |
| w | 右移 1 个字,光标处于下一个字的字首 |
| nb | 左移 n 个字,n 为数字,光标处于第 n 个字的字首。b 是 back(向后)的首字母 |
| b | 左移 1 个字,光标处于下一个字的字首 |
| ( | 移到本句的句首,如果已经处于本句的句首,则移动到前一句的句首 |
| ) | 移到下一句的句首 |
| { | 移到本段的段首,如果已经处于本段的段首,则移动到前一段的段首 |
| } | 移到下一段的段首 |
| 1G | 移动到文件首行的行首 |
| G | 移动到文件末行的行首 |
| nG | 移动到文件第 n 行的行首 |
| &lt;ctrl&gt;＋g | 报告光标所处的位置,位置信息显示在 vi 的最后一行 |

!提示:遇到“.”、“?”或“!”,vi 认为是一句的结束。vi 以空白行作为段的开始或结束。

**2. 删除文本命令**

在插入模式下,用 Delete 键可以删除光标所在位置的一个字符,用 Backspace 键删除光标所在位置的前一个字符。在命令模式下,有各种各样的删除文本的方法,常用的删除方法如表 2-7 所示。

表 2-7　删除命令

| 命令 | 说　明 |
|------|--------|
| x | 删除光标所在位置的一个字符 |
| nx | 删除从光标开始的 n 个字符 |
| dw | 删除光标所在位置的一个字,d 是 delete 的首字母 |
| ndw | 删除从光标开始的 n 个字 |
| db | 删除光标前的一个字 |
| ndb | 删除从光标开始的前 n 个字 |
| d0 | 删除从光标前一个字符到行首的所有字符 |
| d$ | 删除光标所在字符到行尾的所有字符 |
| dd | 删除光标所在的行即当前行 |
| ndd | 删除从当前行开始的 n 行 |
| d( | 删除从当前字符开始到句首的所有字符 |
| d) | 删除从当前字符开始到句尾的所有字符 |
| d{ | 删除从当前字符开始到段首的所有字符 |
| d} | 删除从当前字符开始到段尾的所有字符 |

**! 提示**：如果要取消前一次操作，在命令模式下输入字符 u 即可。u 是 undo 的首字母。

### 3. 文本查找和替换命令

在命令模式下，查找文本的方法如表 2-8 所示。

表 2-8　查找命令

| 命　　令 | 说　　明 |
| --- | --- |
| ?string\<Enter\> | 在命令模式下输入"?"和要查找的字符串，如"string"，并按 Enter 键即可 |
| n | 向文件头方向重复前一个查找命令 |
| N | 向文件尾方向重复前一个查找命令 |

在末行模式下，替换文本的方法如表 2-9 所示。

表 2-9　替换命令

| 命　　令 | 说　　明 |
| --- | --- |
| s/oldstr/newstr | 在当前行用 newstr 字符串替换 oldstr 字符串，只替换一次，s 是 substitue 的首字母 |
| s/oldstr/newstr/g | 在当前行用 newstr 字符串替换所有的字符串 oldstr |
| 1,10s/oldstr/newstr/g | 在第 1～10 行用字符串 newstr 来替换所有的字符串 oldstr |
| 1,$ s/oldstr/newstr/g | 在整个文件中用字符串 newstr 来替换所有的字符串 oldstr |

### 4. 文本的复制与粘贴命令

复制和粘贴是文本编辑中的常用操作，vi 也提供了这种功能。复制是把指定内容复制到内存的一块缓冲区中，而粘贴是把缓冲区中的内容粘贴到光标所在位置。复制和粘贴的方法如表 2-10 所示。

表 2-10　复制与粘贴命令

| 命　　令 | 说　　明 |
| --- | --- |
| yw | 将光标所在位置到字尾的字符复制到缓冲区中，y 是 yank 的首字母 |
| nyw | 将光标所在位置开始的 n 个字符复制到缓冲区中，n 为数字 |
| yb | 从光标开始向左复制一个字 |
| nyb | 从光标开始向左复制 n 个字，n 为数字 |
| y0 | 复制从光标前一个字符到行首的所有字符 |
| y$ | 复制从光标开始到行末的所有字符 |
| yy | 复制当前行，即光标所在的行 |
| nyy | 复制从当前行开始的 n 行，n 为数字 |
| p | 在光标所在位置的后面插入复制的文本，p 是 paste 的首字母 |
| P(大写) | 在光标所在位置的前面插入复制的文本 |
| np | 在光标所在位置的后面插入复制的文本，共复制 n 次 |
| nP | 在光标所在位置的前面插入复制的文本，共复制 n 次 |

# 本 章 实 训

### 实训目的

熟练掌握 shell 的特性和使用方法是学好 Linux 的基础。

### 实训内容

在 RHEL 6.2 操作系统上掌握 shell 的基本操作命令,完成一个以 exercise 为目录名的相关文件系统操作。

(1) 由当前目录切换至指定目录,在该目录下创建新目录(目录名为 exercise),利用 ls 命令查看目录是否创建成功。

(2) 在 exercise 目录下创建文件名为"1. txt"的文件,利用命令输入内容。利用不同的命令查看文件内容。

(3) 复制 1. txt,更名为 2. txt。利用命令移除 1. txt。

(4) 查找 2. txt 文件中指定的字符。

(5) 利用 vi 编辑器对 2. txt 文件内容进行编辑。

### 实训总结

熟练 shell 的命令,并能熟练操作 vi 编辑器,对以后的服务配置打下坚实的基础。

# 本 章 习 题

### 一、选择题

1. 使用 vi 编辑只读文件时,强制存盘并退出的命令是(　　)。

    A. :w!　　　　　　B. :q!　　　　　　C. :wq!　　　　　　D. :e!

2. 使用(　　)命令可以把两个文件合并成一个文件。

    A. cat　　　　　　B. grep　　　　　　C. awk　　　　　　D. cut

3. 用 ls -al 命令列出下面的文件列表,(　　)文件是符号连接文件。

    A. -rw-rw-rw-　　2　hel-s　users　56　　Sep　09　11:05　hello

    B. -rwxrwxrwx　2　hel-s　users　56　　Sep　09　11:05　goodbey

    C. drwxr--r--　　1　hel　　users　1024　Sep　10　08:10　zhang

    D. lrwxr--r--　　1　hel　　users　2024　Sep　12　08:12　cheng

4. 对下面的命令: $ cat name test1 test2＞name,说法正确的是(　　)。

    A. 将 test1 test2 合并到 name

    B. 命令错误,不能将输出重定向到输入文件中

    C. 当 name 文件为空的时候命令正确

    D. 命令错误,应该为 $ cat name test1 test2＞＞name

5. vi 中,(　　)命令从光标所在行的第一个非空白字符前面开始插入文本。

    A. i　　　　　　　　B. I　　　　　　　　C. a　　　　　　　　D. S

6. 若要列出/etc 目录下所有以"vsftpd"开头的文件,以下命令中不能实现的是(　　)。

    A. ls /etc /grep vsftpd　　　　　　B. ls /etc/vsftpd

    C. ls /etc/vsftpd ＊　　　　　　　　D. ll /etc/vsftpd ＊

7. 假设当前处于 vi 的命令模式,现要进入插入模式,以下快捷键中无法实现的是(　　)。

    A. I　　　　　　　　B. A　　　　　　　　C. O　　　　　　　　D. l

8. 目前处于 vi 的插入模式,若要切换到末行模式,以下操作方法中正确的是(　　)。

    A. 按 Esc 键　　　　　　　　　　　B. 按 Esc 键,然后按:键

    C. 直接按:键　　　　　　　　　　　D. 直接按 Shift＋:组合键

9. 以下命令中,不能用来查看文本文件内容的命令是(　　)。

    A. less　　　　　　B. cat　　　　　　C. tail　　　　　　D. ls

10. 在 Linux 中,系统管理员(root)状态下的提示符是(　　)。

    A. $　　　　　　　B. ♯　　　　　　　C. ％　　　　　　　D. ＞

11. 删除文件的命令为(　　)。

    A. mkdir　　　　　B. rmdir　　　　　C. mv　　　　　　D. rm

12. 建立一个新文件可以使用的命令为(　　)。

    A. chmod　　　　　B. more　　　　　C. cp　　　　　　D. touch

13. 以下哪种不是 Linux 的 shell 类型?(　　)

    A. bash　　　　　　B. ksh　　　　　　C. rsh　　　　　　D. csh

## 二、简答题

1. vi 编辑器有哪三大类工作模式?其相互之间如何切换?

2. 列举查看文件内容的命令,并说明其区别。

# 第3章　用户和组管理

Linux 是个多用户多任务的分时操作系统,所有要使用系统资源的用户都必须先向系统管理员申请一个账号,然后以这个账号的身份进入系统。用户的账号一方面能帮助系统管理员对使用系统的用户进行跟踪,并控制他们对系统资源的访问;另一方面也能帮助用户组织文件,并为用户提供安全性保护。每个用户账号都拥有一个唯一的用户名和用户密码。用户在登录时输入正确的用户名和密码后,才能进入系统和自己的主目录。

**本章要点:**

(1) 掌握实现用户账号的管理方法。

(2) 掌握用户账号的添加、删除和修改。

(3) 掌握用户密码的管理。

(4) 掌握用户组的管理。

## 3.1　用　户　和　组

在 Linux 系统中每个用户都拥有一个唯一的标识符,称为用户 ID(UID),每个用户对应一个账号。Linux 系统把具有相似属性的多个用户分配到一个称为用户分组的组中,每个用户至少属于一个组。系统安装完毕后,已创建了一些特殊用户,它们具有特殊的意义,其中最重要的是超级用户,即 root。用户分组是由系统管理员建立的,一个用户分组内包含若干个用户,一个用户也可以归属于不同的分组。用户分组也有一个唯一的标识符,称为组 ID(GID)。对某个文件的访问都是以文件的用户 ID 和分组 ID 为基础的。同时可以根据用户和分组信息控制如何授权用户访问系统,以及被允许访问后用户可以进行的操作权限。

根据用户的权限用户可以定义为普通用户、系统用户和超级用户。普通用户只能访问自己的文件和其他有权限执行的文件,而超级用户权限最大,可以访问系统的全部文件并执行任何操作。超级用户也被称为根用户,一般系统管理员使用的是超级用户 root 的权限,有了这个权限,管理员可以突破系统的一切限制,方便地维护系统。普通用户也可以用 su 命令使自己转变为超级用户。而系统用户是指系统内置的、执行特定任务的用户,不具有登录系统的能力。

系统的这种安全机制有效地防止了普通用户对系统的破坏。例如:存放于/dev 目录下的设备文件分别对应于硬盘驱动器、打印机、光盘驱动器等硬件设备,系统通过对这些文件设置用户访问权限,使得普通用户无法通过覆盖硬盘而破坏整个系统,从而保护了系统。

在 Linux 中可以利用用户配置文件,以及用户查询和管理的控制工具来进行用户管理,用户管理主要通过修改用户配置文件完成。用户管理控制工具最终的目的也是为了修改用户配置文件,所以在进行用户管理的时候,直接修改用户配置文件同样可以达到用户管理的目的。

## 3.1.1　用户账号文件

/etc/passwd 是系统识别用户的一个文件,用来保存用户的账号数据等信息,又称为密码文件。系统所有的用户都在此文件中有记载。例如:当用户以 zhang 这个账号登录时,系统首先会查阅/etc/passwd 文件,看是否有 zhang 这个账号,然后确定 zhang 的 UID,通过 UID 来确认用户和身份。如果存在,则读取/etc/shadow 影子文件中所对应的 zhang 的密码,如果密码核实无误,则登录系统并读取用户的配置文件。

用户登录进入系统后都有一个属于自己的操作环境,可以执行 cat 命令查看完整的系统账号文件。假设当前用超级用户身份登录,执行下列命令:

```
#cat /etc/passwd
root:x:0:0:root:/root:/bin/bash
bin:x:1:1:bin:/bin:/sbin/nologin
adm:x:2:2:daemon:/sbin:/sbin/nologin
lp:x:4:7:lp:/var/spool/lpd:/sbin/nologin
    ⋮
zhang:x:500:500::/home/zhang:/bin/bash
```

在/etc/passwd 中,每一行都表示一个用户的信息,一行有 7 个段位,每个段位用":"号分隔,其格式如下:

```
username:password:User ID:Group ID:comment:home directory:shell
```

字段含义如下所示。

(1) username:用户名,它唯一地标识了一个用户账号,用户在登录时使用的就是它。通常长度不超过 8 个字符,可由大小写字母(区分大小写)、下画线、句点或数字等组成。用户名中不能有冒号,因为冒号在这里是分隔符。为了兼容起见,在创建用户时,用户名中最好不要包含点字符".",并且不使用连字符"-"和加号"+"打头。

(2) password:该账号的密码,passwd 文件中存放的密码是经过加密处理的,一般采用的是不可逆的加密算法。当用户登录输入密码后,系统会对用户输入的密码进行加密,再把加密的密码与机器中存放的用户密码进行比较。如果这两个加密数据匹配,则允许用户进入系统。目前许多 Linux 系统都使用了 shadow 技术,把真正的加密后的用户密码字存放到/etc/shadow 文件中,而在/etc/passwd 文件的密码字段中只存放一个特别的字符,例如"x"或" * "。Linux 的加密算法很严密,其中的密码很难被破解。盗用账号的人一般都借助专门的黑客程序,构造出无数个密码,然后使用同样的加密算法将其加密,再和本字段进行比较，如果相同，就代表构造出的密码是正确的。因此，建议不要使用生日、常用单词等作为密码，它们在黑客程序面前几乎是不堪一击的。特别是对那些直接连入较大网络的系统来说，系统安全性显得尤为重要。

（3）User ID：用户识别码，简称 UID。此字段非常重要，Linux 系统内部使用 UID 来标识用户，而不是用户名。在系统中每个用户的 UID 的值是唯一的，更确切地说，每个用户都要对应一个唯一的 UID。一般情况下 UID 和用户名是一一对应的，如果几个用户名对应的用户标识号是相同的，系统内部将把他们视为同一个用户，不过他们能有不同的密码、不同的主目录及不同的登录 shell 等。通常 UID 的取值范围是 0～65535 的整数（UID 的最大值可以在文件/etc/login.gefs 中查到，一般 Linux 发行版约定为 60000）。其中，0 是超级用户 root 的标识号，1～499 作为管理账号，普通用户的标识号从 500 开始。

（4）Group ID：用户组识别码，简称 GID。不同的用户可以属于同一个用户组，享有该用户组共有的权限。与 UID 类似，GID 唯一地标识了一个用户组。

（5）comment：这是给用户账号做的注解，它一般是用户真实姓名、电话号码、住址等，当然也可以是空的。这个字段并没有什么实际的用途。在不同的 Linux 系统中，这个字段的格式并没有统一。在许多 Linux 系统中，这个字段存放的是一段任意的注释性描述文字，用做 finger 命令的输出。

（6）home directory：主目录，系统为每个用户配置的单独使用环境，即用户登录系统后最初所在的目录，在这个目录中，用户不仅可以保存自己的配置文件，还可以保存自己日常工作中的各种文件。一般来说，root 账号的主目录是/root，其他账号的主目录都在/home 目录下，并且和用户名同名。各用户对自己的主目录有读、写、执行（搜索）权限，其他用户对此目录的访问权限则根据具体情况设置。用户可以在账号文件中更改用户登录目录。

（7）login command：用户登录后，要启动一个进程，负责将用户的操作传给内核，这个进程是用户登录到系统后运行的命令解释器或某个特定的命令，即 shell。shell 是用户和 Linux 系统之间的接口。Linux 的 shell 有许多种，每种都有不同的特点。系统管理员能根据系统情况和用户习惯为用户指定某个 shell。如果不指定 shell，那么系统使用 sh 为默认的登录 shell，即这个字段的值为/bin/sh。

用户的登录 shell 也可以指定为某个特定的程序（此程序不是命令解释器）。利用这一特点，能限制用户只能运行指定的应用程序，在该应用程序运行结束后，用户就自动退出了系统。有些 Linux 系统要求只有那些在系统中登记了的程序才能出现在目前这个字段中。系统中有一类用户称为伪用户（pseudo users），这些用户在/etc/passwd 文件中也占有一条记录，不过不能登录，因为他们的登录 shell 为空。他们的存在主要是方便系统管理，满足相应的系统进程对文件属主的需求。常见的伪用户有 bin（拥有可执行的用户命令文件）、sys（拥有系统文件）、adm（拥有账户文件）等。

除了上面列出的伪用户外，还有许多标准的伪用户，例如：audit、cron、mail、usenet 等，它们也都各自为相关的进程和文件所需要。由于/etc/passwd 文件是所有用户都可读的，如果用户的密码太简单或规律比较明显，一台普通的计算机就能够非常容易地将它破解,因此对安全性要求较高的 Linux 系统把加密后的密码字分离出来,独立存放在一个文件中,这个文件是/etc/shadow 文件。只有超级用户才拥有该文件的读权限,这就确保了用户密码的安全性。

# 3.1.2　用户影子文件

Linux 使用了不可逆算法来加密登录密码,所以黑客从密文得不到明文。但由于任何用户都有权限读取/etc/passwd 文件,用户密码保存在这个文件中是极不安全的。针对这种安全问题,许多 Linux 的发行版本引入了影子文件/etc/shadow 来提高密码的安全性。使用影子文件是将用户的加密密码从/etc/passwd 中移出,保存在只有超级用户root 才有权限读取的/etc/shadow 中,/etc/passwd 中的密码域显示一个"x"。

/etc/shadow 文件是/etc/passwd 的影子文件,这个文件并不是由/etc/passwd 产生的,这两个文件是对应互补的。shadow 内容包括用户、被加密的密码,以及其他/etc/passwd 不能包括的信息,比如用户的有效期限等。

/etc/shadow 文件的内容包括 9 个字段,每个字段之间用":"号分隔。用户可以输入命令"cat /etc/shadow"来查看影子文件的内容,如下所示。

```
#cat /etc/shadow |more
root:$6$M9sgi327sdggd62hjH5Fdsrthjk&68fgdsd43$hgk&jgdsf2kjb@jhghfhgh5jfds
6ffd768h%jggh(khhhvh%hgYgg6kjUgff.:14997:0:99999:7:::
bin: * :14790:0:99999:7:::
daemon: * :17790:0:99999:7:::
lp: * :14790:0:99999:7:::
    ⁝
zhang: * : $6 $fg7DUHGggrtjrsuutc548hxdsahfe289hjgfd $68gcx # uhjgcg% hfgffse
h67765hgdshju%hhkk * kkhbjgj%hghgjgkk/:14997:0:99999:7:::
```

(1) 用户名(也被称为登录名)。在/etc/shadow 中,用户名和/etc/passwd 是相同的,这样就把 passwd 和 shadow 中的用户记录联系在一起。这个字段是非空的。

(2) 密码(已被加密)。如果有些用户在这段是" * ",表示这个用户不能登录到系统;这个字段是非空的,带有 1 个"!"表示账户被锁定,带有 2 个"!"表示密码被锁定。

(3) 上次修改密码的时间。这个时间是从 1970 年 1 月 1 日算起到最近一次修改密码的时间间隔(天数),管理员可以通过 passwd 来修改用户的密码,然后查看/etc/shadow 中此字段的变化。

(4) 两次修改密码间隔最少的天数。也就是说用户必须经过多少天才能修改其密码。如果配置为 0,则禁用此功能。此项功能用处不是太大,默认值通过/etc/login.defs 文件中的 PASS_MIN_DAYS 进行定义。

(5) 两次修改密码间隔最多的天数。这个字段可以增强管理员管理用户密码的时效性,也增强了系统的安全性。如果是系统默认值,则在添加用户时由/etc/login.defs 文件中的 PASS_MAX_DAYS 进行定义。

(6) 提前多少天警告用户密码将过期。如果满足条件,则当用户登录系统后,系统登录程序提醒用户密码将要作废;系统默认值在添加用户时由/etc/login. defs 文件中的 PASS_WARN_AGE 进行定义。

（7）在密码过期多少天之后禁用此用户。此字段表示用户密码作废多少天后,系统会禁用此用户,也就是说系统不会再让此用户登录,也不会提示用户过期,是完全禁用。

（8）用户过期日期;此字段指定了用户作废的天数(从 1970 年 1 月 1 日开始的天数),如果这个字段的值为空,则账号长久可用。

（9）保留字段,目前为空,以备将来 Linux 发展之用。

### 3.1.3　组账号文件

具有某种共同特征的用户集合起来就是用户组(group)。用户组的设置主要是为了方便检查、设置文件或目录的访问权限。每个用户组都有唯一的用户组号 GID。

/etc/group 文件是用户组的配置文件,内容包括用户和用户组,并且能显示出用户归属哪个用户组或哪几个用户组。同一用户组的用户之间具有相似的特征,比如把某一用户加入到 info 用户组,那么这个用户就可以浏览 info 用户登录目录的文件。如果 info 用户把某个文件的读写执行权限放开,info 用户组的所有用户都可以修改此文件,如果是可执行的文件(比如脚本),info 用户组的用户也是可以执行的。

/etc/group 的内容包括用户组名、用户组密码、GID 及该用户组所包含的用户,每个用户组使用一条记录。格式如下:

```
group_name:passwd:GID:user_list
```

/etc/group 中的每条记录分 4 个字段。第 1 字段:用户组名称;第 2 字段:用户组密码;第 3 字段:GID;第 4 字段:用户列表,每个用户之间用逗号(,)分隔,本字段可以为空,如果字段为空表示用户组为 GID 的全部用户。

通过执行"cat /etc/group"命令,可以得到/etc/group 文件的内容,如下所示。

```
#cat /etc/group|more
root: * :0:root
bin: * :1:root,bin,daemon
deamon: * :2:root,bin,daemon
lp: * :7:daemon,adm
⋮
zhang: * :500:
```

其中,第 2 行 root:x:0:root 的含义为:用户组名为 root,x 是已加密的密码段,GID是 0,root 用户组下包括 root 用户。

GID 和 UID 类似,是一个从 0 开始的正整数。root 用户组的 GID 为 0。系统会预留一些较靠前的 GID 给系统虚拟用户组用。

对照/etc/passwd 和/etc/group 两个文件,会发现在/etc/passwd 中的每条用户记录有用户默认的 GID。在/etc/group 中,也会发现每个用户组下有多少个用户。在创建目录和文件时会使用默认的用户组。

　　需要注意的是,判断用户的访问权限时,默认的 GID 并不重要,只要一个目录让同组用户具有可以访问的权限,那么同组用户就可以拥有该目录的访问权限。

## 3.1.4　用户组影子文件

　　与/etc/shadow 文件一样,考虑到组信息文件中密码的安全性,引入相应的组密码影子文件/etc/gshadow。

　　/etc/gshadow 是/etc/group 的加密文件,比如用户组管理密码就存放在这个文件中。/etc/gshadow 和/etc/group 是互补的两个文件。对于大型服务器,针对很多用户和组,定制一些关系结构比较复杂的权限模型,设置用户组密码是极有必要的。例如,如果不想让一些非用户组成员永久拥有用户组的权限和特性,这时就可以通过密码验证的方式来让某些用户临时拥有一些用户组特征,这时就要用到用户组密码。

　　/etc/gshadow 格式如下,每个用户组独占一行。

```
groupname:passwd:admin1,admin2,...:member1,member2,...
```

　　第 1 字段:用户组;第 2 字段:用户组密码,这个字段可以是空的或"!",如果是空的或"!",表示没有密码;第 3 字段:用户组管理者,这个字段也可为空,如果有多个用户组管理者,用","分隔;第 4 字段:组成员,如果有多个成员,用","分隔。

　　执行"cat /etc/gshadow"命令,可以查看用户组影子文件的内容,如下所示。

```
#cat /etc/gshadow|more
root:::root
bin:::root,bin,daemon
daemon:::root,bin,daemon
sys:::root,bin,adm
⋮
zhang:!!::
```

　　其中一行 daemon:::root,bin,daemon 的含义为:用户组名为 daemon,没有设置密码,该用户没有用户组管理者,组成员有 root、bin 和 daemon。

## 3.1.5　与用户和组管理相关的文件和目录

### 1. /etc/skel

　　/etc/skel 目录一般存放用于初始化用户启动文件的目录,这个目录由 root 权限控制。一般来说,每个用户都有自己的主目录,用户成功登录后就处于自己的主目录下。当用 useradd 命令添加用户时,这个目录下的文件自动复制到新添加的用户的目录下。/etc/skel 目录下的文件都是隐藏文件,也就是类似".file"格式的;可通过修改、添加、删除/etc/skel 目录下的文件,来为用户提供一个统一、标准的、默认的用户环境。典型的/etc/skel 内容如下:

```
#ls -a /etc/skel/
.  ..  .bash_logout  .bash_profile  .bashrc  .gnome2  .mozilia
```

### 2. /etc/login. defs 配置文件

/etc/login. defs 文件用于创建用户账号时进行的一些规划，比如创建用户时，是否需要创建用户家目录、用户的 UID 和 GID 的范围、用户的期限等，这个文件是可以通过 root 来定义的。典型的 /etc/login. defs 文件内容如下。

```
#cat /etc/login.defs
  ⋮
MAIL_DIR         /var/spool/mail      //创建用户时，用户邮箱所在的目录
  ⋮
PASS_MAX_DAYS    99999      //账户密码的最长有效天数
PASS_MIN_DAYS    0          //账户密码的最短有效天数，允许更改密码的最短天数
PASS_MIN_LEN     5          //密码最小长度
PASS_WARN_AGE    7          //密码过期前提前警告的天数
  ⋮
UID_MIN          500        //建立用户时，自动产生的最小 UID 值，也就是 UID 是从此值开始
UID_MAX          60000      //建立用户时，最大的 UID 值
  ⋮
GID_MIN          500        //建立用户时，自动产生的最小 GID 值
GID_MAX          60000      //建立用户时，自动产生的最大 GID 值
  ⋮
CREATE_HOME      yes        //建立用户时，是否创建用户家目录
  ⋮
UMASK            077        //默认创建文件和目录的权限
  ⋮
USERGROUPS_ENAB  yes        //创建用户时是否创建用户主群组
  ⋮
ENCRYPT_METHOD SHA512       //用户的口令使用 SHA512 加密算法加密
```

### 3. /etc/default/useradd 文件

该文件是通过 useradd 命令新建用户时的规则文件，其内容如下。

```
#more /etc/default/useradd
GROUP=100               //默认用户群组 ID
HOME=/home              //把用户的家目录建在 /home 中
INACTIVE=-1             //是否启用账号过期停权，-1 表示不启用
EXPIRE=                 //账号终止日期，不设置表示不启用
SHELL=/bin/bash         //默认登录 SHELL 的类型
SKEL=/etc/skel          //存放用于初始化用户文件的目录；当使用 adduser 添加用户时，
                          用户家目录下的文件都是从这个目录中复制过去的
CREATE_MAIL_SPOOL=yes   //是否主动帮使用者建立邮件信箱
```

# 3.2　用户账号的管理

## 3.2.1　用户账号管理

用户账号的管理主要涉及用户账号的添加、删除和修改等。

### 1. 添加账号

添加用户账号就是在系统中创建一个新账号,可以同时为新账号分配用户号、用户组、主目录和登录 shell 等资源。如果没有给刚添加的账号设置密码,则该账号是被锁定的,无法使用。

添加新的用户账号使用 useradd 命令,语法如下:

useradd [选项] 用户名

其中常用选项含义如下。

-c comment:指定一段注释性描述。

-d home_dir:指定用户主目录,如果此目录不存在,则同时使用"-m"选项创建主目录。

-m:若主目录不存在,则创建它。

-M:不创建主目录。

-g group:指定用户初始所属的用户组名或组 ID。该用户组名或组 ID 在指定时必须已存在。

-G 用户组列表:指定用户所属的附加组,各组用逗号隔开。

-s Shell:指定用户的登录 shell,默认为/bin/bash。

-u userID:指定新用户的用户号,该值必须唯一且大于 499,如果同时有-o 选项,则能重复使用其他用户的标识号。

-p password:为新建用户指定登录密码。此处的 password 是对登录密码经 md5 加密后所得到的密码值,不是真实密码原文,因此实际应用中使用较少。

例 1:

#useradd -d /tmp/wuli -m wuli

此命令创建了一个用户 wuli,其中-d 和-m 选项用来为登录名 wuli 产生一个主目录/tmp/wuli(/tmp 为当前用户主目录所在的父目录)。

例 2:

#useradd -s /bin/sh -g group -G adm,root gem

此命令新建了一个用户 gem,该用户的登录 shell 是/bin/sh,它属于 group 用户组,同时又属于 adm 和 root 用户组,其中 group 用户组是其主组。

增加用户账号就是在/etc/passwd 文件中增加了一条新用户的记录,同时会更新其他系统文件,如/etc/shadow、/etc/group 等。如果要查看系统在创建用户时默认的参数,可以使用如下命令:

```
#useradd -D
```

### 2. 删除账号

如果一个用户账号不再使用,要能从系统中删除。删除用户账号就是要将/etc/passwd 等系统文件中的该用户记录删除,必要时还要删除用户的主目录。删除一个已有的用户账号可以使用 userdel 命令,格式如下:

```
userdel [选项] 用户名
```

常用的选项是-r,其作用是删除用户账号的同时把该用户的主目录一起删除。

例如:

```
#userdel -r wuli
```

此命令删除用户 wuli 在系统文件(主要是/etc/passwd、/etc/shadow、/etc/group 等)中的记录,同时删除用户的主目录。

### 3. 修改账号

修改用户账号就是根据实际情况更改用户(chgrp 是针对文件而言)的有关属性,如用户号、主目录、用户组、登录 shell 等。修改已有用户的信息可以使用 usermod 命令,格式如下:

```
#usermod [选项] 用户名
```

常用的选项包括-c、-d、-m、-g、-G、-s、-u、-o 等,这些选项的意义和 useradd 命令中的相同,能为用户指定新的资源值。下面按用途介绍几个选项。

(1) 改变用户账号名

格式:

```
usermod -l 新用户名 原用户名
```

-l 选项指定一个新的账号,即将原来的用户名改为新的用户名。

例如:

```
#usermod -l zhang zhao            //将用户 zhao 改名为 zhang
```

(2) 锁定账号

若要临时禁止用户登录,可将该用户账户锁定。其格式为:

```
usermod -L 用户名
```

Linux 锁定账户,也可直接在密码文件 shadow 的密码字段前加"!"来实现。

（3）解锁账户

格式：

usermod -U 用户名

-U 选项是将指定的账户解锁，以便可以正常使用。

（4）将用户加入其他组

格式：

usermod -G 组名或 GID 用户名

例如：

#usermod -G cheng tom　　　　　//将用户 tom 追加到 cheng 这个组

其他选项应用如下例：

#usermod -s /bin/ksh -d /home/zh -g developer wuli

此命令将用户 wuli 的登录 shell 修改为 ksh，主目录改为/home/zh，用户组改为
developer。

**4. 查看账号属性**

格式：

id [选项] [用户]

此命令是显示有效用户的 uid 和 gid，默认为当前用户的 id 信息。

常用的选项如下所示。-g 或--group 表示只显示用户所属群组的 ID；-G 或--groups
表示显示用户所属附加群组的 ID；-n 或--name 表示显示用户、所属群组或附加群组的名
称；-r 或--real 表示显示实际 ID；-u 或--user 表示只显示用户 ID；--help 表示显示帮助；
--version 表示显示版本信息。

此外，利用 groups [用户]命令可以显示用户所在的组，默认为当前用户所在的组信息。

## 3.2.2　用户密码管理

用户管理的另一项重要内容是用户密码的管理。用户账号刚创建时没有密码，是被
系统锁定的，无法使用，必须为其指定密码后才能使用，即使是空密码。

**1. 设置用户登录密码**

指定和修改用户密码的 shell 命令是 passwd。超级用户能为自己和其他用户指定密
码，普通用户只能修改自己的密码。命令的格式为：

passwd [选项] 用户名

可使用的选项如下所示。

-l：锁定密码，即禁用账号。

-u：密码解锁。

-d：删除账号密码,本选项只有系统管理员才能使用。

-k：设置只有在密码过期失效后方能更新。

如果 passwd 命令后不带用户名,则是修改当前用户的密码的命令。例如：假设当前用户是 wuli,则下面的命令修改该用户自己的密码。

```
$passwd
Old password: ******
New password: *******
Re-enter new password: *******
```

如果是超级用户,能用下列形式指定任意用户的密码。

```
#passwd wuli
New password: *******
Re-enter new password: *******
```

普通用户修改自己的密码时,passwd 命令会先询问原密码,验证后再要求用户输入两遍新密码,如果两次输入的密码一致,则将这个密码指定给用户；而超级用户为用户指定密码时,就不必知道原密码。为了安全起见,用户应该选择比较复杂的密码,最好使用不少于 8 位的密码,密码中包含有大写、小写字母和数字,并且应该和姓名、生日等不相同。

### 2. 删除账户密码

若要为用户指定空密码,则执行下列形式的命令：

```
passwd -d 用户名
```

此命令将用户的密码删除,只有 root 用户才有权执行。用户密码被删除后,将不能再登录系统,除非重新设置密码。

### 3. 查询密码状态

要查询指定用户的密码状态,可由 root 用户执行下列形式的命令：

```
passwd -S 用户名
```

若账户密码被锁定,将显示输出"Password locked"信息；若未加密,则显示"Password set,SHA512 crypt."信息。

### 4. 锁定用户密码

在 Linux 中,除了用户账户可被锁定外,用户密码也可以被锁定,任何一方被锁定后,都将导致该用户无法登录系统。只有 root 用户才有权执行该命令。锁定账户密码可执行下列形式的命令：

```
passwd -l 用户名
```

**5．解锁账户密码**

用户密码被锁定后，若要解锁，可执行下列形式的命令：

passwd -u 用户名

# 3.3　用户组的管理

每个用户都有一个用户组，系统能对一个用户组中的所有用户进行集中管理。不同
Linux 系统对用户组的规定有所不同，如 Linux 下的用户属于和其同名的用户组，这个用
户组在创建用户时同时创建。用户组的管理涉及用户组的添加、删除和修改。组的增加、
删除和修改实际上就是对/etc/group 文件的更新。

用户组（group）就是具有相同特征的用户（user）的集合体，例如有时要让多个用户具
有相同的权限，如查看、修改某一文件或执行某个命令，这时需要用户组，把用户都定义到
同一用户组，通过修改文件或目录的权限，让用户组具有一定的操作权限，这样用户组下
的用户对该文件或目录都具有相同的权限，这是通过定义组和修改文件的权限来实现的。

举例：为了让一些用户有权限查看某一文件，比如时间表，而编写时间表的人要具有
执行读写的权限，想让一些用户知道这个时间表的内容，而不让他们修改，所以要把这些
用户都划到一个组（用 chgrp 命令），然后来修改这个文件（用 chmod 命令）的权限，让用
户组可读（用 chgrp 命令将此文件归属于这个组），这样用户组下面的每个用户都是可读
的，其他用户则无法访问。

**1．创建用户组**

使用 groupadd 命令增加一个新的用户组，格式如下：

groupadd [选项] 用户组

常使用的选项有以下几个。

-g GID：指定新用户组的组标识号（GID）。

-o：一般和-g 选项同时使用，表示新用户组的 GID 能和系统已有用户组的 GID
相同。

-r：创建一个系统组。

例 1：

#groupadd group1

此命令向系统中增加了一个新组 group1，新组的组标识号是在当前已有的最大组标
识号的基础上加 1。

例 2：

#groupadd -g 101 group2　　　　//增加一个新组 group2，同时指定新组的组标识号是 101

**2. 删除用户组**

如果要删除一个已有的用户组,可以使用 groupdel 命令,倘若该群组中仍包括某些用户,则必须先删除这些用户后,才能删除群组。命令格式如下:

groupdel 用户组

例如:

#groupdel group1                        //删除组 group1

**3. 修改用户组属性**

用户组创建后,根据需要可对用户组的相关属性进行修改。对用户组属性的修改主要是修改用户组的名称和用户组的 GID 值。

(1) 改变用户组名称

若要对用户组进行重命名而不改变其 GID 的值,其命令格式如下:

groupmod -n 新用户组名 旧用户组名

例如:

#groupmod -n teacher student          //将 student 用户组更名为 teacher 用户组,其组标
                                        识号不变

(2) 重设用户组的 GID

用户组的 GID 值可以重新进行设置修改,但不能与已有用户组的 GID 值重复。对 GID 进行修改不会改变用户的名称。其命令格式如下:

groupmod -g GID 组名

例如:

#groupmod -g 10000 teacher            //将 teacher 组的标识号改为 10000

**4. 添加用户到指定的组或从指定的组删除用户**

可以将用户添加到指定的组,使其成为该组的成员;亦可把用户从指定的组删除,与 usermod 命令有类似的功能。其命令格式为:

groupmems [选项] 用户名   用户组名

其中,选项-a 是把用户添加到指定的组;-d 是从指定的组删除用户;-p 是清除组内的所有用户;-l 是列出群组的成员;-g 是组名,而不是用户的群组(ID)。

例如:

#groupmems -a jim -g admin            //把用户 jim 添加到组 admin 中

**5. 设置用户组管理员、密码和组成员**

添加用户组和从组中删除某用户,除了 root 用户可以执行该操作外,用户组管理员

也可以执行该操作。要将某用户指派为某个用户组的管理员，可以使用 gpasswd 命令。当然这个命令还有很多功能，其命令格式为：

```
gpasswd[-a user][-d user][-A user,...][-M user,...][-r][-R]groupname
```

其中，选项-a 是把用户添加到组；-d 是从组删除用户；-A 是指定组管理员；-M 是指定组成员，和-A 的用途差不多；-r 是删除密码；-R 是限制用户登入组，只有组中的成员才可以用 newgrp 加入该组。

例如：

```
#gpasswd -A peter users          //将用户 peter 设为 users 群组的管理员
#gpasswd users                   //给用户组 users 设置密码,用于切换群组
```

**注意**：用户组管理员只能对授权的用户组进行用户管理（添加用户到组或从组中删除用户），无权对其他用户组进行管理。

**6. 登入另一个用户组**

如果单一用户要同时隶属多个群组，则须利用交替用户的设置。newgrp 命令可以变更目前用户的有效群组，而且可以以另外一个 shell 来提供这个功能。命令格式如下：

```
newgrp [用户组]
```

newgrp 指令类似 login 指令，它是以相同的账号，另一个群组名称，再次登入系统。欲使用 newgrp 指令切换群组，必须是该群组的用户，否则将无法登入指定的群组。若不指定群组名称，则 newgrp 指令会登入该用户名称的预设群组。例如：

```
#groupadd test                    //新建一个组
#useradd -G test user1            //添加新用户 user1 并且添加到组 test 里
#id user1                         //查看用户 user1 的相关属性
uid=505(user1) gid=505(user1) groups=505(user1),504(test)
                                  //属于两个组 user1 和 test
#su - user1                       //切换到用户 user1
$id
uid=505(user1) gid=505(user1) groups=504(test),505(user1)
                                  //当前组 gid505 user1 组
$newgrp test
$id
uid=505(user1) gid=504(test) groups=504(test),505(user1)
                                  //切换后为 test 组,此时将拥有 test 组的权限
```

用该命令变更当前的有效群组后，就取得了一个新的 shell，如果要回到原来的 shell 环境中，可以输入 exit 命令。newgrp 改变了调用者的用户组标识，虽然调用者仍旧在线上，当前目录也不变，但是文件的访问权限将根据新的用户组 ID 计算。

# 3.4 赋予普通用户特别权限

在 Linux 系统中，管理员往往不止一人，若每位管理员都用 root 身份进行管理工作，根本无法弄清楚谁该做什么。所以最佳的方式是：管理员创建一些普通用户，分配不同的系统管理工作给它们。

由于 su 对转换到超级用户 root 权限的无限制性，所以 su 并不能担任多个管理员所管理的系统。如果用 su 转换到 root 用户来管理系统，也不能明确哪些工作是由哪个管理员进行的操作。特别是对于由多人参与的服务器管理时，最好针对每个管理员的技术特长和管理范围，有针对性地分配权限，并且约定其使用哪些工具来完成和其相关的工作，这时就有必要用到 sudo 命令。通过 sudo，能把某些 root 权限有针对性地分配，并且普通用户不必知道 root 密码，所以 sudo 相对于权限无限制性的 su 来说，还是比较安全的，因此 sudo 也被称为受限制的 su；另外 sudo 是需要授权许可的，所以也被称为授权许可的 su。sudo 执行命令的流程是当前用户转换到 root（或其他指定转换到的用户），然后以 root（或其他指定的转换到的用户）身份执行命令，执行完成后，直接退回到当前用户。而这些操作的前提是要通过 sudo 的配置文件/etc/sudoers 来进行授权。

不能使用 su 让普通用户直接变成 root，因为这些用户都必须知道 root 的密码，这种方法非常不安全，也不符合分工需求。一般的做法是利用权限的设置，依工作性质分类，让特别身份的用户成为同一个工作组，并设置工作组权限。例如：要 wwwadm 这位用户负责管理网站数据，一般 Apache Web Server 的进程 httpd 的所有者是 www，管理员能设置用户 wwwadm 和 www 为同一工作组，并设置 Apache 默认存放网页目录/var/www/html 的工作组权限为可读、可写、可执行，这样属于此工作组的每位用户就能进行网页的管理了。

但这并不是最佳的解决办法，例如管理员要授予一个普通用户关机的权限，这时使用上述的办法就不是最佳的。这时读者也许会想，只让这个用户能以 root 身份执行 shutdown 命令就行了。可惜在通常的 Linux 系统中无法实现这一功能，不过可借助工具实现这样的功能。

sudo 通过维护一个特权到用户名映射的数据库将特权分配给不同的用户，这些特权可由数据库中所列的一些不同的命令来识别。为了获得某一项特权，有资格的用户只需简单地在命令行输入 sudo 和命令名之后，按照提示再次输入密码即可。例如，sudo 允许普通用户格式化磁盘，不过却没有赋予其他的 root 用户特权。

注意：sudo 的初衷是为了让一个普通用户执行 root 的命令。当第一次使用 sudo 的时候会提示输入密码，此密码是用户自己的密码。

不过在大多数 Linux 中，默认情况下使用 sudo 发现输入密码的时候必须输入 root 用户的密码。通过配置 sudo 可以改变这一现象。

**1. sudo 的简单配置**

sudo 的配置文件是/etc/sudoers,它有专门的编辑工具 visudo,用 su 切换到 root 用户,然后执行这个命令就可以按照 sudo 的语法格式编辑。其语法格式如下:

授权用户 主机=[(转换到哪些用户或用户组)][是否需要密码验证] 命令 1,[(转换到哪些用户或用户组)][是否需要密码验证][命令 2],[(转换到哪些用户或用户组)][是否需要密码验证][命令 3]…

🔥 **注意**:凡是[ ]中的内容,是能省略不写的;命令必须用绝对路径,命令和命令之间用“,”分隔;如果省略[(转换到哪些用户或用户组)],则默认为 root 用户;如果是 ALL,则代表能转换到所有用户;要转换到的目的用户必须用“( )”括起来,比如(ALL)、(wu)等。

执行 visudo 以后,将打开/etc/sudoers 文件,在文件中可以按照上述语法添加相应的内容,例如:

```
liuxq localhost=/sbin/poweroff
```

表示用户 liuxq 可以在本机上以 root 的权限执行“sudo /sbin/poweroff”命令,而不需要 root 密码(需要 liuxq 的用户密码)。如果加上 NOPASSWD,则表示不需要输入任何用户的密码,如下所示:

```
liuxq localhost=NOPASSWD: /sbin/poweroff
```

**2. 应用案例**

(1) 管理员需要允许 gem 用户在主机 sun 上执行 reboot 和 shutdown 命令,在/etc/sudoers 中加入如下代码:

```
gem sun=/usr/sbin/reboot,/usr/sbin/shutdown
```

然后保存退出,gem 用户要执行 reboot 命令时,只要在提示符下运行下列命令:

```
$sudo /usr/sbin/reboot
```

输入正确的密码,就可以重启服务器了。

(2) nan ALL=(root) /bin/chown,/bin/chmod

表示用户 nan 在所有可能出现的主机名的主机中,可以转换到 root 下执行/bin/chown,可以转换到所有用户执行/bin/chmod 命令,可通过 sudo -l 来查看 nan 在这台主机上允许和禁止运行的命令。

(3) nan ALL=(root) NOPASSWD:/bin/chown,/bin/chmod

表示用户 nan 在所有可能出现的主机名的主机中,可以转换到 root 下执行/bin/chown,不必输入 nan 用户的密码;并且可以转换到所有用户下执行/bin/chmod 命令,但执行 chmod 时需要 nan 输入自己的密码;可通过 sudo -l 来查看 nan 在这台主机上允许和禁止运行的命令。

关于一个命令动作是不是需要密码,目前系统在默认的情况下是需要用户密码的,除非特别指出不必用户输入自己的密码,所以要在执行动作之前加入"NOPASSWD:"参数。

(4) 取消某类程序的执行,要在命令动作前面加上"!"号。在本例中也出现了通配符"*"的用法,如下所示:

```
nan ALL=/usr/sbin/*,/sbin/*,!/usr/sbin/fdisk
```

**注意**:把这行规则加入/etc/sudoers 中后,系统需要创建 nan 这个用户组,并且 nan 也在这个组中;本规则表示 nan 用户在所有可能存在的主机名的主机上运行/usr/sbin 和/sbin 下所有的程序,但 fdisk 程序除外。

可通过执行 sudo -l 来查看 nan 在这台主机上允许和禁止运行的命令,如下所示。

```
$sudo -l
[sudo] password for nan:                    //输入 nan 用户的密码
⋮
User nan may run the following commands on this host:
(root) /usr/sbin/*
(root) /sbin/*
(root) !/sbin/fdisk
$sudo /sbin/fdisk -l
Sorry,user nan is not allowed to execute '/sbin/fdisk -l' as root on localhost.
```

(5) 如果要对一组用户进行定义,可以在组名前加上"%"对其进行设置,如:

```
%cuug ALL=(ALL) ALL
```

那么属于 cuug 这个组的所有成员都可以用 sudo 命令来执行特定的任务。

### 3. 别名设置

另外,还可以利用别名来简化配置文件。别名类似组的概念,有用户别名、主机别名和命令别名等。多个用户可以首先用一个别名来定义,然后在规定它们能执行什么命令的时候使用别名就可以了,这个设置对所有用户都生效。主机别名和命令别名也是如此。注意使用前先要在/etc/sudoers 中定义: User_Alias、Host_Alias、Cmnd_Alias 项,在其后面加入相应的名称,以逗号分隔开就可以了,举例如下:

```
Host_Alias SERVER=no1                    //定义主机别名 SERVER
User_Alias ADMINS=liming,gem             //定义用户别名 ADMINS
Cmnd_Alias SHUTDOWN=/usr/sbin/halt,/usr/sbin/shutdown,/usr/sbin/reboot
                                         //定义命令别名
```

### 4. sudo 命令选项

sudo 命令使用较为灵活,在命令提示符下输入 sudo 会列出命令用法,其常见选项含义如下。

-k:将会强迫使用者在下一次执行 sudo 时询问密码(无论有没有超过 N 分钟)。

-L：列出能够在 sudoers 文件的 Defaults 行中设置的参数。

-v：由于 sudo 在第一次执行时或是在 N 分钟内没有执行(N 预设为 5)会询问密码，这个参数是重新做一次确认，如果超过 N 分钟，也会询问密码。

-l：显示出自己(执行 sudo 的使用者)的权限。

-b：将要执行的命令放在后台执行。

-p prompt：更改提示输入密码时的提示语，其中％u 会替换为使用者的账号名称，％h 会显示主机名称。

-u username|＃uid：不加此参数代表要以 root 的身份执行命令，而加了此参数能以 username 的身份执行命令(＃uid 为该 username 的 UID)。

-s：执行环境变量中的 SHELL 所指定的 shell，或是/etc/passwd 里所指定的 shell。

-H：将环境变量中的 HOME(主目录)指定为要变更身份的使用者的主目录。(如不加-u 参数就是系统管理者 root。)

# 本 章 实 训

## 实训目的

(1) 掌握在 Linux 系统下利用命令方式实现用户和组的管理。

(2) 掌握用户和组的管理文件的含义。

## 实训内容

1. 用户的管理

(1) 利用命令方式创建 1 个用户的用户名(名为 user1)、密码、主目录等个人信息。

(2) 查看/etc/passwd 文件和/etc/shadow 文件最后一行的记录并进行分析。

(3) 修改 user1 的密码和其他信息，并再次查看/etc/passwd 文件和/etc/shadow 文件的变化。

(4) 切换到 user1 用户进行登录，锁定 user1，查看/etc/shadow 文件变化，并进行登录，看是否成功。

(5) 删除 user1 用户。

2. 组的管理

(1) 创建新组 group1、group2，查看/etc/group 文件的最后两行，进行分析。

(2) 创建多个用户，分别将它们的起始组和附加组进行修改，并查看/etc/group 文件的变化。

(3) 设置组 group1 的密码。

(4) 删除 group1 中的一个用户，查看/etc/group 文件的变化。

(5) 删除 group2。

**实训总结**

熟练掌握用户和组的创建,修改、删除等操作,实现一个组可以包含多个用户,一个用户可以属于不同的组,这样可以给不同的组和用户分配不同的权限,有利于系统的管理。

# 本 章 习 题

## 一、选择题

1. 以下( )文件保存用户账号的信息。
  A. /etc/users B. /etc/gshadow
  C. /etc/shadow D. /etc/fstab

2. 以下对 Linux 用户账户的描述,正确的是( )。
  A. Linux 的用户账户和对应的口令均存放在 passwd 文件中
  B. passwd 文件只有系统管理员才有权存取
  C. Linux 的用户账户必须设置了口令后才能登录系统
  D. Linux 的用户口令存放在 shadow 文件中,每个用户对它有读的权限

3. 为了临时让 tom 用户登录系统,可采用如下( )方法。
  A. 修改 tom 用户的登录 shell 环境
  B. 删除 tom 用户的主目录
  C. 修改 tom 用户的账号到期日期
  D. 将文件/etc/passwd 中用户名 tom 的一行前加入"#"

4. 新建用户使用 useradd 命令,如果要指定用户的主目录,需要使用( )选项。
  A. -g B. -d C. -u D. -s

5. usermod 命令无法实现的操作是( )。
  A. 账户重命名 B. 删除指定的账户和对应的主目录
  C. 加锁与解锁用户账号 D. 对用户口令进行加锁或解锁

6. 为了保证系统的安全,现在的 Linux 系统一般将/etc/passwd 密码文件加密后,保存为( )文件。
  A. /etc/group B. /etc/netgroup
  C. /etc/libsafe. notify D. /etc/shadow

7. 当用 root 登录时,( )命令可以改变用户 larry 的密码。
  A. su larry B. change password larry
  C. password larry D. passwd larry

8. 所有用户登录的默认配置文件是( )。
  A. /etc/profile B. /etc/login. defs
  C. /etc/. login D. /etc/. logout

9. 如果刚刚为系统添加了一个名为 kara 的用户,则在默认的情况下,kara 所属的用户组是(　　)。

  A. user    B. group    C. kara    D. root

10. 以下关于用户组的描述,不正确的是(　　)。

  A. 要删除一个用户的私有用户组,必须先删除该用户账户

  B. 可以将用户添加到指定的用户组,也可以将用户从某用户组中移除

  C. 用户组管理员可以进行用户账户的创建、设置或修改账户密码等一切与用户和组相关的操作

  D. 只有 root 用户才有权创建用户和用户组

## 二、简答题

1. Linux 中的用户可分为哪几种类型？有何特点？

2. 在命令行下手工建立一个新账号,要编辑哪些文件？

3. Linux 用哪些属性信息来说明一个用户账号？

4. 如何锁定和解锁一个用户账号？

# 第4章 文件系统管理

要做一名合格的网络管理员,学习和掌握网络操作系统的文件和磁盘管理是必须具备的技能。本章主要介绍 Linux 操作系统中文件及磁盘管理的内容。

**本章要点:**

(1) 了解 Linux 下的文件系统种类。

(2) 掌握文件管理命令。

(3) 掌握磁盘管理命令。

(4) 掌握磁盘配额。

## 4.1 文 件 系 统

### 4.1.1 Linux 文件系统概述

文件系统对于任何一种操作系统来说都是非常关键的。Linux 中的文件系统是 Linux 下所有文件和目录的集合。Linux 系统把 CPU、内存之外所有其他设备都抽象为文件处理。文件系统的优劣与否和操作系统的效率、稳定性及可靠性密切相关。

从系统角度看,文件系统实现了对文件存储空间的组织和分配,并规定了如何访问存储在设备上的数据。文件系统在逻辑上是独立的实体,它可以被操作系统管理和使用。

Linux(RHEL6)系统自身的文件系统称为 ext4,它是 Linux 默认的文件系统。通常把 ext4 及 Linux 支持的文件系统称为逻辑文件系统。系统中所有的设备,包括字符设备、块设备和网络设备,都按照某种方式由逻辑文件系统统一管理。一般不同的逻辑文件系统具有不同的组织结构和文件操作函数,相互之间差别很大。

Linux 的内核使用了虚拟文件系统 VFS(Virtual File System)技术,即在传统的逻辑文件系统的基础上,增加了一个称为虚拟文件系统的接口层,如图 4-1 所示。虚拟文件系统用于管理各种逻辑文件系统,屏蔽了它们之间的差异,为用户命令、函数调用和内核其他部分提供访问文件和设备的统一接口,使得不同的逻辑文件系统按照同样的模式呈现在使用者面前。对于普通

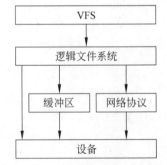

图 4-1 Linux 文件系统结构示意图

用户来讲,觉察不到逻辑文件系统之间的差异,可以使用同样的命令来操作不同逻辑文件系统所管理的文件。

从用户角度看,文件系统也是操作系统中最重要的组成部分之一。因为 Linux 系统中所有的程序、库文件、系统和用户文件都存放在文件系统中,文件系统要对这些数据文件进行组织管理。

Linux 下的文件系统主要可分为 3 大块:一是上层的文件系统的系统调用;二是虚拟文件系统 VFS;三是挂载到 VFS 中的各种实际文件系统,例如 ext4,jffs 等。

VFS 是一种软件机制,称它为 Linux 的文件系统管理者更确切,与它相关的数据结构只存在于物理内存当中。所以在每次系统初始化期间,Linux 都首先要在内存当中构造一棵 VFS 的目录树(在 Linux 的源代码里称之为 namespace),实际上便是在内存中建立相应的数据结构。VFS 目录树在 Linux 的文件系统模块中是个很重要的概念,VFS 中的各目录其主要用途是用来提供实际文件系统的挂载点。

Linux 不使用设备标志符来访问独立文件系统,而是通过一个将整个文件系统表示成单一实体的层次树结构来访问它。Linux 在使用一个文件系统时都要将它加入文件系统层次树中。不管文件系统属于什么类型,都被连接到一个目录上且此文件系统上的文件将取代此目录中已存在的文件。这个目录被称为挂载点或者安装目录。当卸载此文件系统时这个安装目录中原有的文件将再次出现。

磁盘初始化时(fdisk),磁盘中将添加一个描述物理磁盘逻辑构成的分区结构。每个分区可以拥有一个独立文件系统,如 ext4。文件系统将文件组织成包含目录、软链接等存在于物理块设备中的逻辑层次结构。包含文件系统的设备叫块设备。Linux 文件系统认为这些块设备是简单的线性块集合,它并不关心或理解底层的物理磁盘结构。这个工作由块设备驱动来完成,由它将对某个特定块的请求映射到正确的设备上去。

每个实际文件系统从操作系统和系统服务中分离出来,它们之间通过一个接口层:虚拟文件系统(VFS)来通信。Linux 核心的其他部分及系统中运行的程序将看到统一的文件系统。Linux 的 VFS 允许用户透明地安装许多不同的文件系统。

虚拟文件系统的设计目标是为 Linux 用户提供快速且高效的文件访问服务。同时它必须保证文件及其数据的正确性。这两个目标相互间可能存在冲突。当安装一个文件系统并使用时,Linux VFS 为其缓存相关信息。此缓存中的数据在创建、写入和删除文件与目录时如果被修改,则必须谨慎地更新文件系统中对应的内容。

## 4.1.2　Linux 文件系统类型

Linux 是一种兼容性很高的操作系统,支持的文件系统格式很多,大体可分以下几类。

(1) 磁盘文件系统。指本地主机中实际可以访问到的文件系统,包括硬盘、CD-ROM、DVD、USB 存储器、磁盘阵列等。常见文件系统格式有:autofs、coda、ext(Extended File Sytem,扩展文件系统)、ext2、ext3、ext4、VFAT、ISO9660(通常是 CD-ROM)、UFS (UNIX File System,UNIX 文件系统)、FAT(File Allocation Table,文件分配表)、

FAT16、FAT32、NTFS(Network Technology File System)等。

（2）网络文件系统。指可以远程访问的文件系统，这种文件系统在服务器端仍是本地的磁盘文件系统，客户机通过网络远程访问数据。常见文件系统格式有：NFS(Network File System，网络文件系统)、Samba(SMB/CIFS)、AFP(Apple Filling Protocol，Apple 文件归档协议)和 WebDAV 等。

（3）专有/虚拟文件系统。指不驻留在磁盘上的文件系统。常见格式有：TMPFS(临时文件系统)、PROCFS(Process File System，进程文件系统)和 LOOPBACKFS(Loopback File System，回送文件系统)。

Linux 最早的文件系统是 Minix，它受限甚大且性能低下。其文件名最长不能超过 14 个字符(虽然比 8.3 文件名要好)且最大文件大小为 64MB。64MB 看上去很大，但实际上一个中等的数据库将超过这个尺寸。第一个专门为 Linux 设计的文件系统被称为扩展文件系统 ext。它出现于 1992 年 4 月，虽然能够解决一些问题但性能依旧不好。

1993 年扩展文件系统第二版(ext2)被设计出来并添加到 Linux 中。将 ext 文件系统添加入 Linux 产生了重大影响。每个实际文件系统从操作系统和系统服务中分离出来，它们之间通过虚拟文件系统(VFS)来通信。但随着 Linux 在关键业务中的应用，ext2 非日志文件系统的弱点也逐渐显露出来。为了弥补其弱点，在 ext2 文件系统的基础上增加日志功能，开发了升级的 ext3 文件系统。

ext3 文件系统是在 ext2 基础上，对有效性保护、数据完整性、数据访问速度、向下兼容性等方面做了改进。ext3 最大的特点是：可将整个磁盘的写入动作完整地记录在磁盘的某个区域上，以便在必要时回溯追踪。从 2.6.28 版本开始，Linux Kernel 开始正式支持新的文件系统 ext4，在 ext3 的基础上增加了大量新功能和特性，并能提供更佳的性能和可靠性。ext3 其实只是在 ext2 的基础上增加了一个日志功能，而 ext4 的变化可以说是翻天覆地的，比如向下兼容 ext3、最大 1EB 文件系统和 16TB 文件、无限数量子目录、Extents 连续数据块概念、多块分配、延迟分配、持久预分配、快速 FSCK、日志校验、无日志模式、在线碎片整理、inode 增强、默认启用 barrier 等。

需要说明的是，FAT16、FAT32、NTFS 是 Windows NT、Windows 2000、Windows XP 系统主要的文件系统格式。Linux 系统同样可以很好地支持这些文件系统格式。不过，以往版本的 Linux 系统需要单独挂载 Windows 文件系统，而 RHEL 6.2 可以自动识别这些文件格式，以只读方式访问计算机磁盘中 Windows 系统上的文件。

**1. ext3 文件系统**

由于 ext4 还未成为标准文件系统，在此先介绍 ext3 文件系统，其把磁盘划分为 3 个部分。

① 引导块：在文件系统的开头，通常为一个扇区，其中存放着引导程序，用于读入并启动操作系统。

② 超级块：用来记录文件系统的配置方式，其中包括 i-node 数量、磁盘区块数量、未使用的磁盘区块，以及 i 节点表、空闲块表在磁盘中存放的位置信息。由于超级块保存了极为重要的文件信息，因此系统将超级块冗余保存。系统在使用 fsck 等命令修复处于严

重瘫痪状态的文件系统时,实际上是在对超级块进行恢复操作。

③ i-nide(索引节点):索引节点是一个结构,它包含了文件大小、用户 UID、用户组 GID、文件存取模式(包括读、写、执行)、链接数(每创建一个链接,链接数加 1;删除一个链接,链接数减 1)、文件最后修改时间、磁盘中的位置等信息。一个文件系统维护了一个索引节点的数组,系统给每个索引节点分配了一个索引节点号,就是该节点在数组中的索引号。一个文件或目录占据一个索引节点。第一个索引节点是该文件系统的根节点。

索引节点之后的数据块用于存放文件内容。

文件系统采用了一对一映射的方法来实现文件名到 i 节点的转换。Linux 文件系统将文件索引节点号和文件名同时保存在目录中。因此,目录只是将文件的名称和它的索引节点号结合在一起的一张表,目录中的每个文件,在目录表中都会有一个入口项,入口项中含有文件名和与文件相应的 i 节点号。目录中每一对文件名称和索引节点号称为一个链接。

对于一个文件来说,有唯一的索引节点号与之对应,而对于一个索引节点号,却可以有多个文件名与之对应。因此,磁盘上的同一个文件可以通过不同的路径去访问它。

可以用 ln 命令对一个已经存在的文件再创建一个新的链接,而不必复制文件的内容,后面会详细介绍 ln 命令的用法。链接分为硬链接(hard link)和符号链接(symbolic link)两种,符号链接又称为软链接(soft link)。它们各自的特点如下。

(1) 硬链接的特点如下所示。

① 原文件名和链接文件名都指向相同的物理地址。

② 目录不能有硬链接,硬链接不能跨越文件系统(不能跨越不同的分区)。

③ 文件在磁盘中只有一个备份,以节省硬盘空间。

④ 要在同一个索引节点属于唯一的链接时才能完成删除文件操作。每删除一个硬链接文件只能减少其硬链接数目,只有当硬链接数目为 1 时才能真正删除,这就防止了误删除。

(2) 符号链接的特点如下所示。

① 用 ln -s 命令创建文件的符号链接。

② 可以指向目录或跨越文件系统。

③ 符号链接是 Linux 特殊文件的一种,作为一个文件,它的内容是它所链接的文件或目录的路径,类似于 Windows 系统中的快捷方式。可以删除原有的文件或目录而保存链接文件,这时链接文件就没有应用价值了,因而它没有防止误删除功能。

### 2. Linux 日志文件系统

日志文件系统是在传统文件系统的基础上,加入文件系统更改的日志记录,它的设计思想是:跟踪记录文件系统的变化,并将变化内容记录入日志。日志文件系统在磁盘分区中保存有日志记录,写操作首先是对记录文件进行操作,若整个写操作由于某种原因(如系统掉电)而中断,系统重启时,会根据日志记录来恢复中断前的写操作。在日志文件系统中,所有的文件系统的变化都被记录到日志中,每隔一定时间,文件系统会将更新后的元数据及文件内容写入磁盘。在对元数据做任何改变以前,文件系统驱动程序会向日志中写入一个条目,这个条目描述了它将要做些什么,然后修改元数据。目前 Linux 的日志文件系统主要有:在 ext2 基础上开发的 ext3、在 ext3 基础上开发的 ext4、根据面向对象思想设计的 ReiserFS、由 SGI IRIX 系统移植过来的 XFS、由 IBM AIX 系统移植过来的 JFS,其中 ext4 完全向下兼容 ext3、ext2。

### 3. 实践指南

(1) 在小型系统中,如:邮件系统或小规模的电子商务系统应用,ReiserFS 和 ext3 的性能是比较好的。但由于 ext3 的目录项是线形的,而 ReiserFS 的目录项是树形的,故当目录下文件较多时,ReiserFS 的性能更优。

(2) 在对于上 GB 的这种大文件做 I/O 时,各种文件系统间的性能差距很小,性能瓶颈往往在磁盘上。

(3) 虽然 XFS 和 JFS 在设计结构上都比较好,但它们主要是针对大中型系统的,在小型系统中由于硬件的原因,性能发挥不明显。

(4) 全日志模式和预定、写回这两种模式相比,性能差距是比较大的;而预定和写回之间的性能差距不大。所以性能和安全兼顾时,文件系统的默认安全模式,即预定模式是比较好的选择。

# 4.2 Linux 文件组织结构

一直使用微软 Windows 操作系统的用户似乎已经习惯了硬盘上的几个分区,并用 A、B、C、D 等符号标识。采取这种方式,在存取文件时一定要清楚文件存放在哪个磁盘的哪个目录下。

Linux 的文件组织模式犹如一棵倒挂的树。Linux 文件组织模式中所有存储设备作为这棵树的一个子目录,存取文件时只需确定目录就可以了,无须考虑物理存储位置。这一点其实并不难理解,只是刚刚接触 Linux 的读者会不太习惯。

## 4.2.1 文件系统结构

计算机中的文件可以说是不计其数,想要组织和管理文件,及时响应用户的访问需求,就需要构建一个合理、高效的文件系统结构。

### 1. 文件系统结构

某所大学的学生可能在一万人到两万人之间,通常将学生分配在以学院—系—班为单位的分层组织机构中。若需要查找一名学生,最笨的办法是依次询问大学中的每一个学生,直到找到为止。如果按照从学院到系,再到班的层次查询下去,必然可以找到该学生,且查询效率高。如果把学生看做文件,院—系—班的组织结构看做是 Linux 文件目录结构,同样可以有效地管理数量庞大的文件。这种树形的分层结构就提供了一种自顶向下的查询方法。

Linux 文件系统就是一个树形的分层组织结构,根(/)作为整个文件系统的唯一起点,其他所有目录都从该点出发。Linux 的全部文件按照一定的用途归类,合理地挂载到这棵"大树"的"树干"或"树枝"上,如图 4-2 所示,而这些全不用考虑文件的实际存储位置是在硬盘上还是在 CD-ROM 或 USB 存储器中,甚至是在某一网络终端里。

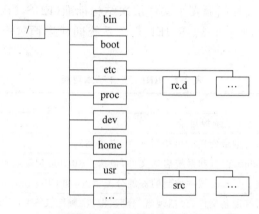

图 4-2　文件系统结构

此时,读者应该明白 Linux 的文件系统的组织结构类似于一棵倒置的树。那么如何知道文件存储的具体硬件位置呢?

在 Linux 中,将所有硬件都视为文件来处理,包括硬盘分区、CD-ROM、软驱以及其他 USB 移动设备等,为了能够按照统一的方式和方法访问文件资源,Linux 提供了每种硬件设备相应的设备文件。一旦 Linux 系统可以访问到某种硬件,就将该硬件上的文件系统挂载到目录树中的一个子目录中。例如,用户插入 USB 移动存储器,RHEL 6.2 自动识别 USB 存储器后,将其挂载到"/media/"目录下,而不像 Windows 系统将 USB 存储器作为新驱动器,表示为"F:"盘。

### 2. 绝对路径和相对路径

Linux 文件系统是树形分层的组织结构,且只有一个根节点,在 Linux 文件系统中查找一个文件,只要知道文件名和路径,就可以唯一确定这个文件。例如"/usr/games/gnect"就是位于"/usr/games/"路径下的 4 子连线游戏应用程序文件,其中第一个"/"表示根目录。这样就可以对每个文件进行准确的定位,并由此引出两个概念。

(1) 绝对路径。指文件在文件系统中的准确位置,通常在本地主机上以根目录为起点。例如"/usr/games/gnect"就是绝对路径。

(2) 相对路径。指相对于用户当前位置的一个文件或目录的位置。例如用户处在 usr 目录中时,只需要"games/gnect"就可确定这个文件。

其实,绝对路径和相对路径的概念都是相对的。就像一位北京人在中国做自我介绍时,不必再强调"中国/北京"。若这个人身在美国,介绍时就有必要强调"中国/北京"了。因此,在什么场合使用绝对路径和相对路径,要看用户当前在文件系统所处的位置。

## 4.2.2 基本目录

由于 Linux 是完全开源的软件,各 Linux 发行机构都可以按照自己的需求对文件系统进行裁剪,所以众多的 Linux 发行版本的目录结构也不尽相同。为了规范文件目录命名和存放标准,有关部门颁发了文件层次结构标准(FHS,File Hierarchy Standard),2004 年发行最新版本 FHS 2.3。RHEL 6.2 系统同样遵循这个标准。表 4-1 列出了 RHEL 6.2 基本目录。

表 4-1    RHEL 6.2 基本目录

| 目录名 | 描 述 | |
| --- | --- | --- |
| / | Linux 文件系统根目录 | |
| /bin | 存放系统中最常用的可执行文件(二进制) | |
| /boot | 存放 Linux 内核和系统启动文件,包括 Grub、lilo 启动器程序 | |
| /cgroup | 存放被 cgconfig 服务控制的资源分配情况,如 CPU time、系统内存、网络带宽等 | |
| /dev | 存放所有设备文件,包括硬盘、分区、键盘、鼠标、USB、tty 等 | |
| /etc | 存放系统的所有配置文件,例如 passwd 存放用户账户信息,hostname 存放主机名等 | |
| /home | 用户主目录的默认位置 | |
| /lib | 存放共享的库文件,包含许多/bin 和/sbin 中程序使用的库文件 | |
| /lost+found | 存放由 fsck 放置的零散文件 | |
| /media | Linux 系统自动挂载 CD-ROM、软驱、USB 存储器后,存放临时读入的文件 | |
| /mnt | 该目录通常用于作为被挂载的文件系统的挂载点 | |
| /opt | 作为可选文件和程序的存放目录,主要被第三方开发者用来简易地安装和卸装他们的软件包 | |
| /proc | 存放所有标志为文件的进程,它们通过进程号或其他的系统动态信息进行标识。以下是/proc 目录中部分内容 | |
| | /proc/数字/ | 每一个进程在/proc 下面都有一个以其进程号为名称的目录 |
| | /proc/cpuinfo | 有关处理器的信息,如它的类型、制造日期、型号以及性能 |
| | /proc/devices | 配置当前运行内核的设备驱动程序的列表 |
| | /proc/meminfo | 物理内存和交换区使用情况的信息 |
| | /proc/modules | 此时哪些内核模块被加载 |
| | /proc/net/ | 网络协议的状态信息 |
| | /proc/uptime | 系统启动的时间 |
| | /proc/version | 内核版本 |
| /root | 根用户(超级用户)的主目录 | |
| /sbin | 存放更多的可执行文件(二进制),包括系统管理、目录查询等关键命令文件 | |
| /selinux | 是 Secure Enhance Linux(SELinux)的执行目录 | |
| /srv | 存放系统所提供的服务数据 | |

续表

| 目录名 | 描 述 | |
|--------|--------|---|
| /sys | 该目录用于将系统中的设备组织成层次结构,并向用户程序提供详细的内核数据信息 | |
| /tmp | 存放用户和程序的临时文件,所有用户对该目录都有读写权限 | |
| /usr(UNIX software resource) | 用于存放与 UNIX 操作系统软件资源直接有关的文件和目录,例如应用程序及支持它们的库文件。以下是/usr 中部分重要的目录 | |
| | /usr/bin/ | 存放用户和管理员自行安装的软件 |
| | /usr/etc/ | 存放系统配置文件 |
| | /usr/games/ | 存放游戏文件 |
| | /usr/include/ | 存放 C/C++等各种开发语言环境的标准 include 文件 |
| | /usr/lib/ | 存放应用程序及程序包的链接库、目标文件等 |
| | /usr/libexec/ | 存放可执行的库文件 |
| | /usr/local/ | 系统管理员安装的应用程序目录 |
| | /usr/sbin/ | 存放非系统正常运行所需要的系统命令 |
| | /usr/share/ | 存放使用手册等共享文件的目录 |
| | /usr/src/ | 存放一般的原始二进制文件 |
| | /usr/tmp/ | 存放临时文件 |
| /var | 通常用于存放长度可变的文件,例如日志文件和打印机文件。以下是/var 中部分重要的目录 | |
| | /var/cache/ | 应用程序缓存目录 |
| | /var/crash/ | 存放系统错误信息 |
| | /var/games/ | 存放游戏数据 |
| | /var/lib/ | 存放各种状态数据 |
| | /var/lock/ | 存放文件锁定记录 |
| | /var/log/ | 存放日志记录 |
| | /var/mail/ | 存放电子邮件 |
| | /var/opt/ | 存放/opt 目录的变量数据 |
| | /var/run/ | 存放进程的标识数据 |
| | /var/spool/ | 存放电子邮件、打印任务等的队列目录 |
| | /var/www/ | 存放网站文件 |

需要说明两点。首先,Linux 系统是严格区分大小写的,这意味着文件和目录名的大小写是有区别的。例如 File.txt、FILE.TXT 和 file.txt 文件是 3 个完全不同的文件。按照惯例,Linux 系统大多使用小写。其次,Linux 系统中文件类型与文件后缀没有直接关系。这一点与 Windows 不同,例如 Windows 将“.txt”作为文本文件的后缀,应用程序以此判断是否可以处理该类型文件。

## 4.2.3 Linux 文件系统与 Windows 文件系统比较

文件系统是任何操作系统中最重要的核心部分之一。从 UNIX 采用树形文件系统结构到 Linux 的出现,依然延续使用了这种文件系统。尽管 Linux 文件系统与 Windows 文件系统很多方面相似,但两者各有特点,表 4-2 将两者进行了比较。

**表 4-2　Linux 文件系统与 Windows 文件系统的比较**

| 比较项目 | Linux 文件系统 | Windows 文件系统 |
| --- | --- | --- |
| 文件格式 | 使用的主要文件格式有 ext2、ext3、ext4、RerserFS、ISO 9660、vfat 等 | 使用的主要文件格式有 FAT16、FAT32、NTFS 等 |
| 存储结构 | 逻辑结构犹如一棵倒置的树。将每个硬件设备视为一个文件,置于树形的文件系统层次结构中。因此,Linux 系统的某一个文件就可能占有一块硬盘,甚至是远端设备,用户访问时非常自然 | 逻辑结构犹如多棵树(森林)。将硬盘划分为若干个分区,与存储设备一起(例如 CD-ROM、USB 存储器等)使用驱动器盘符标识,例如"A:"代表软驱、"C:"代表硬盘中的第一个分区等 |
| 文件命名 | Linux 文件系统中严格区分大小写,MyFile.txt 与 myfile.txt 指不同的文件。区分文件类型不依赖于文件后缀,可以使用程序 file 命令判断文件类型 | Windows 文件系统中不区分大小写,MyFile.txt 与 myfile.txt 是指同一个文件。使用文件后缀来标识文件类型,例如使用".txt"表示文本文件 |
| 路径分隔符 | Linux 使用斜杠"/"分隔目录名,例如"/home/usr/share",其中第一个斜杠是根目录(/),绝对路径都以根目录为起点 | Windows 使用反斜杠"\"分隔目录名,例如"C:\program\username",绝对路径都以驱动器盘符为起点 |
| 文件与目录权限 | Linux 最初的定位是多用户的操作系统,因而有完善文件授权机制,所有的文件和目录都有相应的访问权限 | Windows 最初的定位是单用户的操作系统,内建系统时没有文件权限的概念,后期的 Windows 逐渐增加了这方面的功能 |

# 4.3　文件系统的管理

在 Linux 的安装过程中会自动创建分区和文件系统,但在 linux 的使用和管理中,经常会因为磁盘空间不够,需要通过添加硬盘来扩充可用空间。此时就必须熟练掌握手工创建分区和文件系统,以及文件系统的挂载方法。在硬盘中建立和使用文件系统,通常应遵循以下步骤。

(1) 为便于管理,首先应对硬盘进行分区。

(2) 对分区进行格式化,以建立相应的文件系统。

(3) 将分区挂载到系统的相应目录(挂载点目录必须为空),通过访问该目录即可实现在该分区对文件的存取操作。

## 4.3.1　磁盘设备管理

在 Windows 下,每个分区都会有一个盘符与之对应,如 C、D、E 等,但在 Linux 中分区的命令将更加复杂和详细,由此而来的名称不容易记住。因此,熟悉 Linux 中的分区命名规则非常重要,只有这样才能快速地找出分区所对应的设备名称。

　　在 Linux 中,每一个硬件设备都被映射到一个系统的设备文件,磁盘、光驱等 IDE 或者 SCSI 设备也不例外。IDE 磁盘的设备文件采用"/dev/hdx"来命名,分区则采用"/dev/hdxy"来命名,其中 x 表示磁盘(a 是第一块磁盘,b 是第二块磁盘,以此类推),y 表示分区的号码(由 1 开始,1、2、3…以此类推)。而 SCSI 磁盘和分区则采用"/dev/sdx"和"/dev/sdxy"来命名(x 和 y 的命名规则与 IDE 磁盘一样)。IDE 和 SCSI 光驱的命名均为cdrom,而 U 盘和磁盘的命名方式一样。

　　IDE 磁盘的设备名由主机内部连接来决定。/dev/hda 表示第一个 IDE 接口的第一个设备(master),/dev/hdb 表示第一个 IDE 接口的第二个设备(slave)。/dev/hdc 和/dev/hdd 则是第二个 IDE 接口上的 master 和 slave 设备。

　　SCSI 磁盘的命名依赖于其设备 ID 号码,比如 3 个 SCSI 设备的 ID 号码分别是 0、2、4,设备名称分别是/dev/sda、/dev/sdb、/dev/sdc。如果现在再添加一个 ID 号码为 3 的设备,那么这个设备将被以/dev/sdc 来命名,ID 号码为 4 的设备将被称为/dev/sdd。

　　对于 IDE 和 SCSI 磁盘分区,号码 1～4 是为主分区和扩展分区保留的,而扩展分区中的逻辑分区则由 5 开始计算。因此,如果磁盘只有一个主分区和一个扩展分区,那么就会出现这样的情况:hda1 是主分区,hda2 是扩展分区,hda5 是逻辑分区,而 hda3 和 hda4 是不存在的。表 4-3 是一些 Linux 分区设备名和说明的例子,以帮助读者理解 Linux 中的磁盘设备的命名规则。

表 4-3　磁盘设备命名的例子

| 设备名 | 说　明 |
| --- | --- |
| /dev/hda | 第一块 IDE 磁盘 |
| /dev/hda1 | 第一块 IDE 磁盘上的第一个主分区 |
| /dev/hda2 | 第一块 IDE 磁盘上的扩展分区 |
| /dev/hda5 | 第一块 IDE 磁盘上的第一个逻辑分区 |
| /dev/hda7 | 第一块 IDE 磁盘上的第三个逻辑分区 |
| /dev/hdc | 第三块 IDE 磁盘 |
| /dev/hdc3 | 第三块 IDE 磁盘上的第三个主分区 |
| /dev/hdc6 | 第三块 IDE 磁盘上的第二个逻辑分区 |
| /dev/sda | 第一块 SCSI 磁盘 |
| /dev/sda1 | 第一块 SCSI 磁盘上的第一个主分区 |
| /dev/sdb2 | 第二块 SCSI 磁盘上的扩展分区 |

## 4.3.2　使用 fdisk 进行分区管理

　　fdisk 是传统的 Linux 硬盘分区工具,也是 Linux 中最常用的硬盘分区工具之一。本节将对 fdisk 命令的选项进行说明,同时还会介绍 fdisk 的交互模式,以及如何通过 fdisk 对磁盘的分区进行管理,包括查看、添加、修改、删除等。

**1. fdisk 简介**

fdisk 是各种 Linux 发行版本中最常用的分区工具之一,其功能强大,使用灵活,且适用平台广泛,不仅 Linux 操作系统,在 Windows 和 DOS 操作系统下也被广泛地使用。由于 fdisk 对使用者的要求较高,所以一直都被定位为专家级别的分区工具,其命令格式如下:

```
fdisk [-uc] [-b sectorsize] [-C cyls] [-H heads] [-S sects] device
fdisk -l [-u] [device...]
fdisk -s partition...
fdisk -v
fdisk -h
```

其中的常用命令选项说明如下所述。

-b sectorsize:定义磁盘扇区的大小,有效值包括 512、1024 和 2048,该选项只对老版本内核的 Linux 操作系统有效。

-C cyls:定义磁盘的柱面数,一般情况下不需要对此进行定义。

-H heads:定义分区表所使用的磁盘磁头数,一般为 255 或者 16。

-S sects:定义每条磁道的扇区数,一般为 63。

-l:显示指定磁盘设备的分区表信息。如果没有指定磁盘设备,则显示/proc/partitions 文件中的信息。

-u:在显示分区表时,以扇区代替柱面作为显示的单位。

-c:关闭 DOS 兼容模式(推荐采用)。

-s partition:在标准输出中以 block 为单位显示分区的大小。

-v:显示 fdisk 的版本信息。

-h:显示帮助信息。

device:整个磁盘设备的名称,对于 IDE 磁盘设备,设备名为/dev/hd[a-h];对于 SCSI 磁盘设备,设备名为/dev/sd[a-p]。

例如要查看第一块 SCSI 磁盘(/dev/sda)的分区表信息,命令如下所示。

```
#fdisk -l /dev/sda
Disk /dev/sda: 81.9GB,81964302336 bytes    //磁盘设备名为/dev/sda,大小为 81.9GB
255 heads,63 sectors/track,9964 cylinders
Units=cylinders of 16065 * 512=8225280 bytes
Sector size (logica/physical): 512 bytes/512 bytes
I/O size (minimum/optimal): 512 bytes/512 bytes
Disk identifier: 0x000d359a

Device     Boot  Start   End    Blocks   Id  System        //分区列表
/dev/sda1    *       1   650   5221093+   b  W95 FAT32
/dev/sda2          651  9506  71135820    f  W95 Ext'd(LBA)
/dev/sda5          651   905   2048256    b  W95 FAT32
/dev/sda6          906  1288   3076416    7  HPFS/NTFS
/dev/sda7         1289  7537  50194934   83  Linux
```

此外,在/dev/目录下会有磁盘设备文件与相应的分区对应,如下所示。

```
#ll /dev/sda *
brw-r----. 1 root disk 3,0 2010-11-15 08:16 /sda        //磁盘设备文件
brw-r----. 1 root disk 3,1 2010-11-15 08:16 /sda1       //磁盘分区设备文件
brw-r----. 1 root disk 3,2 2010-11-15 08:16 /sda2
brw-r----. 1 root disk 3,5 2010-11-15 08:16 /sda5
brw-r----. 1 root disk 3,6 2010-11-15 08:16 /sda6
brw-r----. 1 root disk 3,7 2010-11-15 08:16 /sda7
```

由以上信息可以看到,这是一台安装有 Windows 和 Linux 的机器,磁盘的大小为
81.9 GB,有 1 个主分区、1 个扩展分区和 3 个逻辑分区,其中不但有 Linux 和 swap 分区,
还有 Windows 的 FAT32 和 NTFS 分区,这些都是可以并存的。

又如,要显示上例中的第 3 个逻辑分区(/dev/sda7)的大小,可以使用-s 选项,其命令
如下所示。

```
#fdisk -s /dev/sda7
6144831                          //该分区的大小为 6144831 个块
```

如果要显示 fdisk 程序的版本号,可执行如下命令。

```
#fdisk -v
fdisk (util-linux-ng 2.17.2)     //当前的 fdisk 版本号为 util-linux-ng 2.17.2
```

### 2. fdisk 交互模式

使用命令“fdisk 设备名”,就可以进入 fdisk 程序的交互模式,在交互模式中可以通过
输入 fdisk 程序所提供的指令完成相应的操作,其运行结果如下所示。

```
#fdisk /dev/sda
WARNING: Dos-compatible mode is deprecated. it's strongly rcommended to
        switch off the mode (command 'c') and change display units to
        sectors (command 'u').
Command(m for help):                      //输入指令
```

进入交互模式后,用户可以通过输入 fdisk 指令执行相应的磁盘分区管理操作,输入
m 可以获取 fdisk 的指令帮助信息,如下所示。

```
Command(m for help): m                    //输入 m 指令
Command action
a    toggle a bootable flag               //设置可引导标记
b    edit bsd disklabel                   //修改 bsd 的磁盘标签
c    toggle the dos compatibility flag    //设置 DOS 操作系统兼容标记
d    delete a partition                   //删除一个分区
l    list known partition types           //显示已知的分区类型,其中 82 为 Linux
                                             swap 分区,83 为 Linux 分区
m    print this menu                      //显示帮助菜单
n    add a new partition                  //增加一个新的分区
o    create a new empty DOS partition table //创建一个新的空白的 DOS 分区表
p    print the partition table            //显示磁盘当前的分区表
```

```
q    quit without saving changes          //退出 fdisk 程序,不保存任何修改
s    create a new empty Sun disklabel     //创建一个新的空白的 Sun 磁盘标签
t    change a partition's system id       //改变一个分区的系统号码
u    change display/entry units           //改变显示记录单位
v    verify the partition table           //对磁盘分区表进行验证
w    write table to disk and exit         //保存修改结果并退出 fdisk 程序
x    extra functionality (experts only)   //特殊功能,不建议初学者使用
```

### 3. 分区管理

通过 fdisk 交互模式中的各种指令,可以对磁盘的分区进行有效的管理。下面将介绍如何在 fdisk 交互模式下完成查看分区、添加分区、修改分区类型以及删除分区的操作。

(1) 查看分区

要显示磁盘当前的分区表,在 fdisk 交互模式中输入 p 指令,其运行结果如下所示。

```
Command(m for help):p                     //输入 p 指令查看磁盘分区表
Disk /dev/sda: 81.9GB,81964302336bytes     //磁盘设备文件名以及磁盘大小
255 heads,63 sectors/track,9964 cylinders
Units=cylinders of 16065 * 512=8225280 bytes
Sector size (logica/physical): 512 bytes/512 bytes
I/O size (minimum/optimal): 512 bytes/512 bytes
Disk identifier: 0x000d359a
Device    Boot   Start    End    Blocks    Id  System    //磁盘分区列表
/dev/sda1   *       1     650   5221093+    b  W95 FAT32
/dev/sda2          651    9506  71135820    f  W95 Ext'd(LBA)
/dev/sda5          651     905   2048256    b  W95 FAT32
/dev/sda6          906    1288   3076416    7  HPFS/NTFS
/dev/sda7         1289    7537  50194934   83  Linux
```

由以上信息可知,该命令列出系统中当前的所有分区,其功能与"fdisk -l"命令是一样的。

(2) 添加分区

添加一个新的逻辑分区,其命令如下所示。

```
Command(m for help):n                     //输入 n 指令创建一个新的分区
Command action
   l   logical(5 or over)                 //l 为逻辑分区
   p   primary partition(1-4)             //p 为主分区
   l                                      //选择分区的类型为逻辑分区
First cylinder(7538-9506,default 7538):7538
                         //输入扇区的开始位置,默认为 7538,即 sda7 扇区的结束位置+1
Last cylinder or+size or+sizeM or+sizeK(7538-9506,default 9506):7919
                         //输入扇区的结束位置,默认为 9506,即整个磁盘的最后一个扇区
Command(m for help):p                     //输入 p 指令查看更改后磁盘分区表
Disk /dev/sda: 81.9GB,81964302336 bytes    //磁盘设备文件名以及磁盘大小
255heads,63 sectors/track,9964cylinders
Units=cylinders of 16065 * 512=8225280bytes
```

```
Sector size (logica/physical): 512 bytes/512 bytes
I/O size (minimum/optimal): 512 bytes/512 bytes
Disk identifier:  0x000d359a
Device      Boot  Start   End    Blocks    Id  System        //磁盘分区列表
/dev/sda1    *      1    650   5221093+    b  W95 FAT32
/dev/sda2          651   9506  71135820    f  W95 Ext'd(LBA)
/dev/sda5          651   905   2048256     b  W95 FAT32
/dev/sda6          906   1288  3076416     7  HPFS/NTFS
/dev/sda7          1289  7537  50194934   83  Linux
/dev/sda8          7538  7919  1534176    83  Linux         //添加了一个 sda8 分区
```

由以上信息可以看到,新添加的分区为/dev/sda8,开始位置为 7538,结束位置为 7919,总大小为 1534176,类型为 Linux 分区。

(3) 修改分区类型

对于新添加的分区,系统默认的分区类型为 83,即 Linux 分区。如果希望将其更改为其他类型,可以通过 t 指令来完成。本例中操作的磁盘分区为/dev/sda8,如下所示。

```
Command(m for help): t            //输入 t 指令改变分区的类型
Partition number(1-9): 8          //操作分区为/dev/sda8
```

如果用户不清楚有哪些分区类型可供选择,可以执行 l 指令,fdisk 会列出所有支持的分区类型及对应的类型号码,如下所示。

```
Hex code(type L to list codes): l        //显示所有可用的分区类型
0   Empty        1e  Hidden W95 FAT1  80  Old Minix     be  Solaris boot
1   FAT12        24  NEC DOS          81  Minix/old Lin  bf  Solaris
2   XENIX root   39  Plan 9           82  Linux swap/So  c1  DRDOS/sec(FAT-)
3   XENIX usr    3c  PartitionMagic   83  Linux          c4  DRDOS/sec(FAT-)
 ⋮
```

其中 82 为 Linux swap 分区,83 为 Linux 分区,8e 为 Linux LVM 分区,b 为 Windows FAT32 分区,e 为 Windows FAT16 分区。这里选择分区类型为 82,如下所示。

```
Hex code(type L to list codes): 82   //输入分区的新类型(82 为 Linux swap/Solaris)
Changed system type of partition 9 to 82(Linux swap/Solaris)
```

最后,输入 p 命令查看更改后磁盘的分区表,如下所示。

```
Command(m for help): p            //输入 p 指令查看更改后的磁盘分区表
Disk /dev/sda: 81.9GB,81964302336 bytes
255 heads,63 sectors/track,9964 cylinders
Units=cylinders of 16065 * 512=8225280 bytes
  Device    Boot  Start   End    Blocks    Id  System        //系统分区表
/dev/sda1    *           650   5221093+    b  W95 FAT32
/dev/sda2          651   9506  71135820    f  W95 Ext'd(LBA)
/dev/sda5          651   905   2048256     b  W95 FAT32
/dev/sda6          906   1288  3076416     7  HPFS/NTFS
/dev/sda7          1289  7537  50194934   83  Linux
/dev/sda8          7538  7919  1534176    82  Linux swap/Solaris
```

通过上述操作,可以看到分区/dev/sda8 的类型已被更改为 Linux swap/Solaris。

(4) 删除分区

如果删除第 4 个逻辑分区,即 sda8,其命令如下:

```
Command(m for help): d                              //输入 d 指令删除分区
Partition number(1-9): 8                            //指定需要删除的分区号,即 sda8
Command(m for help): p                              //输入 p 指令查看更改后的磁盘分区表
Disk /dev/sda: 81.9GB, 81964302336 bytes
255 heads, 63 sectors/track, 9964 cylinders
Units=cylinders of 16065 * 512=8225280 bytes
   Device   Boot   Start    End    Blocks    Id   System        //系统分区表
/dev/sda1     *       1    650   5221093+    b   W95 FAT32
/dev/sda2            651   9506  71135820    f   W95 Ext'd(LBA)
/dev/sda5            651    905   2048256    b   W95 FAT32
/dev/sda6            906   1288   3076416    7   HPFS/NTFS
/dev/sda7           1289   7537  50194934   83   Linux
```

通过上述操作,可以看到分区 sda8 已经被删除。如果选择删除的是扩展分区,则扩展分区下的所有逻辑分区都会被自动删除。

(5) 保存修改结果

要保存分区修改结果,其命令如下:

```
Command(m for help): w                              //输入 w 指令保存修改结果
The partition table has been altered!
Calling ioctl() to re-read partition table.     //警告信息
WARNING: Re - reading the partition table failed with error 16: Device or
resource busy.The kernel still uses the old table.The new table will be used at
the next reboot.
Syncing disks.
```

使用 w 指令保存后,则在 fdisk 中所做的所有操作都会生效,且不可回退。如果分区表正忙,则需要重启后才能使新的分区表生效。

注意:如果因为误操作对磁盘分区进行了修改或删除操作,只需要输入 q 指令退出 fdisk,则本次所做的所有操作均不会生效。退出后用户可以重新进入 fdisk 中继续进行操作。

## 4.3.3 使用 parted 进行分区管理

parted 是 RHEL 6.2 下自带的另外一款分区软件,用于对分区及其文件系统进行建立、修改、调整、检查、复制等操作的一个工具,它比 fdisk 更加灵活,功能也更丰富,同时还支持 GUID 分区表(GUID Partition Table),这在 IA64 平台上管理磁盘时非常有用,此外,还可以用它来检查磁盘的使用状况,在不同的磁盘之间复制数据,甚至是"映像"磁盘——将一个磁盘的安装完好地复制到另一个磁盘中。

parted 同时支持交互模式和非交互模式。它除了能够进行分区的添加、删除等常见操作外,还可以移动分区、制作文件系统、调整文件系统大小、复制文件系统等。

**1. parted 简介**

parted 支持的分区类型范围非常广,包括 ext2、ext3、ext4、linux-swap、FAT、FAT32、reiserfs、HFS、jsf、ntfs、ufs 和 xfs 等。无论是 Linux 还是 Windows,它都能很好地支持。其命令格式如下:

```
parted [options] [device [command [options...]...]]
```

其中的命令选项说明如下所述。

-h:显示帮助信息。

-l:列出所有块设备的分区情况。

-m:显示机器的输出结果。

-s:不显示用户提示信息。

-v:显示 parted 的版本信息。

device:磁盘设备名称,如/dev/sda。

command:parted 指令,如果没有设置指令,则 parted 将会进入交互模式。

例如,要查看 parted 的版本信息,其命令如下所示。

```
#parted -v
Parted(GNU Parted)2.1          //系统当前使用的 parted 版本为 2.1
```

再如,添加一个分区的命令格式为:

```
parted device mkpart part-type [fs-type] start end
```

实例:添加一个大小为 3GB 的主分区。

```
#parted /dev/sda mkpart primary 32.3KB 3GB
```

**2. parted 交互模式**

与 fdisk 类似,parted 可以使用命令"parted 设备名"进入交互模式。进入交互模式后,可以通过 parted 的各种指令对磁盘分区进行管理,如下所示。

```
#parted /dev/sda
GNU Parted 2.1
Using /dev/sda
Welcome to GNU Parted!Type 'help' to view a list of commands.
(parted)                       //parted命令提示符
```

parted 的各种操作指令和详细说明如表 4-4 所示。

表 4-4　**parted** 指令说明

| parted 指令 | 说　　明 |
|---|---|
| check NUMBER | 检查文件系统 |
| cp [FROM-DEVICE] FROM-NUMBER TO-NUMBER | 复制文件系统到另外一个分区 |
| help [COMMAND] | 显示全部帮助信息或者指定命令的帮助信息 |
| mklabel,mktable LABEL-TYPE | 在分区表中创建一个新的磁盘标签 |
| mkfs NUMBER FS-TYPE | 在分区上创建一个指定类型的文件系统 |
| mkpart PART-TYPE [FS-TYPE] START END | 创建一个分区 |
| mkpartfs PART-TYPE FS-TYPE START END | 创建一个分区,并在分区上创建指定的文件系统 |
| move NUMBER START END | 移动分区 |
| name NUMBER NAME | 以指定的名字命名分区号 |
| print [free|NUMBER|all] | 显示分区表、指定的分区或者所有设备 |
| quit | 退出 parted 程序 |
| rescue START END | 修复丢失的分区 |
| resize NUMBER START END | 更改分区的大小 |
| rm NUMBER | 删除分区 |
| select DEVICE | 选择需要更改的设备 |
| set NUMBER FLAG STATE | 更改分区的标记 |
| toggle [NUMBER [FLAG]] | 设置或取消分区的标记 |
| unit UNIT | 设置默认的单位 |
| version | 显示 parted 的版本信息 |

**3. 分区管理**

通过 parted 交互模式中所提供的各种指令,可以对磁盘的分区进行有效的管理。下面介绍如何在 parted 的交互模式下完成查看分区、创建分区、创建文件系统、更改分区大小以及删除分区等操作。

(1) 查看分区

输入 print 指令,可以查看磁盘当前的分区表信息,其运行结果如下所示。

```
(parted)print            //输入 print 指令查看磁盘分区表
Model: Maxtor 6Y080L0(scsi)
Disk /dev/sda: 82.0GB
Sector size(logical/physical): 512B/512B
Partition Table: msdos
```

```
Number   Start     End      Size      Type      File system   Flags       //系统分区表
1        32.3KB    5346MB   5346MB    primary   fat32         boot//列出每一个分区的信息
2        5346MB    78.2GB   72.8GB    extended  lba
3        5346MB    7444MB   2097MB    logical   fat32
4        7444MB    10.6GB   5247MB    logical   ntfs
5        10.6GB    62.0GB   51.4GB    logical   ext4
6        62.0GB    63.6GB   1571MB    logical                 linux-swap
```

返回结果的第 1 行是磁盘的型号：Maxtor 6Y080L0（scsi）；第 2 行是磁盘的大小 82.0GB；第 3 行是逻辑和物理扇区的大小 512B；其余的为磁盘的分区表信息。每一行分区的信息包括：分区号、分区开始位置、分区结束位置、分区大小、分区的类型（主分区、扩展分区还是逻辑分区）、分区的文件系统类型、分区的标记等信息。这个界面比 fdisk 更为直观，因为这里的开始位置、结束位置和分区大小都是以 KB、MB、GB 为单位的，而不是 block 数和扇区。

（2）创建分区

通过 mkpart 指令可以创建磁盘分区，例如要创建一个开始位置为 63.6GB，结束位置为 65.6GB，文件系统类型为 ext2 的逻辑分区，可以使用如下指令。

```
mkpart logical ext2 63.6GB 65.6GB
```

如果输入 mkpart 指令而不带任何参数，parted 会一步步提示用户输入相关信息并最终完成分区的创建，结果如下。

```
(parted)mkpart                               //输入 mkpart 指令创建分区
Partition type? primary/extended?            //选择新分区的类型，主分区还是扩展分区
File system type? [ext2]                      //输入文件系统类型，默认为 ext2
Start?                                        //分区的开始位置
End?                                          //分区的结束位置
(parted)print                                //显示最新的分区表信息
Model: Maxtor 6Y080L0(scsi)
Disk /dev/sda: 82.0GB
Sector size(logical/physical): 512B/512B
Partition Table: msdos
Number   Start     End      Size      Type      File system   Flags       //系统分区表
1        32.3kB    5346MB   5346MB    primary   fat32         boot
2        5346MB    78.2GB   72.8GB    extended                lba
3        5346MB    7444MB   2097MB    logical   fat32
4        7444MB    10.6GB   5247MB    logical   ntfs
5        10.6GB    62.0GB   51.4GB    logical   ext4
6        62.0GB    63.6GB   1571MB    logical   linux-swap
7        63.6GB    65.6GB   2032MB    logical                             //新创建的分区
```

由以上信息可以看到，新创建的逻辑分区为/dev/sda9，大小为 2032MB。由于还没有文件系统，所以这个分区还不能使用。

（3）创建文件系统

创建分区后，可以使用 mkfs 指令在分区上创建文件系统，parted 目前只支持 ext2 文件系统，还不支持 ext4，如下所示。

```
(parted)mkfs                          //创建文件系统
Warning: The existing file system will be destroyed and all data on the
partition will be lost.Do you want to continue?
Yes/No?                               //确认是否要创建文件系统
Partition number?                     //需要创建文件系统的分区
File system?[ext2]?                   //创建的文件系统类型，默认为 ext2
(parted)
```

由于 parted 目前尚不支持 ext4 类型的文件系统，所以如果用户需要在分区上创建 ext4 的文件系统，那么就需要使用其他的工具，如 mke2fs。

（4）更改分区大小

使用 resize 指令可以更改指定分区的大小。需要更改大小的分区上面必须已经创建了文件系统，否则将会得到如下的提示。

```
Error: Could not detect file system.
```

在进行更改操作前，分区必须已经被卸载。例如，要把 sda9 的大小由 2032MB 减少为 436MB，命令如下所示。

```
(parted)resize                       //使用 resize 指令更改分区大小
Partition number? 9                  //选择需要更改的分区号
Start? [63.6GB]? 63.6GB              //输入分区新的开始位置
End? [65.6GB]? 64GB                  //输入分区新的结束位置
```

注意：为了保证分区上的数据安全性，一般不建议缩小分区的大小，以免分区上的数据受到损坏。

（5）删除分区

使用 rm 指令可以删除指定的磁盘分区，在进行删除操作前必须先把分区卸载。例如要删除分区 sda9，命令如下所示。

```
(parted)rm                           //输入 rm 指令
Partition number? 9                  //选择需要删除的分区号
```

注意：与 fdisk 不同，在 parted 中所做的所有操作都是立刻生效的，不存在保存生效的概念，所以用户在进行删除分区这种危险度极高的操作时必须要小心谨慎。

（6）选择其他设备

如果在使用 parted 的过程中需要对其他磁盘设备进行操作，并不需要重新运行 parted，使用 select 指令就可以选择其他的设备并进行操作。例如，要选择磁盘/dev/hdb 进行操作，可以使用下面的命令。

```
(parted)select /dev/sdb
Using /dev/sdb
```

完成后就可以对磁盘/dev/sdb 进行操作。

## 4.3.4　建立文件系统

一般情况下，完整的 Linux 文件系统是在系统安装时建立的，只有在计算机新购置了硬盘或软盘等存储设备时，才需要为它们建立文件系统。Linux 文件系统的建立是通过 mkfs 命令来实现的，命令的功能和用法都类似于 Windows 系统中的 format 命令。

命令使用格式：

```
mkfs [-Vcv] [-t fstype] [fs-options] filesys [blocks]
```

说明：具有相应权限的使用者在特定的分区上建立 Linux 文件系统。

常用参数如下所示。

-V：详细显示模式。

-t fstype：指定文件系统的类型，Linux 的默认文件系统为 ext2。

-c：在制作文件系统前，检查该分区是否有坏块。

-l filename：从指定文件中读取坏块的资料。

-v：产生冗余输出。

blocks：给定块的大小。

例如，在/dev/sda5 上建一个 msdos 的文件系统，同时检查是否有坏块存在，并且将过程详细列出来，可以使用如下命令形式：

```
#mkfs -V -t msdos -c /dev/sda5
```

## 4.3.5　文件系统的挂载与卸载

创建好文件系统的存储设备并不能马上使用，必须把它挂载到文件系统中才可使用。在 Linux 系统中无论是硬盘、光盘还是软盘都必须经过挂载才能进行文件存取操作。所谓挂载就是将存储介质的内容映射到指定的目录中，此目录为该设备的挂载点。这样，对存储介质的访问就变成了对挂载点目录的访问。一个挂载点一次只能挂载一个设备或分区，一个设备或分区可同时挂载到多个挂载点。

通常，硬盘上的各个磁盘分区都会在 Linux 的启动过程中自动挂载到指定的目录，并在关机前自动卸载。而软盘等可移动存储介质既可以在启动时自动挂载，也可以在需要时手动挂载或卸载。目前有两种方法挂载文件系统，一种是通过 mount 命令手动挂载；另一种是通过/etc/fstab 文件来开机自动挂载。

**1. 通过 mount 来挂载磁盘分区（或存储设备）**

挂载文件系统的命令格式：

```
mount [选项] 设备 目录
```

查看本机的挂载情况的命令格式：

mount［选项］

常用选项说明如下所示。

-t 文件系统：指定文件系统的类型，一般情况下可以省略，mount 命令会自动选择正确的文件系统类型，相当于-t auto。-t 后面可跟 ext3、ext4、reiserfs、vfat、ntfs 等，其中 vfat 是 fat32 和 fat16 分区文件系统所用的参数。

-o options：主要选项有权限、用户、磁盘限额、语言编码等，但语言编码的选项大多用于 vfat 和 ntfs 文件系统。由于选项太多，可参看 man mount 选项。

-a：挂载所有在配置文件/etc/fstab 中提到的文件系统。

-V：显示版本信息。

设备：指存储设备，比如/dev/sda1、/dev/sda1、cdrom 等。至于系统中有哪些存储设备，主要通过"fdisk -l"命令查看/etc/fstab 文件内容。一般情况下光驱设备是/dev/cdrom，软驱设备是/dev/fd0，硬盘及移动硬盘以"fdisk -l"命令的输出结果为准。

目录：设备在系统上的挂载点。需要注意的是，挂载点必须是一个目录，如果一个分区挂载在一个非空的目录上，则这个目录里面以前的内容将无法使用。

（1）对光驱和软驱的挂载。

```
#mount /dev/cdrom
#mount /dev/fd0
```

第一行是挂载光驱，至于挂载到哪个目录可以查看/etc/fstab 或/etc/mtab 文件；同理软驱/dev/fd0 设备也是如此。用户也可以自己指定 cdrom 挂载的位置，命令如下。

```
#mkdir /mnt/cdrom
#mount /dev/cdrom /mnt/cdrom
```

即先建一个目录，然后执行 mount 命令，这样 cdrom 就挂载在/mnt/cdrom 中了。用户就可以在/mnt/cdrom 中查看光盘中的资料和文件。

（2）挂载硬盘和移动硬盘的文件系统。

一个分区只有创建了文件系统后才能使用，而 Linux 大多用的是 ext2、ext3、ext4、reiserfs、fat32、msdos、ntfs 等文件系统。

ext2、ext3、ext4、reiserfs 不需要指定文件系统的编码，其实 mount 也没有这个功能。这些 Linux 文件系统如果出现编码问题，一般是通过"export LANG"命令指定，所以挂载这些文件系统比较简单。首先用"fdisk -l"命令查看分区情况，其次建立一个文件系统挂载的目录作为挂载点，然后设定相应权限即可进行挂载。

```
#fdisk -l /dev/sda
Disk /dev/sda: 80.0GB, 80026361856 bytes
255 heads,63 sectors/track,9729 cylinders
Units=cylinders of 16065 * 512=8225280 bytes
Device     Boot  Start   End    Blocks    Id  System
/dev/sda1   *      1     765    6144831    7  HPFS/NTFS
/dev/sda2         766    2805   16386300   c  W95 FAT32(LBA)
/dev/sda3        2806    9729   55617030   5  Extended
```

```
/dev/sda5    2806    5100    9193118+    83    Linux
/dev/sda6    5101    5198     787153+    82    Linux swap/Solaris
/dev/sda7    5199    6657   11719386     83    Linux
/dev/sda8    6658    9729    8787523+    83    Linux
#mkdir /mnt/sda5/                        //创建一个挂载目录
#chmod 777 /mnt/sda5/                    //设置/mnt/sda5 的权限为任何用户可写可读可执
                                           行,这样所有的用户都能写入
#mount -t reiserfs /dev/sda5 /mnt/sda5   //通过-t reiserfs 来指定/dev/sda5 是
                                           reiserfs 文件系统,并且挂载到/mnt/
                                           sda5 目录
#mount -t auto /dev/sda5 /mnt/sda5       //假如不知道 sda5 上的 reiserfs 文件系统,可以
                                           用-t auto 让系统定夺,然后挂载到/mnt/sda5
#mount /dev/sda5 /mnt/sda5               //不加任何选项,直接将/dev/sda5 挂载到/mnt/
                                           sda5,系统自动判断分区文件系统
#df -lh                                  //查看是否被挂载
Filesystem   Size   Used   Availe   Used%   Mount on
/dev/sda7    11G    8.5G    1.9G    83%    /
/dev/shm     236M    0     236M     0%    /dev/shm
/dev/sda8    16G    6.9G    8.3G    46%    /mnt/sda9
/dev/sda5    9.7G   7.6G    2.1G    78%    /mnt/sda5
```

(3) 卸载文件系统 umount。

命令用法:

umount [选项] 设备或挂载目录

说明:其选项的含义与 mount 命令中的选项含义一样。

举例:

```
#mount -t auto /dev/sda5 /mnt/sda5          //挂载/dev/sda5
#df -lh                                     //查看/dev/sda5 是否被挂载
Filesystem   Size   Used   Availe   Used%   Mount on
/dev/sda7    11G    8.5G    1.9G    83%    /
/dev/shm     236M    0     236M     0%    /dev/shm
/dev/sda8    16G    6.9G    8.3G    46%    /mnt/sda8
/dev/sda5    9.7G   7.6G    2.1G    78%    /mnt/sda5
#umount /dev/sda5                           //卸载/dev/sda5
#df -lh                                     //查看是否卸载了/dev/sda5
Filesystem   Size   Used   Availe   Used%   Mount on
/dev/sda7    11G    8.5G    1.9G    83%    /
/dev/shm     236M    0     236M     0%    /dev/shm
/dev/sda8    16G    6.9G    8.3G    46%    /mnt/sda8
#umount /dev/cdrom                          //卸载 cdrom
#umount /dev/fd0                            //卸载软驱
```

(4) 如果要查看分区是否被挂载了,直接用命令 mount -s。

```
#mount -s
```

## 2. 通过/etc/fstab 文件来开机自动挂载文件系统

前面介绍了手动挂载存储设备文件系统的办法,现在介绍开机自动挂载文件系统的

办法。控制系统在启动过程中自动挂载文件系统的配置文件是/etc/fstab，Linux 系统启动时将读取该配置文件，并按文件中的信息来挂载相应文件系统。典型的 fstab 文件内容如下：

```
#cat /etc/fstab
⋮
/dev/mapper/vg_wl-lv_root    /         ext4      defaults          1 1
UUID=af16685a-28a1-4f74      /boot     ext4      defaults          1 2
/dev/mapper/vg_wl-lv_swap    swap      swap      defaults          0 0
tmpfs                        /dev/shm  tmpfs     defaults          0 0
devpts                       /dev/pts  devpts    gid=5,mode=620    0 0
sysfs                        /sys      sysfs     defaults          0 0
proc                         /proc     proc      defaults          0 0
```

fstab 文件的每一行表示一个文件系统，而每个文件系统的信息用 6 个字段来表示，字段之间用空格来表示。从左到右字段信息分别如下所示。

第一字段：设备名、设备的 UUID 或设备卷标名，这里表示文件系统。有时把挂载文件系统也说成挂载分区，在这个字段中也可以用分区标签。例如"LABEL＝/1"就是 Linux 系统安装分区的标签，至于与哪个分区对应，可以用 df -lh 命令查看。

第二字段：挂载点，指定每个文件系统在系统中的挂载位置。Swap 分区不需要挂载点。

第三字段：文件系统类型，指定每个设备所采用的文件系统类型，如果设为 auto，则表示按照文件系统本身的类型进行挂载。

第四字段：mount 命令的选项。每个文件系统都可以设置多个命令选项，命令选项之间使用逗号分隔，常用的命令选项如表 4-5 所示。

表 4-5　常用选项

| 选　项 | 含　　义 |
| --- | --- |
| default | 系统启动时自动挂载该文件系统，并可读、可写 |
| auto | 系统启动时自动挂载该文件系统 |
| noauto | 系统启动时不自动挂载该文件系统，用户在需要时手动挂载 |
| ro | 该文件系统只读 |
| rw | 该文件系统可读可写 |
| usrquota | 该文件系统实施用户配额管理，限制用户可用的最大存储空间 |
| grpquota | 该文件系统实施用户组配额管理，限制用户组可用的最大存储空间 |

第五字段：表示文件系统是否需要 dump 备份，是真假关系；1 是需要，0 是不需要。

第六字段：是否在系统启动时，通过 fsck 磁盘检测工具来检查文件系统，1 是需要，0 是不需要，2 是跳过。

基于以上介绍，假设要开机自动挂载/dev/sda5，可以执行如下步骤：

```
#mkdir /mnt/sda5/          //先创建一个挂载目录
#chmod 777  /mnt/sda5/     //设置/mnt/sda5 的权限为任何用户可写可读可执行,这样
                             所有的用户都能写入
```

然后在/etc/fstab 文件中加如下的一行：

```
/dev/sda5   /mnt/sda5   ext4   defaults   0 0
```

这样重启计算机就能看到效果了。

注意：还有一个与/etc/fstab 类似的文件，文件/etc/fstab 存放的是系统中的文件系统信息，是系统准备装载的。而文件/etc/mtab 记载的是现在系统已经装载的文件系统，包括操作系统建立的虚拟文件等。

假如在/etc/fstab 下没有下面这条叙述：

```
LABEL=/xxx      /xxx       ext4       defaults   0 0
```

而是事后开机后手动挂载：

```
#mount LABEL=/xxx /xxx
```

那么文件/etc/mtab 中就会多了这条记录信息。

## 4.3.6　检查并修复文件系统

频繁地非正常关机以及系统突然掉电等都会造成文件系统错误，甚至会导致整个Linux 系统崩溃，所以应该养成良好的使用习惯，防止系统错误。正常情况下，ext4 文件系统一般不会出现错误，这时不必进行文件系统的一致性检查，以免破坏系统。但如果文件系统出现错误，这时就需要使用专门的命令来检查和修复文件系统。

Linux 中有类似 Windows 中的 scandisk 的工具 fsck，不过 fsck 不仅仅能扫描，还能修正文件系统的一些问题。值得注意的是 fsck 扫描文件系统时一定要在单用户模式、修复模式或把设备卸载（umount）后进行。如果扫描正在运行中的系统，会造成系统文件损坏；如果系统正常，就不要用扫描工具，否则可能会把系统破坏掉，因此运行 fsck 是有危险的。以 RHEL 6.2 为例，文件系统扫描工具有 fsck、fsck. ext2、fsck. ext3、fsck. ext4、fsck. msdos、fsck. vfat 等。使用此类命令的具体步骤如下。

（1）进入虚拟控制台，输入命令 init 1，使系统进入单用户模式。

（2）卸载要检查的文件系统，比如分区/dev/sda1，执行"umonut /dev/sda1"命令。

（3）输入 fsck 命令，检查文件系统。

（4）检查完毕，重新启动系统。

如果文件系统产生错误，Linux 系统启动时会提示用户按 Y 键进行文件系统检查。

fsck 命令格式如下：

```
fsck [-sAVRTMNP] [-C [fd]] [ -t fstype ] [filesys ... ] [--] [ fs-specific-
options ]
```

常用的命令选项含义如下所示。

-s：顺序地进行 fsck 操作。如果要检查多个文件系统，并且检查器运行在交互模式，这样做比较好。

-A：依照/etc/fstab 配置文件的内容检查文件内所列的全部文件系统。

-V：产生冗余输出，包含所有被执行的特定文件系统的命令。

-R：当使用-A 标志来检查所有文件系统时，跳过 root 文件系统。

-T：启动时不显示标题。

-N：不执行，仅仅显示将执行的操作。

-P：当设置了-A 标志时，将并行检查 root 文件系统和其他文件系统。这是最不安全的做法，因为如果 root 文件系统有问题，e2fsck(8)这样的程序可执行文件将被破坏！这个选项是为不想把 root 文件系统分得小而紧凑的系统管理员准备的。

-C：如果文件系统检查器支持（当前只有 ext2），显示进度条。fsck 将管理各文件系统检查器，使得同一时间它们中只能有一个可以显示进度条。

-t fstype：指定要检查的文件系统的类型。当指定了-A 标志时，只有列出类型的文件系统会被检查。fstype 参数是一个以逗号分隔的文件系统类型列表以及选项说明符。可以在这个以逗号分隔的列表的所有文件系统前面加上否定前缀"no"或"!"来使得只有没有列在其中的文件系统被检查。如果并非列出的所有文件系统都加上了否定前缀，那么只有 fstype 中列出的文件系统将被检查。

fs-specific-options：fsck 不理解的选项被传递给特定文件系统的检查器。这些选项不必带有参数，因为 fsck 不能判断出哪个选项有参数，哪些没有。

例如，扫描/dev/sda1 分区：

```
#fsck /dev/sda1
fsck from util-linux-ng 2.17.2
esfsck 1.41.12(17-May-2010)
/dev/sda1 is mounted
WARNING!!!  The filesystem is mounted.  If you continue you ***WILL***cause ***
SEVERE*** filesystem damage
Do you really want to continue(y/n)?
```

注意：虽然 fsck 在不加参数的情况下能识别不同的文件系统，但是针对不同文件系统，最好用相应的工具。对于不同工具的详细参数，可以参看--help 或者 man。

# 4.4  文件管理命令

## 4.4.1  链接文件

Linux 中的链接文件类似于微软 Windows 的快捷方式，可以只保留目标文件的地址，而不占用存储空间。使用链接文件与使用目标文件的效果是一样的，但可以为链接文件指定不同的访问权限，以控制对文件的共享和安全性的问题。

Linux 中有两种类型的链接：硬链接和软链接（符号链接）。硬链接利用 Linux 中为每个文件分配的物理编号(inode)建立链接，因此，硬链接不能跨越文件系统。软链接利用文件的路径名建立链接,通常建立软链接使用绝对路径而不是相对路径,以最大限度增加可移植性。

需要注意的是,如果修改硬链接的目标文件名,链接依然有效;如果修改软链接的目标文件名,则链接将断开。对一个已存在的链接文件执行移动或删除操作,有可能导致链接的断开。假如删除目标文件后,重新创建一个同名文件,软链接将恢复,硬链接不再有效,因为文件的 inode 已经改变。

ln 命令可以用于创建文件的链接文件。ln 命令一般语法格式为:

```
ln [选项] target link_name
```

其中,常用的选项如下所示。

-f: 链接时先将与目标同名的文件删除。

-d: 允许系统管理员硬链接自己的目录。

-i: 在删除与目标同名的文件时先进行询问。

-n: 在进行软链接时,将目标视为一般的文件。

-s: 进行软链接(symbolic link)。

-v: 在链接之前显示其文件名。

-b: 在建立链接时将可能被覆盖或删除的文件进行备份。

-S SUFFIX: 将备份的文件都加上 SUFFIX 的字尾。

--help: 显示辅助说明。

参数 target 为目标文件,link_name 为链接文件名。默认情况下,如果链接文件名已经存在但不是目录,将不做链接。目标文件可以是任何一个文件名,也可以是一个目录。例如:

```
$ln -s /proc/cpuinfo mycpuinfo
$ls -l mycpuinfo
lrwxrwxrwx 1 root root 13 Dec 22 00:43 mycpuinfo ->  /proc/cpuinfo
```

以上命令为/proc/cpuinfo 文件创建了一个软链接文件。使用 ls -l 命令可以查看到新创建的链接文件所指向的目标文件名。

## 4.4.2　修改目录或文件权限

Linux 作为多用户系统,允许不同的用户访问不同的文件,继承了 UNIX 系统中完善的文件权限控制机制。root 用户具有不受限制的权限,而普通用户只有被授予权限后才能执行相应的操作,没有权限就无法访问文件。系统中的每个文件或目录都被创建者所拥有,在安装系统时,创建的文件或目录的拥有者为 root。文件还被指定的用户组所拥有,这个用户组称为文件所属组。一个用户可以是不同组的成员,这由 root 来管理。文件的权限决定了文件的拥有者、文件的所属组、其他用户对文件访问的能力。文件的拥有者和 root 用户享有文件的所有权限,并可用 chmod 命令给其他用户授予访问权限。

**1. 查看文件或目录权限**

单独使用 ls 命令时，只显示当前目录中包含的文件名和子目录名。结果显示方式非常简洁，通常是在刚进入某目录时，用这个方式先初步了解该目录中存放了哪些内容。相关命令如下：

```
$ls
Desktop   Examples   mywork    Templates   Textfile.txt
```

若须进一步了解每个文件的详细情况，可以使用-l 选项。相关命令如下：

```
$ls -l
total 24
drwxr-xr--   2   zhang   zhang   4096   Dec 17   2:23    Desktop
lrwxrwxrwx   1   zhang   zhang     26   Dec 20   05:03   Examples->
/usr/share/example-content
drwxr-xr-x   2   zhang   zhang   4096   Dec 17   13:42   mywork
drwxr-xr-x   2   zhang   zhang   4096   Dec 17   12:24   Templates
-rw-r--r--   1   zhang   zhang   8755   Dec 19   17:11   Textfile.txt
```

可以发现，ls -l 命令以列表形式显示了当前目录中所有内容的详细信息。列表中每条记录显示一个文件或目录，包含 7 项。以第一条记录为例，表 4-6 对各字段含义进行了说明。

表 4-6   ls -l 命令输出信息说明

| 字段号 | ls -l 输出 | 说　　明 |
|:---:|:---|:---|
| 1 | drwxr-xr-- | 文件类型、文件访问权限 |
| 2 | 1 | 文件链接数目 |
| 3 | zhang | 文件所有者 |
| 4 | zhang | 文件所属的组 |
| 5 | 4096 | 文件大小，以字符为单位 |
| 6 | 2011-12-17 2:23 | 上次修改文件或目录的时间 |
| 7 | Desktop | 文件或目录名称 |

第一项是由 10 个字符组成的字符串，例如"drwxr-xr-x"说明了该文件/目录的文件类型和文件访问权限。第一个字符表示文件类型。第 2 个字符到第 10 个字符表示文件访问权限，且以 3 个字符为一组，分为 3 组，组中的每个位置对应一个指定的权限，其顺序为：读、写、执行。3 组字符又分别代表文件所有者权限、文件从属组权限以及其他用户权限。下面先分别介绍文件类型和访问权限。

（1）文件类型

表 4-7 列出了 Linux 系统的文件类型，以及相应的类型符。

**表 4-7　文件类型说明**

| 文件类型 | 类型符 | 描　述 |
|---|---|---|
| 普通文件 | — | 指 ASCII 文本文件、二进制可执行文件以及硬件链接 |
| 块设备文件 | b | 块输入/输出设备文件 |
| 字符设备文件 | c | 原始输入/输出设备文件 |
| 目录文件 | d | 包含若干文件或子目录 |
| 符号链接文件 | l | 只保留了文件地址，而不是文件本身 |
| 命名管道 | p | 一种进程间通信的机制 |
| 套接字 | s | 用于进程间通信 |

（2）文件和目录权限

Linux 权限的基本类型有读、写和执行，表 4-8 对这些权限类型作了说明。

**表 4-8　文件权限类型说明**

| 权限类型 | 应用于目录 | 应用于任何其他类型的文件 |
|---|---|---|
| 读(r) | 授予读取目录或子目录内容的权限 | 授予查看文件的权限 |
| 写(w) | 授予创建、修改或删除文件或子目录的权限 | 授予写入权限，允许修改文件 |
| 执行(x) | 授予进入目录的权限 | 允许用户运行程序 |
| - | 无权限 | 无权限 |

仍然以第 1 条记录为例，解释文件/目录的文件类型和访问权限。

```
drwxr-xr--  2  zhang  zhang  4096  Dec 17  2:23  Desktop
```

将文件记录的第一项分组逐项解释，如图 4-3 所示。这时读者可以对该文件的类型、访问权限有直观、清晰的了解。

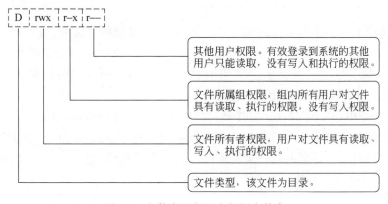

图 4-3　文件类型与用户权限字符串

读者可以发现，目前 bash 的 ls 命令可按照文件类型对文件标识不同的颜色。比如，目录文件使用蓝色，普通文件使用反白色、可执行文件使用绿色等。如果用户觉得文件类型符不够明显，还可以使用-F 选项，如下所示。

```
$ls -Fl
```

从以上命令的执行结果可以看到，目录名后面标记"/"，可执行文件后面标记"＊"，普通文件不做符号标记。

### 2. 与文件权限相关的用户分类

Linux 系统中与文件权限相关的用户可分为 3 种不同的类型：文件所有者(owner)、同组用户(group)、系统中的其他用户(other)。

文件所有者：建立文件或目录的用户，用 user 的首字母 u 表示。文件的所有者是可以改变的，文件所有者或 root 可以将文件或目录的所有权转让给其他用户。这可以通过 chown 命令来实现。文件所有者被改变后，原有所有者将不再拥有该文件或目录的权限。

同组用户：为简化权限管理，多个文件可以同时属于一个用户组。当创建一个文件或目录时，系统会赋予它一个所属的用户组，组中的所有成员(即同组用户，用 group 的首字母 g 表示)都可以访问此文件或目录。chgrp 命令可以改变文件的所属用户组。

其他用户：既不是文件所有者，又不是同组用户的其他所有者。用 other 的首字母 o 表示。

### 3. 设置访问权限

(1) chmod

chmod 命令用于改变文件或目录的访问权限。该命令有两种使用方式：符号模式和绝对模式。符号模式，使用符号表示文件权限，对大多数新用户来说，这种方式更容易理解；绝对模式，用数字表示文件权限的每一个集合，这种表示方法更加有效，而且系统也是用这种方法查看权限的。

① chmod 命令符号模式的一般语法格式为：

```
chmod [role] [+|-|=] [mode] filename
```

其中，选项 role 由字母 u、g、o 和 a 组合而成，它们各自的含义为：u 代表用户，g 代表组，o 代表其他用户，a 代表所有用户。操作符"＋"、"－"、"＝"分别表示添加某个权限、取消某个权限、赋予给定权限并取消其他所有权限。mode 所表示的权限可用字母 r(可读)、w(可写)、x(可执行)任意组合。

在以下例子中，TextFile.txt 文件最初的权限为"-rw-r--r--"，即文件所有者具有可读可写的权限，组内用户和其他用户都具有可读权限。使用 chmod 命令，分别为文件所有者添加可执行的权限，将组内用户设置为可写和可执行权限，为其他用户添加可写权限。最后 TextFile.txt 文件权限设置为"-rwx-wxrw-"。

```
$ls -l TextFile.txt
-rw-r--r--  1  zhang  zhang  0  Dec 22 05:34  TextFile.txt
$chmod u+x TextFile.txt
$chmod g=wx  TextFile.txt
$chmod o+w  TextFile.txt
$ls -l TextFile.txt
-rwx-wxrw-  1  zhang  zhang  0  Dec 22 05:37  TextFile.txt
```

② chmod 命令绝对模式的一般语法格式为：

```
chmod [mode] filename
```

其中 mode 表示权限设置模式，用数字表示，即："0"表示没有权限，"1"表示可执行权限，"2"表示可写权限，"4"表示可读权限，然后将其相加。表 4-9 列出绝对模式下访问权限的数字标志。mode 的数字属性由 3 个 0～7 的八进制数组成，其顺序是 u、g、o。例如，若将文件所有者权限设置为可读可写，计算方法为：4(可读)＋2(可写)＝6(读/写)。

表 4-9　绝对模式下八进制权限表示

| 数字 | 八进制权限表示 | 权限引用 |
|---|---|---|
| 0 | 无权限 | --- |
| 1 | 执行权限 | --x |
| 2 | 写入权限 | -w- |
| 3 | 执行和写入权限：1＋2＝3 | -wx |
| 4 | 读取权限 | r-- |
| 5 | 读取和执行权限：4＋1＝5 | r-x |
| 6 | 读取和写入权限：4＋2＝6 | rw- |
| 7 | 所有权限：4＋2＋1＝7 | rwx |

延续上面的例子，依然希望将 TextFile. txt 的权限"-rw-r--r--"设置为"-rwx-wxrw-"，使用绝对模式"chmod　736"命令直接设置为所需要的权限。

```
#chmod 736 TextFile.txt
#ls -l TextFile.txt
-rwx-wxrw- 1 zhang zhang 0 Dec 22 05:56 TextFile.txt
```

（2）chgrp
chgrp 命令用于改变文件或目录所属的组。chgrp 命令的一般语法格式为：

```
chgrp [-R] group filename
```

其中 filename 为改变所属组的文件名，可以是多个文件，用空格隔开。选项-R 表示递归地改变指定目录及其子目录和文件的所属组。需要说明的是，更改文件/目录的所属组，需要超级用户或赋予相应权限的用户才可执行有关操作。

通过以下操作，chgrp 命令将 TextFile. txt 的所属组由原来的 zhang 组，改变为 root 组。

```
#ls -l TextFile.txt
-rw-r--r-- 1 zhang zhang 0 Dec 22 06:23 TextFile.txt
#chgrp root TextFile.txt
#ls -l TextFile.txt
-rw-r--r-- 1 zhang root 0 Dec 22 06:23 TextFile.txt
```

（3）chown
chown 命令用于将指定文件的所有者改变为指定用户或组。chown 命令的一般语法格式为：

```
chown [-R] [user: group] filename
```

其中 filename 为改变所属用户或组的文件名，可以是多个文件，用空格隔开。选项 -R 表示递归地改变指定目录及其子目录和文件的所属用户或组。

以下使用 chown 命令将 TextFile. txt 的所有者和所属组由原来的 zhang，改变为 root。从中可以看出 chown 命令功能是 chgrp 命令的超集。

```
#ls  -l  TestFile
-rw-r--r--  1  zhang  zhang  0  Dec 22 06:37  TestFile
#chown root: root TestFile
#ls -l TestFile
-rw-r--r--  1  root  root  0  Dec 22 06:37  TestFile
```

（4）umask

该命令用来显示或设置限制新文件权限的掩码。当新文件被创建时，其最初的权限由文件创建掩码决定。用户每次注册进入系统时，umask 命令都被执行，并自动设置掩码改变默认值，新的权限将会把旧的覆盖。umask 命令的一般格式如下：

```
umask [-p] [-S] [mode]
```

选项及其含义如下。

-p：修改 umask 设置。

-S：以符号的形式显示当前的权限。

umask 是从权限中"拿走"相应的位，且文件创建时不能赋予执行权限。用户登录系统之后创建文件或目录总是有一个默认权限的，umask 设置了用户创建文件或目录的默认权限，它与 chmod 的效果刚好相反，umask 设置的是权限"补码"，而 chmod 设置的是文件权限码。

通常新建文件的默认权限值为 0666，新建目录的默认权限值为 0777，与当前的权限掩码 0022 相减，即可得到每个新增加的文件的最终权限值，为 0666－0022＝0644，而新建目录的最终权限值为 0777－0022＝0755。例如新建文件 test，新建目录 TEST，通过 ls 命令可以看到生成的最终权限。

```
#umask
0022
#umask -S
u=rwx  g=rx  0=rx
#touch test
#ls -l test
-rw-r--r--1 root root 0 Dec 26 07:20 test      //test 的权限为 rw-r--r--,即 644
#mkdir TEST
#ls -l
drw-r-xr-x 2 root root 4096 Dec 26 07:24 TEST //TEST 的权限为 rwxr-xr-x,即 755
#umask 0002                                    //系统默认的权限掩码重设为 0002
#umask
0002
```

## 4.4.3　修改和查看文件或目录属性

**1. chattr**

功能：使用超级用户权限修改 Linux 文件的文件系统属性(attribute)。

语法格式：

```
chattr [-RVf] [-v version] [-+=AacDdijsSu] 文件或目录
```

主要选项如下所示。

-R：递归处理所有的文件及子目录。

-V：详细显示修改内容，并打印输出。

-f：不输出大部分错误信息。

-v version：设置文件的版本号。

－：失效属性

＋：激活属性

＝：指定属性

A：Atime，告诉系统不要修改这个文件的最后访问时间。

S：Sync，一旦应用程序对这个文件执行了写操作，系统立刻把修改的结果写到磁盘。

a：append only，系统只允许在这个文件之后追加数据，不允许任何进程覆盖或截断这个文件。如果目录具有这个属性，系统将只允许在这个目录下建立和修改文件，而不允许删除任何文件。

i：immutable，系统不允许对这个文件进行任何的修改。如果目录具有这个属性，那么任何进程只能修改目录之下的文件，不允许建立和删除文件。

D：检查压缩文件中的错误。

d：no dump，在进行文件系统备份时，dump 程序将忽略这个文件。

c：compress，系统以透明的方式压缩这个文件。从这个文件读取数据时，返回的是解压之后的数据；而向这个文件中写入数据时，数据被压缩之后才写入磁盘。

s：secure delete，让系统在删除这个文件时，使用 0 填充文件所在的区域。

u：undelete，当一个应用程序请求删除这个文件时，系统会保留其数据块，以便以后能够恢复删除这个文件。

说明：chattr 命令的作用很大，其中一些功能是由 Linux 内核版本来支持的，如果 Linux 内核版本低于 2.2，那么许多功能将不能实现。同样，-D 命令检查压缩文件中的错误的功能，需要 2.5.19 以上的内核支持。另外，通过 chattr 命令修改属性能够提高系统的安全性，但是它并不适合所有的目录。chattr 命令不能保护/、/dev、/tmp、/var 目录。

例如：

```
#chattr -R+u /root        //恢复/root 目录下的所有文件
```

**2. lsattr**

功能：显示文件属性。

语法：

`lsattr [-adRvV][文件或目录...]`

说明：用 chattr 命令改变文件或目录的属性，可执行 lsattr 命令查询其属性。

选项如下所示。

-a：显示所有文件和目录，包括以"."字符为名称开头的隐含文件，以及现行目录"."与上层目录".."。

-d：显示目录名称，而非其内容。

-R：递归处理，将指定目录下的所有文件及子目录一并处理。

-v：显示文件或目录版本。

-V：显示版本信息。

## 4.4.4 文件的压缩与归档

用户在进行数据备份时，需要把若干文件整合为一个文件以便保存。虽然整合成一个文件，但文件大小仍然没变。当需要网络传输文件时，就希望将其压缩成较小的文件，以节省在网络传输的时间。因此本节介绍文件的归档与压缩。

### 1. 文件压缩和归档

首先需要明确两个概念：归档文件和压缩文件。归档文件是一个文件和目录的集合，而这个集合被保存在一个文件中。归档文件没有经过压缩，它所使用的磁盘空间是其中所有文件和目录的总和。压缩文件也是一个文件和目录的集合，且这个集合也被保存在一个文件中，但是，它的存储方式使其所占用的磁盘空间比其中所有文件和目录的总和要少。如果用户计算机上的磁盘空间不足，可以压缩不常使用的、或不再使用但想保留的文件，甚至可以创建归档文件，然后再将其压缩来节省磁盘空间，所以归档文件不是压缩文件，但是压缩文件可以是归档文件。在 RHEL 6.2 中可以很方便地完成文件归档和压缩。

gzip 是 Linux 中最流行的压缩工具，具有很好的移植性，可在很多不同架构的系统中使用。bzip2 在性能上优于 gzip，提供了最大限度的压缩比率。如果用户需要经常在 Linux 和微软 Windows 间交换文件，建议使用 zip。表 4-10 列出了常见的压缩工具。

表 4-10 常见压缩工具

| 压缩工具 | 解压工具 | 文件扩展名 | 压缩工具 | 解压工具 | 文件扩展名 |
|---------|---------|-----------|---------|---------|-----------|
| gzip | gunzip | .gz | zip | unzip | .zip |
| bzip2 | bunzip2 | .bz2 | | | |

通常,用 gzip 压缩的文件的扩展名是“.gz”,用 bzip2 压缩的文件的扩展名是“.bz2”,用 zip 压缩的文件的扩展名是“.zip”。

用 gzip 压缩的文件可以使用 gunzip 解压,用 bzip2 压缩的文件可以使用 bunzip2 解压,用 zip 压缩的文件可以使用 unzip 解压。

目前,归档工具使用最广泛的是 tar 命令,它可以把很多文件(甚至磁带)合并到一个称为 tarfile 的文件中,通常文件扩展名为“.tar”,然后,再使用 zip、gzip 或 bzip2 等压缩工具进行压缩。通常,给由 tar 命令和 gzip 命令创建的文件添加“.tar.gz”或“.tgz”扩展名;给由 tar 命令和 bzip2 命令创建的文件添加“.tar.bz2”或“.tbz2”扩展名;给由 tar 命令和 zip 命令创建的文件添加“.tar.z”或“.tbz”扩展名。

在 RHEL 6.2 中,除了使用传统的 shell 工具,还可以使用文件打包器,在图形界面下完成文件的归档和压缩,在此不再赘述。

### 2. shell 归档和压缩工具

使用 shell 归档和压缩工具可以直接完成文档的打包与解压任务。此类 shell 命令是成对使用的,下面分别对其进行介绍。

(1) zip 与 unzip

zip 命令用于将一个文件或多个文件压缩成一个文件,unzip 命令用于将 zip 压缩文件进行解压。zip 命令符号模式的一般语法格式为:

```
zip [[-AcdDfFghjJKlLmoqrSTuvVwXyz$ ][-num][-n suffixes][-t date] zipfile filelist
```

其中,zipfile 表示压缩后的压缩文件名,扩展名为“.zip”;filelist 表示要压缩的文件名列表。表 4-11 列出了该命令的常见参数。

表 4-11　zip 命令常用选项说明

| 选　项 | 描　述 |
| --- | --- |
| -A | 调整可执行的自动解压缩文件 |
| -c | 替每个被压缩的文件加上注释 |
| -d | 从压缩文件内删除指定的文件 |
| -D | 压缩文件内不建立目录名称 |
| -F | 尝试修复已损坏的压缩文件 |
| -g | 将文件压缩后附加在既有的压缩文件之后,而非另行建立新的压缩文件 |
| -q | 不显示指令执行过程 |
| -m | 在文件被压缩之后,删除原文件 |
| -r | 递归地将要压缩的文件夹下所有内容全部压缩,包括子目录及其文件 |
| -j | 不压缩文件夹下的子目录及其文件 |
| -k | 使用兼容的 8.3 命名方式修改文件名,然后再进行压缩 |
| -S | 包含系统和隐藏文件 |
| -n suffixes | 不压缩具有特定后缀名的文件,直接归档保存 |

续表

| 选　项 | 描　述 |
|--------|--------|
| -t date | 指定压缩某一日期后创建的文件,日期格式为:mmddyy |
| -X | 不保存额外的文件属性 |
| -y | 只压缩链接文件本身,不包括链接目标文件的内容 |
| -num | 指定压缩比率,num 为 1~9 共 9 个等级 |

unzip 命令符号模式的一般语法格式为:

```
unzip  [-Z] [-cflptTuvz[abjnoqsCDKLMUVX$]] file[.zip] [文件] [-d exdir] [-x
xfile(s)...]
```

表 4-12 列出了该命令的常见参数。

表 4-12　unzip 命令选项说明

| 选　项 | 描　述 |
|--------|--------|
| -Z | 查看压缩文件内的信息,包括文件数、大小、压缩比等参数,并不进行文件解压 |
| -c | 将解压缩的结果显示到屏幕上,并对字符做适当的转换 |
| -l | 查看压缩文件中实际包含的文件内容 |
| -f | 更新现有的文件 |
| -t | 检查压缩文件是否正确 |
| -d exdir | 指定文件解压缩后所要存储的目录 |
| -x xfile | 指定不处理".zip"压缩文件中的哪些文件 |

zip 命令可以同时处理多个文件或目录,方法是将它们逐一列出,并用空格隔开。以下命令把 file1、file2、file3、file4、file5、file6 文件压缩,然后放入 FileGroup. zip 文件中。以下命令使用了-k 选项,将文件名全部大写后进行压缩。

```
$zip -k FileGroup.zip file1 file2 file3 file4 file5 file6
adding: FILE1(deflated 45%)
adding: FILE2(deflated 45%)
adding: FILE3(deflated 45%)
adding: FILE4(deflated 45%)
adding: FILE5(deflated 45%)
adding: FILE6(deflated 45%)
```

使用 zip 压缩文件夹,尤其是包含子目录的情况下,需要使用-r 选项。以下是对具有 3 层的目录 dir1/dir2/dir3/进行压缩。

```
$zip -r dir1.zip dir1
updating: dir1/ (stored 0%)
updating: dir1/dir2/ (stored 0%)
updating: dir1/dir2/dir3/ (stored 0%)
```

以下 unzip 命令并没有实际解压 FileGroup. zip 文件,而是列出了压缩文件中的详细信息。

```
$unzip -Z FileGroup.zip
Archive:   FileGroup.zip 1570 bytes 6 files
-rw----  2.0 fat   247 tx defN Dec 23 23:00 FILE1
-rw----  2.0 fat   247 tx defN Dec 23 23:00 FILE2
-rw----  2.0 fat   247 tx defN Dec 23 23:00 FILE3
-rw----  2.0 fat   247 tx defN Dec 23 23:00 FILE4
-rw----  2.0 fat   247 tx defN Dec 23 23:00 FILE5
-rw----  2.0 fat   247 tx defN Dec 23 23:00 FILE6
6 files,1482 bytes uncompressed,816 bytes compressed: 44.9%
```

在查看压缩文件之后,可以确定解压哪些内容。例如下面命令使用-x 选项,并利用通配符将 FILE2、FILE4、FILE6 解压出来,做到有选择地解压文件。

```
$unzip FileGroup.zip -x FILE[^246]
Archive: FileGroup.zip
inflating: FILE1
inflating: FILE3
inflating: FILE5
```

（2）gzip 与 gunzip

gzip 命令用于将一个文件进行压缩,gunzip 命令用于将 gzip 压缩文件进行解压。它与 zip 的明显区别在于只能压缩一个文件,无法将多个文件压缩为一个文件。

① gzip 命令符号模式的一般语法格式为:

```
gzip [-ld | -num] filename
```

其中,filename 表示要压缩的文件名,gzip 会自动在这个文件名后添加扩展名 gz,将其作为压缩文件的文件名。表 4-13 列出了该命令的常见参数。

表 4-13　gzip 命令选项说明

| 选项 | 描　　述 |
| --- | --- |
| -l | 查看压缩文件内的信息,包括文件数、大小、压缩比等参数,并不进行文件解压 |
| -d | 将文件解压,功能与 gunzip 相同 |
| -t | 测试,检查压缩文件是否完整 |
| -num | 指定压缩比率,num 为 1～9 共 9 个等级 |

② gunzip 命令符号模式的一般语法格式为:

```
gunzip [-f] file.gz
```

其中,选项-f 用于解压文件时,对覆盖同名文件不做提示。

在执行 gzip 命令后,它将删除旧的未压缩的文件并只保留已压缩的版本。以下命令以最大的压缩率对文件 file1 进行压缩,生成 file1.gz 文件。使用-l 选项可以查看压缩的相关信息。最后使用 gunzip 命令对文件进行解压。与压缩时相反,file1.gz 文件会被删除,接着生成 file1。

```
$gzip -9 file1
```

```
$gzip -l file1.gz
compressed uncompressed ratio uncompressed_name 1200 4896 76.0%file_1
$gunzip file1.gz
```

（3）bzip2 与 bunzip2

bzip2 命令提供比 gzip 命令更高的压缩效率，但是没有 gzip 使用得广泛，不过有时也会遇到。bzip2 命令的使用方法与 gzip 基本相同，命令格式可以参照 gzip 的命令格式。通常，bzip2 压缩的文件以 bz、bz2、bzip2、tbz 为扩展名。如果遇到带有其中任何一个扩展名的文件，该文件就有可能是使用 bzip2 压缩处理的。

（4）tar

tar 命令主要用于将若干文件或目录合并为一个文件，以便备份和压缩。当然，tar 程序的改进版本可以实现在合并归档的同时进行压缩。tar 命令符号模式的一般语法格式为：

```
tar [-txucvfjz] tarfile filelist
```

其中，tarfile 表示压缩后的压缩文件名，扩展名为".tar"；filelist 表示要压缩的文件名列表。表 4-14 列出了该命令的常见参数。

表 4-14　tar 命令选项说明

| 选项 | 描　　述 |
| --- | --- |
| -t | 显示归档文件中的内容 |
| -x | 释放（解压）归档文件 |
| -u | 更新归档文件，即用新增的文件取代原备份文件 |
| -c | 创建一个新的归档文件 |
| -v | 显示归档和释放的过程信息 |
| -f | 用户指定归档文件的文件名，否则使用默认名称 |
| -j | 由 tar 生成归档，然后由 bzip2 压缩 |
| -z | 由 tar 生成归档，然后由 gzip 压缩 |

以下使用 tar 命令分别创建了 3 个文件：第一，使用 tar -cf 命令将 myExamples/目录下的所有文件全部归档打包到一个文件 myExamples.tar 中；第二，使用 tar -cjf 命令将 myExamples/目录下的所有文件全部归档，并使用 bzip2 压缩成一个文件 myExamples.tar.bz；第三，使用 tar -czf 命令将 myExamples/目录下的所有文件全部归档，并使用 gzip 压缩成一个文件 myExamples.tar.gz。可以通过 ls -lh 命令查看 3 个文件的大小。其中，tar -cjf 和 tar -czf 等效于先归档后压缩。

```
$tar -cf myExamples.tar myExamples
$tar -cjf myExamples.tar.bz myExamples
$tar -czf myExamples.tar.gz myExamples
$ls -lh myExamples.tar *
-rw-r--r--1 zhang zhang 9.3M Dec 23 00:42 myExamples.tar
-rw-r--r--1 zhang zhang 8.6M Dec 23 00:43 myExamples.tar.bz
-rw-r--r--1 zhang zhang 8.5M Dec 23 00:44 myExamples.tar.gz
```

如果想查看归档文件中的详细内容，可以使用以下命令：

$tar -tvf myExamples.tar.gz

使用以下命令完成 tar 文件的释放。其中,tar -xjf 和 tar -xzf 等效于先解压缩后释放 tar 文件。

$tar -xvf myExamples.tar
$tar -xvjf myExamples.tar.bz
$tar -xvzf myExamples.tar.gz

# 本 章 实 训

## 实训目的

(1)熟练掌握硬盘分区的方法。

(2)熟练掌握挂载和卸载外部设备的操作。

(3)熟练掌握文件权限的分配。

(4)掌握文件的压缩和归档。

## 实训内容

(1)查看 Linux 文件系统结构。

(2)使用 fdisk 命令对个人计算机进行查看分区、添加分区、修改分区类型以及删除分区的操作。

(3)用 mkfs 创建文件系统。

(4)用 fsck 检查文件系统。

(5)挂载光盘和卸载光盘,挂载 U 盘和卸载 U 盘。

(6)设置文件的权限。

① 在用户的主目录下创建目录 test,在该目录下创建 file1。查看该文件的权限和所属的用户和组。

② 设置 file1 的权限,使其他用户可对其进行写操作,并查看设置结果。

③ 取消同组用户对该文件的读取权限,查看设置结果。

④ 设置 file1 文件的权限,所有者可读、可写、可执行;其他用户和所属组用户只有读和执行的权限,查看设置结果。

⑤ 查看 test 目录的权限。

⑥ 为其他用户添加对该目录的写权限。

(7)将 test 目录压缩并归档。

## 实训总结

掌握硬盘的分区有利于对操作系统的合理管理,掌握挂载和卸载外部设备有利于资源与数据的共享和传输,掌握文件权限的分配有利于对文件系统的管理,保证文件数据的安全。

# 本 章 习 题

一、选择题

1. 执行命令 chmod o＋rw file 后，file 文件的权限变化为（　　　）。

    A. 同组用户可读写 file 文件　　　　　　B. 所有用户可读写 file 文件

    C. 其他用户可读写 file 文件　　　　　　D. 文件所有者可读写 file 文件

2. 若要改变一个文件的拥有者，可通过（　　　）命令来实现。

    A. chmod　　　　　　B. chown　　　　　　C. usermod　　　　　　D. file

3. 一个文件属性为 drwxrwxrwt，则这个文件的权限是（　　　）。

    A. 任何用户皆可读取、可写入　　　　　B. root 可以删除该目录的文件

    C. 给普通用户以文件所有者的特权　　　D. 文件拥有者有权删除该目录的文件

4. 下列关于关于链接的描述，错误的是（　　　）。

    A. 硬链接就是让链接文件的 inode 号指向被链接文件的 inode

    B. 硬链接和符号链接都是产生一个新的 inode

    C. 链接分为硬链接和符号链接

    D. 硬链接不能链接目录文件

5. 某文件的组外成员的权限是只读，所有者有全部权限，组内的权限为读与写，则该文件的权限为（　　　）。

    A. 467　　　　　　B. 674　　　　　　C. 476　　　　　　D. 764

6. （　　　）目录存放着 Linux 系统管理的配置文件。

    A. /etc　　　　　　B. /usr/src　　　　　　C. /usr　　　　　　D. /home

7. 文件 exerl 的访问权限为 rw-r--r--，先要增加所有用户的执行权限和同组用户的写权限，下列命令正确的是（　　　）。

    A. chomd　a＋x　g＋w　exerl　　　　B. chmod　765　exerl

    C. chmod　o＋x　exerl　　　　　　　D. chmod　g＋w　exerl

8. 在以下设备文件中，代表第 2 个 SCSI 硬盘的第 1 个逻辑分区的设备文件是（　　　）。

    A. /dev/sdb　　　　B. /dev/sda　　　　C. /dev/sdb5　　　　D. /dev/sdbl

9. 光盘所使用的文件系统类型为（　　　）。

    A. ext2　　　　　　B. ext3　　　　　　C. swap　　　　　　D. ISO9600

10. 在以下设备文件中，代表第二个 IDE 硬盘的第一个逻辑分区的设备文件是（　　　）。

    A. /etc/hdbl　　　　B. /etc/hdal　　　　C. /etc/hdb5　　　　D. /dev/hdb1

11. Red Hat Linux 所提供的安装软件包，默认的打包格式为（　　　）。

    A. . tar　　　　　　B. . tar. gz　　　　　　C. . rpm　　　　　　D. . bz2

12. 将光盘 CD-ROM(cdrom)安装到文件系统的/mnt/cdrom 目录下的命令是（　　　）。

    A. mount /mnt/cdrom　　　　　　　　B. mount /mnt/cdrom /dev/cdrom

C. mount /dev/cdrom /mnt/cdrom　　　D. mount /dev/cdrom

13. tar 命令可以进行文件的(　　)。

　　A. 压缩、归档和解压缩　　　　　　　B. 压缩和解压缩

　　C. 压缩和归档　　　　　　　　　　　D. 归档和解压缩

14. 若要将当前目录中的 myfile.txt 文件压缩成 myfile.txt.tar.gz,则实现的命令为(　　)。

　　A. tar -cvf myfile.txt myfile.txt.tar.gz

　　B. tar -zcvf　myfile.txt myfile.txt.tar.gz

　　C. tar -zcvf　myfile.txt.tar.gz myfile.txt

　　D. tar cvf　myfile.txt.tar.gz myfile.txt

15. RHEL 6.2 的默认文件系统为(　　)。

　　A. vfat　　　　　　B. auto　　　　　　C. ext4　　　　　　D. ISO 9660

16. 要删除目录/home/user/subdir 连同其下级的目录和文件,不需要依次确认,正确的命令是(　　)。

　　A. rmdir -P /home/user/subdir　　　B. rmdir -pf /home/user/subdir

　　C. rm -df /home/user/subdir　　　　D. rm -rf /home/user/subdir

## 二、简答题

1. 在 Linux 中有一文件列表内容,格式如下:

lrwxrwxrwx 1 hawkeye users 6 Jul 18 09: 41 nurse2 -> nurse1

(1) 要完整显示如上文件列表信息,应该使用什么命令? 写出完整的命令行。

(2) 上述文件列表内容的第一列内容"lrwxrwxrwx"中的"l"是什么含义? 对于其他类型的文件或目录等还可能会出现什么字符? 它们分别表示什么含义?

(3) 上述文件列表内容的第一列内容"lrwxrwxrwx"中的第一、二、三个"rwx"分别代表什么含义? 其中的"r"、"w"、"x"分别表示什么含义?

(4) 上述文件列表内容的第二列内容"1"是什么含义?

(5) 上述文件列表内容的第三列内容"hawkeye"是什么含义?

(6) 上述文件列表内容的第四列内容"users"是什么含义?

(7) 上述文件列表内容的第五列内容"6"是什么含义?

(8) 上述文件列表内容中的"Jul 18 09:41"是什么含义?

(9) 上述文件列表内容的最后一列内容"nurse2-＞nurse1"是什么含义?

2. Linux 支持哪些常用的文件系统?

3. 硬链接文件与符号链接文件有何区别与联系?

4. 简述标准的 Linux 目录结构及其功能。

5. 在 Linux 中如何使用 U 盘?

6. 简述 Linux 中常用的归档/压缩文件类型。

# 第 5 章　Linux 服务与进程管理

要实现服务器稳定、可靠的运行,需要经常对操作系统的系统服务及进程进行管理维护。本章将对 Linux 系统服务的模式及进程进行简单介绍。

**本章要点:**

(1) 掌握 Linux 系统启动的过程。

(2) 掌握系统服务配置与管理。

(3) 了解进程运行机制。

(4) 掌握进程管理命令。

## 5.1　Linux 的启动过程

系统的引导和初始化是操作系统实现控制的第一步,了解 Linux 系统的启动和初始化过程,对于进一步理解和掌握 Linux 是十分有益的。Linux 系统的初始化包含内核部分和 init 程序两部分,内核部分主要完成对系统硬件的检测和初始化工作,init 程序部分则是所有系统进程的发起者和控制者。

### 5.1.1　Linux 启动过程概述

Linux 系统的启动过程是由很多步骤组成的。无论启动一个标准的 x86 桌面计算机,还是一个嵌入式 PowerPC 的主板,大多数的流程是相似的。

在个人计算机架构下,若要启动整个系统就得首先加载 BIOS(Basic Input Output System),并通过 BIOS 程序去加载 CMOS 的信息,并且由 CMOS 的设定值取得主机的各项硬件配置信息,如 CPU 与接口设备的通信频率、开机设备的搜寻顺序、硬盘的大小与类型、系统时间、各周边总线是否启动 Plug and Play(PnP,即插即用设备)、各接口设备的 I/O 地址,以及与 CPU 通信的 IRQ(Interrupt ReQuest)中断等。

在取得这些信息后,BIOS 还会进行开机自检(Power-on Self Test,POST)。然后开始执行硬件检测的初始化,并设定 PnP 设备,之后按设定的启动设备顺序,开始进行启动设备的数据读取(MBR 相关的任务开始)。软驱、光驱、硬盘上的分区、网络上的设备甚至 USB 闪存都可以作为启动设备。

　　磁盘的第一个扇区(0 道 0 头 1 扇区)被保留为主引导扇区。在主引导区内主要有两项内容：主引导记录和磁盘分区表。主引导记录是一段程序代码,其作用主要是对磁盘上安装的操作系统进行引导;磁盘分区表则存储了磁盘的分区信息。计算机启动时将读取该扇区的数据,并对其合法性进行判断(扇区最后两个字节是否为 0x55AA 或 0xAA55),如合法则跳转执行该扇区的第一条指令。

　　由于不同的操作系统的文件系统格式不相同,因此必须要有一个开机管理程序来处理内核文件的加载问题,这个开机管理程序就被称为 boot loader。boot loader 程序安装在开机设备的第一个扇区(sector)内,也就是所谓的 MBR(Master Boot Record,主引导记录)。MBR 的组成如图 5-1 所示。

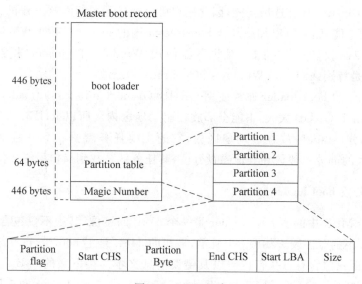

图 5-1　MBR 组成

### 1. boot loader 的功能

　　boot loader 最主要功能是识别操作系统的文件格式并加载内核到主存储器中去执行。由于不同操作系统的文件格式不同,因此每种操作系统都有自己的 boot loader,用自己的 loader 才能够载入内核文件。

　　如果在一台主机上安装多种不同的操作系统,既然必须使用自己的 loader 才能够加载属于自己的操作系统内核,而系统的 MBR 只有一个,怎样才能同时在一台主机上面安装多系统呢？众所周知,每种文件系统(filesystem 或 partition)都会保留一块启动扇区(boot sector)提供给操作系统安装 boot loader,而通常操作系统默认都会安装一份 loader 在自己根目录所在的文件系统的 boot sector 上。如果在一台主机上安装 Windows 与 Linux 后,该 boot sector、boot loader 与 MBR 的关系如图 5-2 所示。

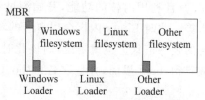

图 5-2　boot sector、boot loader 与 MBR 的关系

　　由图 5-2 可知,每种操作系统默认会安装一套 boot loader 到自己的文件系统中(就是每个 filesystem 左下角的方框),而 Linux 系统安装时,可以选择将 boot loader 安装到 MBR 中,这样在 MBR 与 boot sector 中都会保留一份 boot loader 程序。Windows 安装时,默认在 MBR 与 boot sector 上都装一份 boot loader。所以,安装多操作系统时,MBR 常常会被不同的操作系统的 boot loader 所覆盖。

　　下面是 boot loader 主要的功能。

　　(1) 提供选项:用户可以选择不同的开机项目,这是多重引导的重要功能。

　　(2) 载入内核文件:直接指向可开机的程序区段来开始操作系统。

　　(3) 转交其他 loader:将开机管理功能转交给其他 loader 负责。

　　由于 boot loader 具有选项功能,因此用户可以选择不同的内核来开机。而由于具有控制权转交的功能,因此可以加载其他 boot sector 内的 loader。不过 Windows 的 loader 默认不具有控制权转交的功能,因此不能使用 Windows 的 loader 来加载 Linux 的 loader。这也是特别强调先装 Windows 再装 Linux 的缘故。

　　RHEL 6.2 的 boot loader 通常使用 GRUB(Grand Unified Bootloader)开机管理程序。事实上,由于 GRUB 太大,不能全部放在驱动扇区内。所以 RHEL 6.2 把它分为两部分:小的部分(stage1)放在启动扇区内,它的主要任务就是找到并且加载大的部分(stage2),而大的部分一般放在其他磁盘分区,其任务就是找到操作系统文件并加载。

### 2. 第一阶段 boot loader

　　由于位于 MBR 中的主 boot loader 是一个 512B 的镜像,其中不仅包含了程序代码,还包含了一个小的分区表。如图 5-1 所示,最初的 446B 是主 boot loader(第一阶段 boot loader),它里面只包含有可执行代码以及错误消息文本。接下来的 64B 是分区表,其中包含有 4 个分区的各自的记录(一个分区占 16 字节)。主 boot loader 的工作是寻找并加载第二阶段 boot loader。它通过分析分区表,找出激活分区来完成这个任务,当它找到一个激活分区时,它将继续扫描剩下的分区表中的分区,以便确认它们都是未被激活的。确认完毕后,激活分区的启动记录从设备中读到 RAM,并执行。

### 3. 第二阶段 boot loader

　　第二阶段的 boot loader 可以更加形象地称为内核加载程序。这个阶段的任务就是加载 Linux 内核,以及可选的初始化内存。

　　由 boot loader 管理,Linux 开始读取内核文件后,就会将内核解压缩到主存储器当中,并且利用内核的功能,开始测试和驱动各个周边设备,包括储存设备、CPU、网卡、声卡等。此时 Linux 内核会以自己的功能重新检测一次硬件,而不一定会使用 BIOS 检测到的硬件信息。也就是说,内核此时才开始接管 BIOS 以后的工作。内核文件一般会被放置到/boot 里面,并且取名为/boot/vmlinuz。

```
#ls /boot
config-2.6.32-220.el6.x86_64          //系统 kernel 的配置文件,内核编译完成后保存
                                        的就是这个配置文件
```

```
efi                                    //Extensible Firmware Interface(EFI,可
                                         扩展固件接口)是 Intel 为全新类型的 PC 固件
                                         的体系结构、接口和服务提出的建议标准
grub                                   //开机管理程序 grub 相关数据目录
initramfs-2.6.32-220.el6.x86_64.img    //虚拟文件系统文件(RHEL 6.2 用 initramfs
                                         代替了 initrd,它们的目的是一样的,只是本
                                         身处理的方式有点不同)
initrd-2.6.32-220.el6.x86_64.img       //是 Linux 系统启动时的模块供应主要来源,
                                         initrd 的目的就是在 kernel 加载系统识别
                                         CPU 和内存等内核信息之后,让系统进一步知
                                         道还有哪些硬件是启动所必须使用的
symvers-2.6.32-220.el6.x86_64.gz       //模块符号信息
System.map-2.6.32-220.el6.x86_64       //是系统 kernel 中的变量对应表(也可以理解为
                                         是索引文件)
vmlinuz-2.6.32-220.el6.x86_64          //系统使用 kernel,用于启动的压缩内核映像,它
                                         也就是/arch/< arch>/boot 中的压缩镜像
```

　　Linux 内核可以动态加载内核模块(驱动程序),这些内核模块就放在/lib/modules/目录内。由于模块放到磁盘根目录内(这就是/lib 不可以与/分别放在不同分区的原因),因此在开机的过程中内核必须要挂载根目录,这样才能够读取内核模块提供加载驱动程序的功能,而且为了避免影响磁盘内的文件系统,开机过程中根目录是以只读的方式来挂载的。

### 4. 内核

　　当内核映像被加载到内存中,并且阶段 2 的引导加载程序释放控制权之后,内核阶段就开始了。内核映像并不是一个可执行的内核,而是一个压缩过的内核映像。通常它是一个 zImage(压缩映像,小于 512KB)或一个 bzImage(较大的压缩映像,大于 512KB),它是提前使用 zlib 进行压缩的。这个内核映像前面是一个例程,它实现少量硬件设置,并对内核映像中包含的内核进行解压,然后将其放入高端内存中,如果有初始 RAM 磁盘映像,就会将它移动到内存中,并标明以后使用。然后该例程会调用内核,并开始启动内核引导的过程。

　　在内核引导过程中,初始 RAM 磁盘(initrd)是由阶段 2 引导加载程序加载到内存中的,它会被复制到 RAM 中并挂载到系统上。这个 initrd 会作为 RAM 中的临时根文件系统使用,并允许内核在没有挂载任何物理磁盘的情况下完整地实现引导。由于与外围设备进行交互所需要的模块可能是 initrd 的一部分,因此内核可以非常小,但是仍然需要支持大量可能的硬件配置。在内核引导之后,就可以正式装备根文件系统了(通过 pivot_root):此时会将 initrd 根文件系统卸载掉,并挂载真正的根文件系统。

　　initrd 函数可以让用户创建一个小型的 Linux 内核,其中包括作为可加载模块编译的驱动程序。这些可加载的模块为内核提供了访问磁盘和磁盘上的文件系统的方法,并为其他硬件提供了驱动程序。由于根文件系统是磁盘上的一个文件系统,因此 initrd 函数会提供一种启动方法来获得对磁盘的访问,并挂载真正的根文件系统。在一个没有硬盘的嵌入式环境中,initrd 可以是最终的根文件系统,或者也可以通过网络文件系统

（NFS）来挂载最终的根文件系统。

**5. init**

当内核被引导并进行初始化之后，内核就可以启动自己的第一个用户级应用程序了，这个内核启动的用户级进程就是 init 进程。这是调用的第一个使用标准 C 库编译的程序（其进程编号始终为 1），在此之前，还没有执行任何标准的 C 应用程序。

在桌面 Linux 系统上，第一个启动的程序通常是/sbin/init。但并不是所有 Linux 系统都是如此，很少有嵌入式系统会需要使用 init 所提供的丰富初始化功能（这是通过/etc/inittab 进行配置的），很多情况下，可以调用一个简单的 shell 脚本来启动必需的嵌入式应用程序。

与 Linux 本身非常类似，Linux 的引导过程也非常灵活，可以支持众多的处理器和硬件平台。LILO 引导程序对引导计算机的能力进行了扩充，但是它却缺少文件系统的感知能力。新一代的引导程序，例如 GRUB，允许 Linux 从一些文件系统（从 Minix 到 Reise）上进行引导。

随着 RHEL 6.2 的发布，红帽将使用新的 Upstart 启动服务来替换以前的 init。原有的 System V init 启动过程的缺点是，它基于包含了大量启动脚本的 runlevel 目录。而 Upstart 则是事件驱动型的，因此，它只包含按需启动的脚本，这将使启动过程变得更加迅速。经过优化并使用 Upstart 启动方式的 RHEL 6.2 服务器的启动速度要明显快于原有的使用 System V init 的系统。

为了使 Upstart 更容易理解，它仍然使用了一个 init 进程。所以，仍然可以看到/sbin/init，它是所有服务的根进程。

**6. 从 init 到 Upstart 的转变**

有一个变化不大的地方，就是 RHEL 6.2 对启动过程的改变很少。管理员还是可以处理那些在目录/etc/init.d 中包含服务脚本的服务，所以 runlevel 的概念一直存在。管理员增加一个服务后，照样可以使用 chkconfig 命令激活它，也可以使用 service 命令来启动它。

读者如果跟以前版本的 Linux 比较/etc/inittab 中的设定，会发现很多设定都已经变了。唯一没变的是对服务器默认运行级别（runlevel）设定的这一行命令：

```
id:5:initdefault:
```

所有之前由/etc/inittab 中处理的条目，现在都在目录/etc/init 中以单个文件的形式存在（不要与目录/etc/init.d 混淆，/etc/init.d 中包含的是服务脚本）。以下是 RHEL 6.2 使用的 upstart 脚本的简短列表。

```
/etc/init/rcS.conf             //通过启动大部分的基本服务来对系统进行初始化的设定
/etc/init/rc.conf              //对启动各自的运行级别(runlevel)的设定
/etc/init/control-alt-delete.conf      //定义用户按 control-alt-delete
                                         键时的系统行为
/etc/init/tty.conf 和/etc/init/serial.conf   //定义了系统处理终端登录的方式
```

除了这些通用的文件，在文件/etc/sysconfig/init 中还有一些额外的配置。这里定义了一些参数来决定启动信息的格式。除了那些不很重要的设置，有 3 行需要注意：

```
AUTOSWAP=no
ACTIVE_CONSOLES=/dev/tty[1-6]
SINGLE=/sbin/sushell
```

其中，第一行的值可以设定为 Yes，这样可以让系统能够自动检测交换分区。使用此选项意味着再也不必在/etc/fstab 中挂载交换分区了。ACTIVE_CONSOLES 这一行决定了虚拟控制台的创建。大多数情况下，tty[1-6]工作得很好，同时这个选项也允许用户分配更多或者更少的虚拟控制台。最后很重要的一行是 SINGLE＝/sbin/sushell。这一行可以有两个参数：/sbin/sushell(系统默认的参数)，它会在启动单用户模式时使用 root 的 shell；/sbin/sulogin 会在单用户模式启动之前弹出一个登录提示，用户必须输入 root 账户的密码才能继续下去。

RHEL 6.2 通过将 System V 替换为 Upstart 加快了其启动速度，但是仍然可以向下兼容保持以前的管理方式，这就意味着，作为管理员，仍可以使用原来的方式来管理服务——只要在文件/etc/inittab 中做一些修改就可以了。

### 7. RHEL 6.2 启动流程

简单来说，系统开机的过程可以总结成下面的流程。

（1）加载 BIOS 的硬件信息，进行自我测试，并依据设定获得第一个可开机的设备。

（2）读取并执行第一个开机设备内 MBR 的 boot loader(grub 等程序)。

（3）依据 boot loader 的设置加载 Kernel，Kernel 开始检测硬件并加载驱动程序。

（4）内核启动 init。

（5）系统初始化(/etc/init/rcS. conf exec /etc/rc. d/rc. sysinit)。

（6）init 找到/etc/inittab 文件，确定默认的运行级别（x）(/etc/init/rcS. conf exec telinit $ runlevel)。

（7）触发相应的 runlevel 事件(/etc/init/rc. conf exec /etc/rc. d/rc $ RUNLEVEL)。

（8）开始运行/etc/rc. d/rc，传入参数 X。

（9）/etc/rc. d/rc 脚本进行一系列设置，最后运行相应的/etc/rcX. d/中的脚本。

（10）/etc/rcX. d/中的脚本按事先设定的优先级依次启动。

（11）最后执行/etc/rc. d/rc. local。

（12）加载终端或 X-Window 接口。

## 5.1.2  Linux 启动过程分析

init 进程是系统中所有进程的父进程，init 进程繁衍出完成通常操作所需的子进程，这些操作包括：设置机器名，检查和安装磁盘及文件系统，启动系统日志，配置网络接口并启动网络和邮件服务，启动打印服务等。Linux 中 init 进程的主要任务是按照 inittab 文件所提供的信息创建进程，由于进行系统初始化的那些进程都由 init 创建，所以 init 进程也称为系统初始化进程。下面是/etc/inittab 文件的具体内容。

```
#inittab is only used by upstart for the default runlevel.
#ADDING OTHER CONFIGURATION HERE WILL HAVE NO EFFECT ON YOUR SYSTEM.
#System initialization is started by /etc/init/rcS.conf
#Individual runlevels ara atarted by /etc/init/rc/conf
#Ctrl-Alt-Delete is handled by /etc/init/control-alt-delete.conf
#Terminal gettys are handled by /etc/init/tty.conf and /etc/init/serial.conf,
#with configuration in /etc/sysconfig/init.
#For information on how to write upstart event handlers,or how
#upstart works,see init(5),init(8),and initctl(8).
#default runlevel. The runlevels used are:
#0-halt (Do NOT set initdefault to this)
#1-Single user mode
#2-Multiuser, without NFS (The same as 3, if you do not have networking)
#3-Full multiuser mode
#4-unused
#5-X11
#6-reboot (Do NOT set initdefault to this)
#
id:5:initdefault:
```

### 1. inittab 文件格式

RHEL 6.2 对 inittab 文件进行了简化,只保留了一行记录,如果读者对以前版本比较熟悉,也可以继续添加其他记录。每个记录项最多可有 512 个字符,每一项的格式通常如下:

```
label:runlevel:action:process
```

(1) label 字段最多是 4 个字符的字符串,表示该行的行标识符,用来唯一标志表项。一些系统只支持两个字符的标签。鉴于此原因,多数人都将标签字符的个数限制在两个以内。该标签可以是任意字符构成的字符串,但实际上,某些特定的标签是常用的,在 Red Hat Linux 中使用的标签如表 5-1 所示。

表 5-1 标签

| 代码 | 含 义 |
| --- | --- |
| id | 用来定义默认的 init 运行的级别 |
| si | 是系统初始化的进程 |
| ln | 其中的 n 为 1~6,指明该进程可以使用的 runlevel 的级别 |
| ud | 是升级进程 |
| ca | 指明当按 Ctrl＋Alt＋Del 键时运行的进程 |
| pf | 指当 UPS 表明断电时运行的进程 |
| pr | 是在系统真正关闭之前,UPS 发出电源恢复的信号时需要运行的进程 |
| x | 是将系统转入 X 终端时需要运行的进程 |

（2）runlevel 字段定义该记录项被调用时的运行级别，表示该行的状态标识符，代表 init 进程的运行状态，Linux 中规定的普通运行级别是 0、1、2、3、4、5、6。s 和 S 代表单用户模式，级别等于 1，运行级别 7、8 和 9 可被用于与按需操作（a、b 和 c，即等于 A、B 和 C）相关的特殊运行级别。runlevel 可以由一个或多个运行级别构成，也可以是空，空则代表运行级别 0～6。当请求 init 改变运行级别时，那些 runlevel 字段中不包括新运行级别的进程将收到 SIGTERM 警告信号，并且最后被杀死；只有 a、b、c 启动的命令除外（a、b、c 不是真正的运行级别）。

（3）action 字段是该行的动作标识符，表示 init 进程运行一个可执行文件的方式。也就是告诉 init 执行的动作，即如何处理 process 字段指定的进程，action 字段允许的值及对应的动作分别如下所示。

① respawn：如果 process 字段指定的进程不存在，则启动该进程，init 不等待处理结束，而是继续扫描 inittab 文件中的后续进程，当这样的进程终止时，init 会重新启动它，如果这样的进程已存在，则什么也不做。

② wait：启动 process 字段指定的进程，并等到处理结束才去处理 inittab 中的下一记录项。

③ once：启动 process 字段指定的进程，不等待处理结束就去处理下一记录项。当这样的进程终止时，也不再重新启动它，在进入新的运行级别时，如果这样的进程仍在运行，init 也不重新启动它。

④ boot：只有在系统启动时，init 才处理这样的记录项，启动相应进程，并不等待处理结束就去处理下一个记录项。当这样的进程终止时，系统也不重启它。

⑤ bootwait：系统启动后，当第一次从单用户模式进入多用户模式时处理这样的记录项，init 启动这样的进程，并且等待它处理结束，然后再进行下一个记录项的处理，当这样的进程终止时，系统也不重启它。

⑥ powerfail：当 init 接到断电的信号（SIGPWR）时，处理指定的进程。

⑦ powerwait：当 init 接到断电的信号（SIGPWR）时，处理指定的进程，并且等到处理结束才去检查其他的记录项。

⑧ off：如果指定的进程正在运行，init 就给它发 SIGTERM 警告信号，再向它发出信号 SIGKILL，强制其结束之前等待 5 秒，如果这样的进程不存在，则忽略这一项。

⑨ ondemand：功能同 respawn，不同的是，与具体的运行级别无关，只用于 runlevel 字段是 a、b、c 的那些记录项。

⑩ sysinit：指定的进程在访问控制台之前执行，这样的记录项仅用于对某些设备的初始化，目的是为了使 init 在这样的设备上向用户提问有关运行级别的问题，init 需要等待进程运行结束后才继续。

⑪ initdefault：指定一个默认的运行级别，只有当 init 一开始被调用时才扫描这一项，如果 runlevel 字段指定了多个运行级别，其中最大的数字是默认的运行级别，如果 runlevel 字段是空的，init 认为字段是 0123456，于是进入级别 6，这样便陷入了一个循环，如果 inittab 文件中没有包含 initdefault 的记录项，则在系统启动时请求用户为它指定一个初始运行级别。

⑫ ctrlaltdel：捕捉 Ctrl＋Alt＋Del 键序列，通常用于正常关闭系统。

（4）Process 字段是 init 进程要执行的 shell 命令或者可执行文件。该进程采用的格式与在命令行下运行该进程的格式一样，因此 process 字段都以该进程的名字开头，紧跟着的是运行时要传递给该进程的参数。每行的 shell 命令或可执行文件是否被执行取决于本行的"状态"和"动作"。从 init 进程的执行流程可知，init 进程先创建一个 shell 进程，再由该 shell 去执行相应的命令。

此外，在任何时候都可以在文件 inittab 中添加新的记录项，级别 Q/q 不改变当前的运行级别，重新检查 inittab 文件，可以通过命令 init Q 或 init q 使 init 进程立即重新读取并处理文件 inittab。

**2. 运行 init**

init 的进程号是 1，从这一点就能看出 init 进程是系统所有进程的起点，Linux 在完成核内引导以后，就开始运行 init 程序。

init 程序需要读取配置文件/etc/inittab。inittab 是一个不可执行的文本文件，它由若干行指令所组成，每一行的次序不是很重要。

在前面的 inittab 文件中，默认的运行级别是 5。默认值 5 表示与 sysinit、boot 和 bootwait 操作相关的所有命令完成之后，进入运行级别 5（启动到基于图形界面的登录方式）。另一个常用的 initdefault 运行级别是 3（启动到文本登录窗口）。表 5-2 解释了每种运行级别对应的操作。

表 5-2　运行级别

| runlevel | 含　义 |
| --- | --- |
| 0 | 结束所有进程，计算机有序关机。就像 inittab 注释所指出的，这不是 initdefault 的一个好的选择，因为一旦载入内核、模块和驱动，计算机就关机 |
| 1、s、S | 将系统转到单用户模式，单用户模式只能由系统管理员进入，通常用于系统维护，它也适合于仅运行少量进程，且不需要启用服务的情况。在单用户模式下，不存在网络，也不运行 X 服务器，也可能没有挂载某些文件系统 |
| 2 | 允许系统进入多用户的模式，允许多个用户登录，可挂载所有配置的文件系统，可启动除了 X、at 守护进程、xineted 守护进程、NIS/NFS 以外的所有进程 |
| 3、4 | 带网络服务的多用户模式。运行级别 3 是在 Fedora 或 RHEL 服务器中 initdefault 的典型值，但运行级别 4（通常留给用户定义）同样是一个默认的 Fedora 或 RHEL 配置 |
| 5 | 带网络服务和 X 的多用户模式。该运行级别启动 X 服务器，并提供一个图形登录窗口，看起来与其他高端的 UNIX 工作站十分相似。这是 Fedora 或 RHEL 工作站或桌面系统上 initdefault 的常用值 |
| 6 | 终止所有进程，并正常重启计算机。同样，inittab 文件中的注释指出这不是 initdefault 的一个好的选择，甚至可能比运行级别 0 更糟，因为结果是一个先启动，然后不断重启的系统 |
| 7、8、9 | 通常未被使用和定义，这些运行级别的设定是为了满足默认选项没有涉及的需要 |
| a、b、c、A、B、C | 与 ondemand 动作一起使用。实际上这并不定义一个运行级别，只是在需要的时候可以通过这种方法运行一个程序或守护进程 |

### 3. 系统初始化

系统初始化时需要执行/etc/rc. sysinit 文件，读者可以使用"vim /etc/rc. sysinit"命令观察文件内容。此文件主要承担的任务如下所示。

(1) 获得网络环境。

(2) 挂载设备。

(3) 开机启动画面 Plymouth(取代了以往的 RHGB)。

(4) 判断是否启用 SELinux。

(5) 显示于开机过程中的欢迎画面。

(6) 初始化硬件。

(7) 用户自定义模块的加载。

(8) 配置内核的参数。

(9) 设置主机名。

(10) 同步存储器。

(11) 设备映射器及相关的初始化。

(12) 初始化软件磁盘阵列(RAID)。

(13) 初始化 LVM 的文件系统功能。

(14) 检验磁盘文件系统(fsck)。

(15) 磁盘配额(quota)。

(16) 重新以可读写模式挂载系统磁盘。

(17) 更新 quota(非必要)。

(18) 启动系统虚拟随机数生成器。

(19) 配置机器(非必要)。

(20) 清除开机过程当中的临时文件。

(21) 创建 ICE 目录。

(22) 启动交换分区(swap)。

(23) 将开机信息写入/var/log/dmesg 文件中。

这个文件里面的许多预设配置文件在/etc/sysconfig/这个目录当中，要想了解更多的系统启动信息，可以在/var/log/dmesg 文件中查看，也可以用 dmesg 命令来查看。

### 4. 系统服务启动

经过/etc/rc. sysinit 的系统模块与相关硬件信息的初始化后，RHEL 6. 2 系统已经能顺利工作了。但根据用户环境需要，还要启动一些系统服务。这时，依据/etc/inittab 里面 run level 的设定值，就可以决定启动的服务项目。

现以运行级别 3 为例进行介绍。

```
#ls /etc/rc3.d/
K01certmonger  K80kdump  S08iptables  S24rpcidmapd
    :
```

这个目录下的文件主要具有以下两个特点。

（1）全部以 Sxx 或 Kxx（xx 为数字）开头。其中，S 表示启动服务，K 表示停止服务，后面的数字表示先后顺序。

（2）全部是链接文件，链接到/etc/init.d/。

以 S00microcode_ctl 来举例：

```
#ls -l /etc/rc3.d/S00microcode_ctl
lrwxrwxrwx. 1 root root 23 NOV 15 22:40 /etc/rc3.d/S00microcode_ctl -> ../
init.d/microcode_ctl
```

意思就是：S00microcode_ctl＝/etc/init.d/microcode_ctl start，而且是第一个启动的服务。

# 5.2  Linux 服务管理

Linux 的进程分为独立运行的服务和受 xinetd 服务管理的服务两类。每种网络服务器软件安装配置后通常由运行在后台的守护进程（daemon）来执行，这个守护进程又被称为服务，它在被启动之后就在后台运行，时刻监听客户端的服务请求。一旦客户端发出服务请求，守护进程就为其提供相应的服务。

## 5.2.1  服务启动脚本

在 Linux 中，每个服务都会有相应的服务器启动脚本，该脚本可用于实现启动服务、重启服务、停止服务和查询服务等功能。在服务器启动脚本中，一般还有对该脚本功能的简要说明和使用方法，可利用 head 命令来查看。

用于启动服务器应用程序（更确切地说是服务器守护进程）的脚本全部位于/etc/rc.d/init.d 目录下，脚本名称与服务名称相对应，每个脚本控制一个特定的守护进程。所有的脚本都应该认识 start 和 stop 参数，其分别表示启动和停止服务器守护进程。

```
#ls /etc/rc.d
init.d  rc0.d  rc2.d  rc4.d  rc6.d     rc.sysinit
rc      rc1.d  rc3.d  rc5.d  rc.local
```

/etc/rc.d/rc.local 文件相当于 DOS 系统的 autoexec.bat 文件的功能，放入该文件中的脚本或命令在其他初始化脚本执行完后将自动执行。

```
#ls /etc/rc.d/init.d
abrtd  firstboot  named       portreserve  smb
acpid  functions  netconsole  postfix      snmpd
 ⋮
```

该目录中脚本的多少与当前系统中所安装的服务多少有关。系统的各运行级别有独立的脚本目录,其目录名分别为 rc0.d～rc6.d,当系统启动或进入某运行级别时,对应脚本目录中用于启动服务的脚本将自动运行,当离开该级别时,用于停止服务的脚本也将自动运行,以结束在该级别中运行的这些服务。

各运行级别对应的脚本目录下的脚本,都指向服务器脚本目录(/etc/rc.d/init.d)下面某个服务启动脚本的符号链接。比如,在 rc0.d 和 rc6.d 目录中的 S00killall 脚本,其实质就是指向/etc/rc.d/init.d/killall 服务脚本的一个符号链接,它用于停止所有系统进程。

## 5.2.2　服务启动与停止

Linux 的服务在系统启动或进入某运行级别时会自动启动或停止,另外在系统运行过程中,也可以使用相应的命令来实现对某服务的启动、停止或重启服务。

**1. 通过服务启动脚本来管理服务**

在 Linux 中,启动、停止或重启服务可通过执行相应的服务启动脚本来实现。若直接执行相应的服务启动脚本,系统将显示用法帮助,其用法为:

```
/etc/rc.d/init.d/服务启动脚本名    {start|stop|status|restart|condrestart|
reload}
```

服务启动脚本名后面的启动参数若为 start,则启动该服务;若为 stop,则停止该服务;若为 restart,则重启该服务;若为 status,则查询该服务的运行状态。

例如,若要查询 xinetd 服务的启动状态,则执行命令:

```
#/etc/rc.d/init.d/xinetd status
Xinetd(pid1694)is running...
```

说明该服务已经启动,其进程号为 1694。若要重启该服务,则执行命令:

```
#/etc/rc.d/init.d/xinetd restart
```

若要停止该服务,则执行命令:

```
#/etc/rc.d/init.d/xinetd stop
```

若要启动该服务,则执行命令:

```
#/etc/rc.d/init.d/xinetd start
```

**2. 使用 service 命令管理服务**

利用服务启动脚本来启动或停止服务时,每次都要输入脚本的全路径,使用起来比较麻烦,为此,Linux 专门提供了 service 命令来解决该问题,使用时只要指定要启动或停止的服务名即可,其用法为:

```
service  服务名称  要执行的动作(start|stop|restart)
```

管理员在任何路径下均可通过该命令来实现服务的启动或停止,service 命令会自动到/etc/rc.d/init.d 目录中查找并执行相应的服务启动脚本。

例如,若要重启 xinetd 服务,实现命令为 service xinetd restart。

若要停止 xinetd 服务,实现命令为 service xinetd stop。

xinetd 服务的配置文件为/etc/xinetd.conf,该配置文件中的"includedir /etc/xinetd.d"用于设置 xinetd 服务管理的服务的启动配置文件所在的目录为/etc/xinetd.d。在/etc/xinetd.d 目录中,xinetd 管理的每个服务都有独立的配置文件,配置文件对 xinetd 服务如何启动该服务进行了设置。配置文件的名称与服务名相同。

## 5.2.3 配置服务的启动状态

在对 Linux 系统的管理中,经常需要设置或调整某些服务在某运行级别中自动启动或不启动,这可通过配置服务的启动状态来实现,为此 Linux 提供了 ntsysv 和 chkconfig 命令来实现该功能。

### 1. ntsysv 命令

ntsysv 命令是一个基于文本字符界面的实用程序,操作简单、直观,但只能设置当前运行级别下各服务的启动状态。若要设置其他运行级别下各服务的启动状态,则需要转换到相应的运行级别,然后再运行 ntsysv 命令来进行设置。可以使用 ntsysv 来启动或关闭由 xinetd 管理的服务,还可以使用 ntsysv 来配置运行级别。要配置不同的运行级别,使用--level 选项来指定一个或多个运行级别。例如,命令"ntsysv --level 345"配置运行级别 3、4 和 5。

在命令行状态下输入并执行 ntsysv 命令,将出现图 5-3 所示的设置界面,此时使用上下方向键、PageUP 键或 PageDown 键来向上或向下查看列表。将光标移动到要设置的服务列表项上,使用空格键来选择或取消选择服务。要在服务列表 OK、Cancel 按钮中切换,可以使用 Tab 键。"＊"表明某服务被设为自动启动。按 F1 键会弹出每项服务的简短描述。设置完毕,按 Tab 键将光标移动到 OK 按钮,然后按 Enter 键退出。

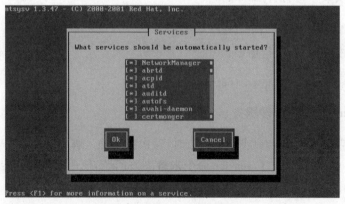

图 5-3　设置服务运行状态

**2. chkconfig 命令**

chkconfig 命令是 Red Hat 公司遵循 GPL 规则所开发的程序,它可以设置系统中所有服务在各运行级别中的运行状态,其中包括各类常驻服务。chkconfig 不是立即自动禁止或激活一个服务,它只是简单地改变了符号链接。下面根据该命令功能的不同,分别介绍其用法。

语法:

```
chkconfig [--list] [name]
chkconfig --add name
chkconfig --del name
chkconfig [--level levels] name <on|off|reset>
chkconfig [--level levels] name
```

chkconfig 没有参数运行时,显示其用法。如果加上服务名,那么就检查这个服务是否在当前运行级启动。如果是,返回 true,否则返回 false。如果在服务名后面指定了 on、off 或者 reset,那么 chkconfig 会改变指定服务的启动信息。无论有问题的初始化脚本指定了什么,均可指定 on 和 off 分别启动和停止服务,指定 reset 重置服务的启动信息。系统默认 on 和 off 开关只对运行级 3,4,5 有效,但是 reset 可以对所有运行级有效。

--level 选项可以指定要查看的运行级,而不一定是当前运行级。

需要说明的是,对于每个运行级,只能有一个启动脚本或者停止脚本。当切换运行级时,init 不会重新启动已经启动的服务,也不会再次停止已经停止的服务。

chkconfig --list:显示所有运行级系统服务的运行状态信息(on 或 off)。如果指定了 name,那么只显示指定的服务在不同运行级的状态。

chkconfig --add name:增加一项新的服务。chkconfig 确保每个运行级有一项启动(S)或者杀死(K)入口。如有缺少,则会从默认的 init 脚本自动建立。

chkconfig --del name:删除所指定的系统服务,不再由 chkconfig 指令管理,并同时在系统启动的叙述文件内删除相关数据。

例如,若要设置 vsftpd 服务在 2、3、5 运行级别启动,则实现命令为:

```
#chkconfig --level 235 vstfpd on
```

## 5.3　Linux 进程管理

Linux 是一个多用户、多任务的操作系统,这就意味着多个用户可以同时使用一个操作系统,而每个用户又可以同时运行多个命令。在这样的系统中,各种计算机资源(如文件、内存、CPU 等)的分配和管理都以进程为单位。为了协调多个进程对这些共享资源的访问,操作系统要跟踪所有进程的活动,以及它们对系统资源的使用情况,实施对进程和资源的动态管理。

### 5.3.1　进程与作业

**1. 进程的概念**

在多道程序工作环境下，各个程序是并发执行的，它们共享系统资源，共同决定这些资源的状态。彼此间相互制约、相互依赖，因而呈现出并发、动态及互相制约等新的特征。这样，用程序这个静态概念已不能如实反映程序活动的这些特征。为此，人们引进了进程（Process）这一新概念，来描述程序动态执行过程的性质。

简单来说，进程就是程序的一次执行过程。它有着走走停停的活动规律。进程的动态性质是由其状态变化决定的。通常在操作系统中，进程至少要有 3 种基本状态，它们是运行态、就绪态和封锁态（或阻塞态）。

运行状态是指当前进程已分配到 CPU，它的程序正在处理器上执行时的状态。处于这种状态的进程个数不能大于 CPU 的数目。在一般单 CPU 机制中，任何时刻处于运行状态的进程至多有一个。

就绪状态是指进程已具备运行条件，但因为其他进程正占用 CPU，所以暂时不能运行而等待分配 CPU 的状态。一旦把 CPU 分给它，立即就可运行。在操作系统中，处于就绪状态的进程数目可以是多个。

封锁状态是指进程因等待某种事件发生（例如等待某一输入、输出操作完成，等待其他进程发来的信号等）而暂时不能运行的状态。也就是说，处于封锁状态的进程尚不具备运行条件，即使 CPU 空闲，它也无法使用。这种状态有时也称为不可运行状态或挂起状态。系统中处于这种状态的进程可以是多个。

进程的状态可依据一定的条件和原因而变化，如图 5-4 所示。一个运行的进程可因某种条件未满足而放弃 CPU，变为封锁状态；以后条件得到满足时，又变成就绪态；仅当 CPU 被释放时才从就绪态进程中挑选一个合适的进程去运行，被选中的进程从就绪态变为运行态。挑选进程、分配 CPU 这个工作是由进程调度程序完成的。

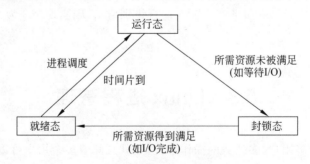

图 5-4　进程状态及其变化

另外，在 Linux 系统中，进程（Process）和任务（Task）是同一个意思。所以，在内核的代码中，这两个名词常常混用。

### 2. Linux 进程状态

在 Linux 系统中，进程有以下几个状态。

（1）运行态（TASK_RUNNING）：此时，进程正在运行（即系统的当前进程）或者准备运行（即就绪态）。

（2）等待态：此时进程在等待一个事件的发生或某种系统资源。Linux 系统分为两种等待进程：可中断的（TASK_INTERRUPTIBLE）和不可中断的（TASK_UNINTERRUPTIBLE）。可中断的等待进程可以被某一信号（Signal）中断；而不可中断的等待进程不受信号的打扰，将一直等待硬件状态的改变。

（3）停止态（TASK_STOPPED）：进程被停止，通常是通过接收一个信号停止。正在被调试的进程可能处于停止状态。

（4）僵死态（TASK_ZOMBIE）：由于某些原因被终止的进程所处的状态，但是该进程的控制结构 task_struct 仍然保留着。

Linux 系统中进程状态的变化关系如图 5-5 所示。

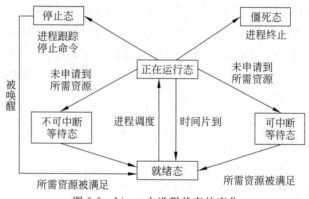

图 5-5　Linux 中进程状态的变化

### 3. 进程的模式和类型

在 Linux 系统中，进程的执行模式划分为用户模式和内核模式。如果当前运行的是用户程序、应用程序或者内核之外的系统程序，那么对应进程就在用户模式下运行；如果在用户程序执行过程中出现系统调用或者发生中断事件，就要运行操作系统（即核心）程序，进程模式就变成内核模式。内核模式下运行的进程可以执行机器的特权指令，而且，此时该进程的运行不受用户的干预，即使是 root 用户也不能干预内核模式下进程的运行。

按照进程的功能和运行的程序分类，进程可划分为两大类：一类是系统进程，只运行在内核模式，执行操作系统代码，完成一些管理性的工作，例如内存分配和进程切换；另外一类是用户进程，通常在用户模式中执行，并通过系统调用或在出现中断、异常时进入内核模式。

用户进程既可以在用户模式下运行，也可以在内核模式下运行，如图 5-6 所示。

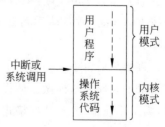

图 5-6　用户进程的两种运行模式

131

### 4．Linux 线程

线程是和进程紧密相关的概念。一般来说，Linux 系统中的进程应具有一段可执行的程序、专用的系统堆栈空间、私有的进程控制块（即 task_struct 数据结构）和独立的存储空间。Linux 系统中的线程只具备前 3 个组成部分，而缺少自己的存储空间。

线程可以看作是进程中指令的不同执行路线。例如，在文字处理程序中，主线程负责用户的文字输入，而其他线程可以负责文字加工的一些任务。往往也把线程称作轻型进程。Linux 系统支持内核空间的多线程，但它与大多数操作系统不同，后者单独定义线程，而 Linux 则把线程定义为进程的"执行上下文"。

### 5．作业的概念

正在执行的一个或多个相关进程成为一个作业，即一个作业可以包含一个或多个进程，比如，在执行使用了管道和重定向操作的命令时，该作业就包含了多个进程。使用作业控制，可以同时运行多个作业，并在需要时在作业之间进行切换。

作业控制指的是控制正在运行的进程的行为。比如，用户可以挂起一个进程，等一会儿再继续执行该进程。shell 将记录所有启动的进程情况，在每个进程运行过程中，用户可以任意地挂起进程或重新启动进程。作业控制是许多 shell（包括 bash 和 tcsh）的一个特性，使用户能在多个独立作业间进行切换。

## 5.3.2　启动进程

输入需要运行的程序的程序名，执行一个程序，其实也就是启动了一个进程。在 Linux 系统中每个进程都具有一个进程号，用于系统识别和进程调度。启动一个进程有两个主要途径：手工启动和调度启动，后者是事先进行设置，根据用户要求自行启动。

### 1．手工启动

由用户输入命令，直接启动一个进程便是手工启动进程。但手工启动进程又可以分为前台启动和后台启动。

前台启动是手工启动一个进程的最常用的方式。一般情况下，用户输入一个 shell 命令后直接按 Enter 键，则启动了一个前台进程；如果在输入 shell 命令后加上"&"符号再按 Enter 键，则启动后台进程，此时进程在后台运行，shell 可继续运行和处理其他程序。

直接从后台手工启动一个进程用得比较少，除非该进程甚为耗时，且用户也不着急需要结果的时候才这样做。假设用户要启动一个需要长时间运行的格式化文本文件的进程，为了不使整个 shell 在格式化过程中都处于"瘫痪"状态，从后台启动这个进程是明智的选择。

**2. 调度启动**

有时候需要对系统进行一些比较费时而且占用资源的维护工作,这些工作适合在深夜进行,这时候用户就可以事先进行调度安排,指定任务运行的时间或者场合,到时候系统会自动完成这一切工作。要使用自动启动进程的功能,就需要掌握以下几个启动命令。

(1) at 命令

用户使用 at 命令在指定时刻执行指定的命令序列。也就是说,该命令至少需要指定一个命令、一个执行时间才可以正常运行。at 命令可以只指定时间,也可以时间和日期一起指定。需要注意的是,指定时间有个系统判别问题。例如,用户现在指定了一个执行时间:凌晨 3:20,而发出 at 命令的时间是头天晚上的 20:00,那么究竟是在哪一天执行该命令呢? 如果用户在 3:20 以前仍然在工作,那么该命令将在这个时候完成;如果用户 3:20 以前就退出了工作状态,那么该命令将在第二天凌晨才得到执行。下面是 at 命令的语法格式。

```
at [-V] [-q 队列] [-f 文件名] [-mldbv] 时间
at -c 作业 [作业 ...]
```

参数说明如下所示。

-f 文件名:用于指定计划执行的命令序列存放在哪一个文件中。若该参数为默认,则执行 at 命令后,将出现"at>"提示符,此时用户可在该提示符下,输入所要执行的命令,输入完每一行命令后按 Enter 键输入下一行命令,所有命令序列输入完毕后,按 Ctrl+D 键结束 at 命令的输入,按 Ctrl+Z 键挂起本次操作。

-m:作业结束后发送邮件执行 at 命令。

at 允许使用一套相当复杂的指定时间的方法,它可以接受当天的 hh:mm(小时:分钟)式的时间指定。如果该时间已经过去,那么就在第二天执行。当然也可以使用 midnight(深夜)、noon(中午)、teatime(饮茶时间,一般是下午 4 点)等比较模糊的词语来指定时间。用户还可以采用 12 小时计时制,即在时间后面加上 AM(上午)或者 PM(下午)来说明是上午还是下午。也可以指定命令执行的具体日期,指定格式为 month day (月 日)、mm/dd/yy(月/日/年)或者 dd. mm. yy(日. 月. 年)。指定的日期必须跟在指定时间的后面。

上面介绍的都是绝对计时法,其实还可以使用相对计时法,这对于安排不久就要执行的命令是很有好处的。指定格式为: now + count time-units,now 是当前时间,time-units 是时间单位,这里可以是 minutes(分钟)、hours(小时)、days(天)、weeks(星期)。count 是时间的数量,究竟是几天,还是几小时,等等。

还有一种计时方法就是直接使用 today(今天)、tomorrow(明天)来指定完成命令的时间。下面通过一些例子来说明具体用法。

例:指定在今天下午 5:30 执行某命令。假设现在时间是中午 12:30,2013 年 2 月 24 日,其命令格式如下:

```
at 5:30pm
```

```
at 17:30
at 17:30 today
at now+5 hours
at now+300 minutes
at 17:30 24.2.2013
at 17:30 2/24/2013
at 17:30 Feb 24
```

以上这些命令表达的意义是完全一样的,所以在安排时间的时候完全可以根据个人喜好和具体情况自由选择。一般采用绝对时间的 24 小时计时法可以避免由于用户自己的疏忽造成计时错误的情况发生,例如,上例可以写成:

at 17:30 2/24/2013

对于 at 命令来说,需要定时执行的命令是从标准输入或者使用-f 选项指定的文件中读取并执行的。如果 at 命令是从一个使用 su 命令切换到用户 shell 中执行的,那么当前用户被认为是执行用户,所有的错误和输出结果都会送给这个用户。但是如果有邮件送出的话,收到邮件的将是原来的用户,也就是登录时 shell 的所有者。如果要查询用户未解决的任务,可以使用 atq 命令。

在任何情况下,超级用户都可以使用 at 命令。对于其他用户来说,是否可以使用取决于两个文件:/etc/at.allow 和/etc/at.deny。

（2）cron 命令

前面介绍的 at 命令会在一定时间内完成一定任务,但是它只能执行一次。也就是说,当指定了运行命令后,系统在指定时间完成任务,一切就结束了。但是在很多时候需要不断重复一些命令,比如:某公司每周一自动向员工报告前一周公司的活动情况,这时候就需要使用 cron 命令来完成任务了。实际上,cron 命令是不应该手工启动的。cron 命令在系统启动时就由一个 shell 脚本自动启动,进入后台(所以不需要使用"&"符号)。一般的用户没有运行该命令的权限,虽然超级用户可以手工启动 cron,但还是建议将其放到 shell 脚本中由系统自行启动。

首先 cron 命令会搜索/var/spool/cron 目录,寻找以/etc/passwd 文件中的用户名命名的 crontab 文件,被找到的这种文件将载入内存。例如一个用户名为 foxy 的用户,它所对应的 crontab 文件就应该是/var/spool/cron/foxy,也就是以该用户名命名的 crontab 文件存放在/var/spool/cron 目录下面。此外,cron 命令还将搜索/etc/crontab 文件。cron 启动以后,它将首先检查是否有用户设置了 crontab 文件,如果没有就转入休眠状态,释放系统资源,所以该后台进程占用资源极少。它每分钟"醒"过来一次,查看当前是否有需要运行的命令。命令执行结束后,任何输出都将作为邮件发送给 crontab 的所有者,或者是/etc/crontab 文件中 MAILTO 环境变量中指定的用户。

cron 命令的执行不需要用户干涉,用户只需要使用 crontab 命令修改要执行的命令序列即可,下面介绍 crontab 命令。

（3）crontab 命令

crontab 命令用于安装、删除或者列出用于驱动 cron 后台进程的配置文件。其命令格式为：

```
crontab [选项]
```

常用选项如下所示。

-e：创建、编辑配置文件。

-l：显示配置文件的内容。

-r：删除配置文件。

用户把需要执行的命令序列放到 crontab 文件中以获得执行。每个用户都可以有自己的 crontab 文件。在/var/spool/cron 下的 crontab 文件可以通过 crontab 命令得到。在 crontab 文件中需按一定格式输入需要执行的命令和时间。该文件中每行都包括 6 个域，其中前 5 个域指定命令被执行的时间，最后 1 个域是要被执行的命令。每个域之间使用空格或者制表符分隔。格式如下：

```
minute hour day-of-month month-of-year day-of-week commands
```

第一项是分钟，第二项是小时，第三项是一个月的第几天，第四项是一年的第几个月，第五项是一周的星期几，第六项是要执行的命令。这些项都不能为空，必须填入。如果用户不需要指定其中的几项，那么可以使用"*"代替。因为"*"是通配符，可以代替任何字符，所以就可以认为是任何时间，也就是该项被忽略了。可以使用"-"符号表示一段时间，例如在"月份"字段中输入"3-12"，则表示在每年的 3～12 月都要执行指定的进程或命令。也可以使用","符号来表示特定的一些时间，例如在"日期"字段中输入"3,5,10"，则表示每个月的 3、5、10 日执行指定的进程或命令。也可以使用"*/"后跟一个数字表示增量，当实际的数值是该数字的倍数时就表示匹配。

下面是 crontab 文件的例子。

```
0 * * * * echo "Runs at the top of every hour."     //每个整点运行事件
0 1,2 * * * echo "Runs at 1am and 2am."             //每天早上 1 点、2 点整运行事件
0 0 1 1 * echo "Happy New Year!"                     //新年到来时运行事件
```

## 5.3.3 管理系统的进程

### 1. 进程的挂起及恢复命令 bg、fg

利用 bg 命令和 fg 命令可实现前台作业和后台作业之间的相互转换。

（1）bg 命令

格式：

```
bg [作业号或者作业名]
```

功能：使用 bg 命令可以将挂起的前台作业切换到后台运行。若未指定作业号，则将挂起作业队列中的第一个作业切换到后台。

（2）fg 命令

格式：

fg [作业号或者作业名]

功能：使用 fg 命令可以把后台作业调入前台执行。

（3）jobs 命令

格式：

jobs [选项]

功能：可以使用 jobs 命令查看系统当前的所有作业。

作业控制允许将进程挂起并在需要时恢复进程的运行，被挂起的作业恢复后将从终止处开始继续运行。只要在键盘上按 Ctrl＋Z 键，即可挂起当前的前台作业。

例如：

```
$cat > text.file
< ctrl+z>
[1]+stopped cat > text.file
$jobs
[1]+stopped cat > text.file
```

在键盘上按 Ctrl＋Z 键后，将挂起当前执行的命令 cat。使用 jobs 命令可以显示 shell 的作业清单，包括具体的作业、作业号以及作业当前所处的状态。

恢复进程执行时，有两种选择：用 fg 命令将挂起的作业放回到前台执行；用 bg 命令将挂起的作业放到后台执行。

例如：用户正在使用 Emacs，突然需要查看系统进程情况。首先使用 Ctrl＋Z 键将 Emacs 进程挂起，然后使用 bg 命令将其在后台启动，这样就得到了前台的操作控制权，接着输入"ps -x"查看进程情况。查看完毕后，使用 fg 命令将 Emacs 带回前台运行即可。其命令格式为：

```
<Ctrl+Z>
$bg emacs   //将正在运行的前台作业切换到后台，功能上与在 shell 命令结尾加上"&"号类似
$ps - x
$fg emacs
```

默认情况下，fg 和 bg 命令对最近停止的作业进行操作。如果希望恢复其他作业的运行，可以在命令中指定要恢复作业的作业号来恢复该作业。例如：

```
$fg 1
cat>text.file
```

**2. 进程查看**

Linux 是个多用户系统，有时候也要了解其他用户正在做什么，所以要了解多用户方面的内容；同时 Linux 是一个多进程系统，经常需要对这些进程进行一些调配和管理，而要进行管理，首先就要知道现在的进程情况，所以需要了解进程查看方面的工作。

（1）who 命令

who 命令主要用于查看当前在线上的用户情况。这个命令非常有用，如果用户想和其他用户建立即时通信，比如使用 talk 命令，那么首先要确定的就是该用户确实在线上，不然 talk 进程就无法建立。又如，系统管理员希望监视每个登录的用户此时此刻的所作所为，也要使用 who 命令。

格式：

```
who [选项]
```

说明：不使用任何选项时，who 命令将显示以下 3 项内容：登录用户名、使用的终端设备和登录到系统的时间。

常用选项如下所示。

-m：与"who am i"的作用一样，显示运行该程序的用户名。

-q：只显示用户的登录账号和登录用户的数量，该选项优先级高于其他任何选项。

-s：以短形式输出，即只显示登录用户名、使用的终端设备和登录到系统的时间。

-H：显示一行列标题。

-w：和-T 选项一样，在登录账号后面显示一个字符来表示用户的信息状态。"+"表示允许写信息；"-"表示不允许写信息；"?"表示不能找到终端设备。

--help：在标准输出上显示帮助信息。

--version 在标准输出上显示版本信息。

例如：

```
$who                    //查看登录到系统的用户情况
root   tty1   Mar 17 13:49
foxy   tty2   Mar 17 13:49
root   tty3   Mar 17 13:49
bbs    ttyp0  Mar 17 13:49
```

由上可以看到，现在系统一共有 4 个用户。一般来说，这样就可以了解登录用户的大致情况了。但有时上面的显示不是那么直观，因为没有标题说明，不容易看懂，这时就需要使用-H 选项了。

```
$who -uH                //查看登录用户的详细情况
NAME   LINE   TIME         IDLE   PID COMMENT
root   tty1   Mar 17 13:49  .      1600
foxy   tty2   Mar 17 13:51  00:01  1721
root   tty3   Mar 17 13:55  00:07  1732
bbs    ttyp0  Mar 17 14:01  00:07  1743
```

这样一目了然。其中-u 选项指定显示用户空闲时间，可以看到多了一项 IDLE。第一个 root 用户的 IDLE 项是一个"."，这就说明该用户在前 1 秒仍然是活动的，而其他用户后面都有一个时间，称为空闲时间。如果使用"who am i"格式的命令，则有以下结果：

```
root   tty1   Mar 17 13:49
```

可见只显示出了运行该 who 命令的用户情况，当然这时候不存在空闲时间。

（2）w 命令

who 命令应用起来非常简单，可以比较准确地掌握用户的情况，所以使用非常广泛。w 命令也用于显示登录到系统的用户情况，但是与 who 不同的是，w 命令功能更加强大，它不但可以显示有谁登录到系统，还可以显示出这些用户当前正在进行的工作，并且统计数据相对 who 命令来说更加详细和科学，可以认为 w 命令就是 who 命令的一个增强版。w 命令的显示项目按以下顺序排列：当前时间，系统启动到现在的时间，登录用户的数目，系统在最近 1 秒、5 秒和 15 秒的平均负载。然后是每个用户的各项数据，项目显示顺序如下：登录账号、终端名称、远程主机名、登录时间、空闲时间、JCPU、PCPU、当前正在运行进程的命令行。其中 JCPU 时间指的是和该终端（tty）连接的所有进程占用的时间，这个时间里并不包括过去的后台作业时间，但却包括当前正在运行的后台作业所占用的时间。而 PCPU 时间则是指当前进程（即在 WHAT 项中显示的进程）所占用的时间。下面介绍该命令的具体用法和参数。

格式：

w -[husfV] [user]

选项如下。

-h：不显示标题。

-u：当列出当前进程和 CPU 时间时忽略用户名。这主要是用于执行 su 命令后的情况。

-s：使用短模式。不显示登录时间、JCPU 和 PCPU 时间。

-f：切换显示 FROM 项，也就是远程主机相应选项。默认值是不显示远程主机名，当然系统管理员可以对源文件做一些修改使得显示该项成为默认值。

-V：显示版本信息。

user：只显示指定用户的相关情况。

例如：

```
$w                    //显示当前登录到系统的用户的详细情况
08:28:47  up    1:02, 1 user,  load average:  0.00,  0.00,  0.00
USER       TTY   FROM  LOGIN@   IDIE              JCPU   PCPU   WHAT
root       tty2  -     07:35    0.00s             0.64s  0.03s  w
```

（3）ps 命令

说明：要对进程进行监测和控制，首先必须要了解当前进程的情况，也就是需要查看当前进程，而 ps 命令是最基本同时也是非常强大的进程查看命令。使用该命令可以确定有哪些进程正在运行、运行的状态、进程是否结束、进程有没有僵死、哪些进程占用了过多的资源等。总之，大部分信息都可以通过执行该命令得到。ps 命令最常用的还是监控后台进程的工作情况，因为后台进程不和屏幕键盘这些标准输入/输出设备进行通信，所以如果需要检测其情况，便可以使用 ps 命令。

格式：

ps〔选项〕

选项如下。

-e：显示所有进程信息。

-f：全格式显示进程信息。

-l：长格式显示进程信息。

-w：宽输出。

-a：显示终端上的所有进程，包括其他用户的进程。

h：不显示标题。

r：只显示正在运行的进程。

x：显示所有非控制终端上的进程信息。

u：显示面向用户的格式（包括用户名、CPU 及内存使用情况等信息）。

--pid：显示由进程 ID 指定的进程的信息。

--tty：显示指定终端上的进程的信息。

O〔+|-〕k1〔,〔+|-〕k2〔,...〕〕根据 SHORT KEYS、k1、k2 中快捷键指定的多级排序顺序显示进程列表。对于 ps 的不同格式都存在着默认的顺序指定。这些默认顺序可以被用户的指定所覆盖。其中"+"字符是可选的，"-"字符是倒转指定键的方向。

例如：

```
$ ps                //直接用 ps 命令列出每个与当前 shell 有关的进程的基本信息
PID    TTY    TIME       CMD
1542   pts/0  00:00:00   bash
1590   pts/0  00:00:00   ps
```

上面代码中，各字段的含义如下。

PID：进程标识号，系统根据这个标识号处理相应的进程。

TTY：该进程建立时所对应的终端号，桌面环境或远程登录的终端号表示为 pts/n（n 为终端编号，从 0 开始依次编号），字符界面的终端号表示为 tty1～tty6，"?"表示该进程不占用终端。

TIME：报告进程累计使用的 CPU 时间。注意，尽管觉得有些命令（如 sh）已经运转了很长时间，但是它们真正使用 CPU 的时间往往很短。所以，该字段的值往往是 00:00。

CMD：正在执行进程的命令名。

```
$ps -ef          //显示系统中所有进程的详细信息
UID      PID    PPID  C  STIME   TTY      TIME       CMD
root     1      0     0  20:42   ?        00:00:05   init
root     2      1     0  20:42   ?        00:00:00   [keventd]
  ⋮
mengqc   978    1     0  20:43   ?        00:00:00   kdeinit:Running...
  ⋮
mengqc   1594   1542  0  21:39   pts/0    00:00:00   ps -ef
```

上面新出现的选项的含义如下。

UID：进程属主的用户 ID 号。

PPID：父进程的 ID 号。

C：进程最近使用 CPU 的估算。

STIME：进程开始时间，以"小时：分：秒"的形式给出。

```
$ps -aux          //显示所有终端上所有用户有关进程的所有信息
USER    PID    %CPU    %MEM   VSZ     RSS    TTY      STAT    START    TIME    COMMAND
root    1      0.1     0.1    1276    468    ?        S       20:42    0:05    init
root    2      0.0     0.0    0       0      ?        SW      20:42    0:00    [keventd]
 ⋮
mengqc  978    0.0     3.1    20284   8156   ?        S       20:43    0:00    kdeinit:
                                                                              Running...
 ⋮
mengqc  1599   0.0     0.3    2676    792    pts/0    R       21:55    0:00    ps -aux
```

上面列表中包含了一些新的项，如下所示。

USER：启动进程的用户。

％CPU：运行该进程占用 CPU 的时间与该进程总的运行时间的比例。

％MEM：该进程占用内存和总内存的比例。

VSZ：虚拟内存的大小，以 KB 为单位。

RSS：占用实际内存的大小，以 KB 为单位。

STAT：表示进程的运行状态，包括以下几种代码。

D：不可中断的睡眠。

R：就绪（在可运行队列中）。

S：睡眠。

T：被跟踪或停止。

Z：终止（僵死）的进程。

对于 BSD 格式，还包括以下代码。

W：没有内存驻留页。

＜：高优先权的进程。

N：低优先权的进程。

L：有锁入内存的页面（用于实时任务或定制 I/O 任务）。

START：开始运行的时间。

（4）top 命令

top 命令和 ps 命令的基本作用是相同的，显示系统当前的进程和其他状况。但是 top 是一个动态显示过程，即可以通过用户按键来不断刷新当前状态。如果在前台执行该命令，它将独占前台，直到用户终止该程序为止。比较准确地说，top 命令提供了实时的对系统处理器的状态监视。它将显示系统中 CPU 最"敏感"的任务列表。该命令可以按 CPU 使用，可以根据内存使用和执行时间对任务进行排序，而且该命令的很多特性都可以通过交互式命令或者在个人定制文件中进行设定。

**3. 结束进程的运行**

当需要中断一个前台进程的时候,通常使用 Ctrl+C 键,但是对于一个后台进程恐怕就不是一个组合键所能解决的了,这时就必须求助于 kill 命令。该命令可以终止后台进程。终止后台进程的原因很多,或许是该进程占用的 CPU 时间过多,或许是该进程已经挂死。总之这种情况是经常发生的。

kill 命令是通过向进程发送指定的信号来结束进程的。如果没有指定发送信号,那么是默认值为 15 的 TERM 信号。TERM 信号将终止所有不能捕获该信号的进程。至于那些可以捕获该信号的进程就需要使用编号为 9 的 kill 信号了,该信号是不能被捕捉的。

kill 命令的语法格式很简单,大致有以下两种方式。

(1) kill［-s 信号|-p］［-a］进程号 …

(2) kill -l［信号］

其中各选项的含义如下。

-s:指定需要发送的信号,既可以是信号名(如 kill),也可以是对应信号的号码(如 9)。

-p:指定 kill 命令只显示进程的 pid(进程标识号),并不真正发出结束信号。

-l:显示信号名称列表,这也可以在/usr/include/linux/signal.h 文件中找到。

使用 kill 命令时应注意以下几点。

① kill 命令可以带信号号码选项,也可以不带。如果没有信号号码,kill 命令就会发出终止信号(TERM)。这个信号可以杀掉没有捕获到该信号的进程,也可以用 kill 向进程发送特定的信号。例如:kill -2 1234。它的效果等同于在前台运行 PID 为 1234 的进程的时候,按 Ctrl+C 键。但是普通用户只能使用不带信号参数的 kill 命令,或者最多使用-9 信号。

② kill 可以进程 ID 号为参数。当用 kill 向这些进程发送信号时,必须是这些进程的主人。如果试图撤销一个没有权限撤销的进程,或者撤销一个不存在的进程,就会得到一个错误信息。

③ 可以向多个进程发信号,或者终止它们。

④ 当 kill 成功地发送了信号,shell 会在屏幕上显示出进程的终止信息。有时这个信息不会马上显示,只有当按 Enter 键使 shell 的命令提示符再次出现时才会显示出来。

⑤ 信号使进程强行终止常会带来一些副作用,比如数据丢失或终端无法恢复到正常状态。发送信号时必须小心,只有在万不得已时才用 kill 信号(9),因为进程不能首先捕获它。

要撤销所有的后台作业,可以输入"kill 0"。因为有些在后台运行的命令会启动多个进程,跟踪并找到所有要杀掉的进程的 PID 是件很麻烦的事。这时,使用"kill 0"命令来终止所有由当前 shell 启动的进程是个有效的方法。

用 kill 命令终止一个已经阻塞的进程,或者一个陷入死循环的进程,一般可以首先执行以下命令:

```
$find / -name core -print > /dev/null 2>&1&
```

这是一条后台命令,执行时间较长,现在决定终止该进程。为此,运行 ps 命令来查看该进程对应的 PID。例如,该进程对应的 PID 是 1651,现在可用 kill 命令杀死这个进程:

```
$kill 1651
```

再用 ps 命令查看进程状态时,就会发现 find 进程已经不存在了。

**4. 暂停进程运行**

使进程暂停执行一段时间可以使用 sleep 命令。其一般格式是:

```
sleep 时间值
```

其中,时间值参数以秒为单位,即使进程暂停由时间值所指定的秒数。此命令大多用于 shell 程序设计中,使两条命令执行之间停顿指定的时间。

例如:

```
$sleep 100;who | grep 'mengqc'   //使进程先暂停 100 秒,然后查看用户 mengqc 是否在系统中
```

# 5.4　软件的安装与卸载

在 Windows 下安装软件时,只需双击软件的安装程序,或者用 Zip 等解压缩软件即可安装。对初学者来说,在 Linux 下安装软件的难度稍高于在 Windows 下安装。

## 5.4.1　RPM

**1. 简介**

几乎所有的 Linux 发行版本都使用某种形式的软件包管理安装、更新和卸载软件。与直接从源代码安装相比,软件包管理易于安装和卸载,易于更新已安装的软件包,易于保护配置文件,易于跟踪已安装文件。

RPM 全称是 Red Hat Package Manager(Red Hat 包管理器)。RPM 本质上就是一个包,包含可以立即在特定机器体系结构上安装和运行的 Linux 软件。大多数 Linux RPM 软件包的命名有一定的规律,它遵循"名称-版本-修正版-类型"规律。如 MYsoftware-1.2 -1.el6.x86_64.rpm。

**2. 安装 RPM 包软件**

```
#rpm -ivh MYsoftware-1.2 -1.el6.x86_64.rpm
```

RPM 命令主要参数如下所示。
-i:安装软件。
-t:测试安装,不是真的安装。

-p：显示安装进度。

-f：忽略任何错误。

-U：升级安装。

-v：检测套件是否正确安装。

这些参数可以同时采用。更多的内容可以参考 RPM 的命令帮助。

### 3. 卸载软件

```
rpm -e 软件名
```

需要说明的是，上面代码中使用的是软件名，而不是软件包名。例如，要卸载 software-1.2.-1.el6.x86_64.rpm 这个包时，应执行：

```
#rpm -e software
```

### 4. 强行卸载 RPM 包

有时不能随便卸载一个 RPM 包，尤其是系统上有别的程序依赖于它的时候。如果执行命令，会显示如下错误信息：

```
#rpm -e xsnow
error: removing these packages would break dependencies:
/usr/X11R6/bin/xsnow is needed by x-amusements-1.0-1
```

在这种情况下，可以用--nodeps 选项重新卸载 xsnow：

```
#rpm -e --nodes xsnow
```

### 5. 安装.src.rpm 类型的文件

目前 RPM 有两种模式，一种是已经过编码的(el6.x86_64.rpm)；一种是未经编码的(src.rpm)。未经编译的 src.rpm 软件包需要编译后才能使用 rpm 命令安装。

（1）释放.src.rpm 包

```
#rpm -i filename.src.rpm
```

一般会释放到/usr/src/redhat/RPMS/x86_64（根据具体包的不同，也可能是 i686、x86_64 等）目录下，建立一个 filename.rpm 的文件。

（2）编译

```
#rpmbuild -bb filename.specs          //编译软件包同名的 specs 文件
```

这时，在/usr/src/redhat/RPMS/x86_64/目录下，有一个新的 rpm 包，这个是编译好的二进制文件。如果没有 rpmbuild 命令，则先安装 rpm-build-4.8.0-19.el6.X86-64.rpm 包。

（3）安装

```
#rpm -ivh filename.rpm
```

## 5.4.2　Yum

### 1. 简介

Yum（Yellow dog Updater Modified）是一个在 Fedora 和 RedHat 以及 SUSE、CentOS 中的 shell 前端软件包管理器。基于 RPM 包管理，能够从指定的服务器自动下载 RPM 包并且安装，可以自动处理软件包的依赖性关系，并且一次安装所有依赖的软件包，无须烦琐地一次次下载、安装。

### 2. Yum 配置

Yum 的一切配置信息都储存在/etc/yum.conf 配置文件中，其主要内容如下。

```
[main]
cachedir=/var/cache/YUM          //Yum 缓存的目录，Yum 在此存储下载的 RPM 包和数据库。
debuglevel=2                     //除错级别 0~10，默认是 2
logfile=/var/log/YUM.log         //Yum 的日志文件
pkgpolicy=newest                 //包的策略。一共有两个选项，newest 和 last，其作用是
                                   如果设置了多个 repository，而同一软件在不同的
                                   repository 中同时存在，如果选项是 newest，则 Yum
                                   会安装最新的那个版本；如果是 last，则 Yum 会将服务
                                   器 id 以字母表排序，并选择最后的那个服务器上的软件
                                   安装。一般都是选 newest
distroverpkg=redhat-release      //指定一个软件包，Yum 会根据这个包判断发行版本，默认
                                   是 redhat-release，也可以是安装的任何针对自己发
                                   行版的 RPM 包
tolerant=1                       //有 1 和 0 两个选项，表示 Yum 是否容忍命令行发生与软件包有关的错误，
                                   比如要安装 3 个软件包，而其中第 3 个此前已经安装了，如果此选项设为
                                   1，则 Yum 不会出现错误信息。默认是 0
exactarch=1                      //选项为 1 和 0，代表是否只升级或安装与 CPU 体系一致的包，如果设为 1，
                                   则如安装了一个 i386 的 RPM 包，则 Yum 不会用 i686 的包来升级
retries=1                        //网络连接发生错误后的重试次数，如果设为 0，则会无限重试
exclude=                         //排除某些软件在升级名单之外，可以用通配符，列表中各个项目要用空格
                                   隔开，这个对于安装了诸如美化包、中文补丁的软件特别有用
gpgchkeck=                       //有 1 和 0 两个选择，分别代表是否进行 gpg 校验，如果没有这一项，默认
                                   也是检查的
```

另外，在/etc/yum.repo.d 目录下，存放的是 Yum 的服务器配置，所有服务器设置都应该遵循如下格式：

```
[serverid]            //用于区别各个不同的 repository，必须有一个独一无二的名称
name= Some name for this server   //对 repository 的描述，支持像 $releasever
                                    $basearch 这样的变量
baseurl=url://path/to/repository  //指定一个 baseurl（源的镜像服务器地址），其中
                                    url 支持的协议有 http://、ftp://、file://共
                                    3 种。baseurl 后可以跟多个 url，用户可以自己
                                    改为速度比较快的镜像站，但 baseurl 只能有一个
```

```
enabled=1                    //表示这个 repo 中定义的源是启用的,0 为禁用
gpgcheck=1                   //表示这个 repo 中下载的 RPM 将进行 gpg 的校验,已确定 RPM 包的来
                               源是有效和安全的
gpgkey=file:///etc/pki/rpm-gpg/RPM-GPG-KEY-redhat-release
                             //定义用于校验的 gpg 密钥
```

### 3. 导入 GPG KEY

导入每个 reposity 的 GPG key,前面说过,Yum 可以使用 gpg 对包进行校验,确保下载包的完整性,所以用户先要到各个 repository 站点找到 gpg key,其一般都会放在首页的醒目位置,如一些名字为 RPM-GPG-KEY. txt 之类的纯文本文件,把它们下载,然后用 rpm --import xxx. txt 命令将它们导入,最好把发行版自带 GPG-KEY 也导入。rpm --import /usr/share/doc/redhat-release- * /RPM-GPG-KEY 官方软件升级也有用。

### 4. Yum 指令

注意:当第一次使用 Yum 或 Yum 资源库有更新时,Yum 会自动下载所有所需的 headers 放置于/var/cache/yum 目录下,所需时间可能较长。

(1) RPM 包的更新

```
#yum check-update          //检查可更新的 RPM 包
#yum update                //更新所有的 RPM 包
#yum update kernel kernel-source  //更新指定的 RPM 包,如更新 kernel 和 kernel source
#yum upgrade               //大规模版本升级,与 Yum update 不同的是,连旧的包也升级
```

(2) RPM 包的安装和删除

```
#yum install xmms-mp3      //安装 RPM 包,如 xmms-mp3
#yum remove licq           //删除 RPM 包及该包的依赖包,如 licq 及依赖包
```

(3) Yum 暂存(/var/cache/yum/)的相关参数

```
#yum clean packages        //清除暂存中 RPM 包文件
#yum clearn headers        //清除暂存中 RPM 头文件
#yum clean oldheaders      //清除暂存中旧的 RPM 头文件
#yum clearn 或#yum clearn all      //清除暂存中旧的 RPM 头文件和包文件(相当于 yum
                                    clean packages+yum clean oldheaders)
```

(4) 包列表

```
#yum list                  //列出资源库中所有可以安装或更新的 RPM 包
#yum list mozilla          //列出资源库中特定的可以安装或更新,以及已经安装的 RPM 包
#yum list mozilla *        //可以在 RPM 包名中使用匹配符,如列出所有以 mozilla 开头的
                             RPM 包
#yum list updates          //列出资源库中所有可以更新的 RPM 包
#yum list installed        //列出已经安装的所有的 RPM 包
#yum list extras           //列出已经安装的但是不包含在资源库中的 RPM 包(通过其他网
                             站下载安装的 RPM 包)
```

145

（5）RPM 包信息显示（info 参数同 list）

```
#yum info              //列出资源库中所有可以安装或更新的 RPM 包的信息
#yum info mozilla      //列出资源库中特定的可以安装或更新,以及已经安装的 RPM 包
                         的信息
#yum info mozilla *    //可以在 RPM 包名中使用匹配符,如列出所有以 mozilla 开头的
                         RPM 包的信息
#yum info updates      //列出资源库中所有可以更新的 RPM 包的信息
#yum info installed    //列出已经安装的所有的 RPM 包的信息
#yum info extras       //列出已经安装的但是不包含在资源库中的 RPM 包的信息
```

（6）搜索 RPM 包

```
#yum search mozilla      //搜索匹配特定字符的 RPM 包 (在 RPM 包名、包描述等中搜索)
#yum provides realplay   //搜索包含特定文件名的 RPM 包
```

（7）指定 yum 的参数

--downloaddir 和--downloadonly 一并使用,来指定另外的目录来存放下载的包。

```
#yum install --downloadonly --downloaddir=/tmp vsftpd
How do I install yum-downloadonly plugin?
Type the following command to install plugin, enter:
#yum install yum-downloadonly
```

# 本 章 实 训

## 实训目的

系统的引导和初始化是操作系统实现控制的第一步,了解 Linux 系统的启动和初始化过程对于进一步理解和掌握 Linux 是十分有益的。

## 实训内容

（1）观察 Linux 正在运行的进程,并进行分析。

（2）绘制进程树。

（3）用 kill 命令删除进程。

（4）设置和更改进程的优先级。

（5）定时执行程序。

（6）编写一个每天晚上 12 点(即 0 点 0 分)向所有在线用户广播,提醒大家注意休息和晚安的消息的自动进程。（提示：是周期性执行的任务。）

（7）修改系统引导配置文件,在系统提示用户登录前显示"Welcome to login in Linux"和当前系统的日期和时间信息。（提示：涉及文件/etc/rc. local 和/etc/issue）

（8）试着下载. src. rpm 包并安装。

**实训总结**

通过本次上机实训,使用户了解 Linux 系统的启动和初始化过程,对 Linux 的后续内容的学习打下基础。

# 本 章 习 题

## 一、选择题

1. init 进程对应的配置文件名为(　　),该进程是 Linux 系统的第一个进程,其进程号始终为 1。

  A. /etc/fstab        B. /etc/init. conf

  C. /etc/inittab. conf     D. /etc/inittab

2. 在 Linux 运行的 7 个级别中,具有全部功能的多用户文本模式,其运行级别是(　　),X Window 图形系统的运行级别为(　　)。

  A. 2    B. 3    C. 5    D. 6

3. 当前为多用户文本模式,要切换到 X Window 图形系统,能实现该操作的命令有(　　)。

  A. init 5   B. start x   C. init 6   D. init 3

4. 终止一个前台进程可能用到的命令和操作为(　　)。

  A. kill    B. Ctrl+C   C. shut down  D. halt

5. 正在执行的一个或多个相关(　　)组成一个作业。

  A. 作业    B. 进程    C. 程序    D. 命令

6. 在 Linux 中,(　　)是系统资源分配的基本单位,也是使用 CPU 运行的基本调度单位。

  A. 作业    B. 进程    C. 程序    D. 命令

7. Linux 中进程优先级范围为(　　)。

  A. −19～20  B. −20～19  C. 0～20   D. −20～0

8. 桌面环境的终端窗口可表示为(　　)。

  A. pts/0   B. tty/1   C. tty2    D. pts2

9. 使用命令(　　)可以取消执行任务调度的工作。

  A. crontab   B. crontab -r  C. crontab -1  D. crontab -e

10. 查询软件包命令是(　　)。

  A. rpm -i filename      B. rpm -U filename

  C. rpm -e filename      D. rpm -q filename

## 二、简答题

1. 简述 RHEL 6.2 系统的启动过程。
2. Linux 系统的运行级别有哪几种？
3. Linux 系统中进程可以使用哪两种方式启动？
4. Linux 系统中进程有哪几种主要状态？
5. 如何修改 Linux 系统中进程的优先级？

# 第6章 配置网络

Linux 主机要与其他主机进行连接和通信,必须进行正确的网络配置。网络配置通常包括配置主机名、网卡 IP 地址、子网掩码、默认网关、DNS 服务器等内容。

**本章要点:**

(1) 掌握 Linux 下 TCP/IP 配置。

(2) 熟悉常见的网络配置文件。

(3) 掌握 ADSL 配置。

## 6.1 网络基本配置

在 Linux 系统中,TCP/IP 网络的配置信息是分别存储在不同的配置文件中的,需要编辑、修改这些配置文件来完成联网工作。相关的配置文件主要有/etc/syscongfig/network、/etc/sysconfig/network-scripts/ifcfg-ethN、/etc/resolv.conf、/etc/hosts 和/etc/network.conf 等。

对网络的基本配置一般包括配置主机名、配置网卡和设置客户端名称解析服务等。

### 6.1.1 配置主机名

主机名是用于标识一台主机的名称,在网络中主机名具有唯一性。在安装系统时已初次确定了主机名,要查看或修改当前主机的名称,可使用 hostname 命令,其命令格式如下:

hostname [主机名]

例如:

```
#hostname                      //显示本主机的名称
wu.localdomain
#hostname wlos                 //修改本主机名称为 wlos
```

注意:也可以使用 echo new-hostname>/proc/sys/kernel/hostname 方式修改本主机名。hostname 命令不会将新主机名保存到/etc/sysconfig/network 配置文件中,因此重新启动系统后主机名仍将恢复配置文件中所设置的主机名。而且在设置了新的主机名后,系统提示符中的主机名不能同步更改,使用 logout 注销重新登录后,就可以显示出新的主机名了。

若要使主机名更改长期有效,可直接在/etc/sysconfig/network 的配置文件中进行修改,系统启动时,会从该配置文件中获得主机名的信息,并进行主机名的设置。

## 6.1.2 配置网卡

对网卡(网络接口卡)TCP/IP 的设置可通过两种途径完成:一种是由网络中的 DHCP 服务器动态分配后获得;另一种是用户手工配置。

在命令行方式下,可以直接利用文本编辑器编辑修改网卡的配置文件,也可以使用 ifconfig 工具查看或设置当前网络接口的配置情况,设置网卡的 IP 地址、子网掩码,激活或禁用网卡等。下面分别介绍 ifconfig 命令的功能和用法。

### 1. 显示网卡的设置信息

要显示网卡的设置信息,可使用 ifconfig 命令来实现,通常用法有以下几种。

(1) 显示当前活动的网卡(未被禁用的)配置,命令用法为 ifconfig。

(2) 显示系统中所有网卡的设置信息,命令用法为 ifconfig -a。

(3) 显示指定网卡的配置信息,命令用法为"ifconfig 网卡设备名"。

例如:

```
#ifconfig
eth0     Link encap:Ethernet HWaddr 00:0C:29:B4:72:B2
         inet addr:192.168.1.110 Bcast:192.168.1.255 Mask:255.255.255.0
         inet6 addr: fe80: :20c:29ff:feb4:72b2/64 Scope:Link
         UP BROADCAST RUNNING MULTICAST MTU:1500 Metric:1
         RX packets:46299 errors:0 dropped:0 overruns:0 frame:189
         TX packets:3057 errors:0 dropped:0 overruns:0 carrier:0
         collisions:0 txqueuelen:100
         Interrupt:5 Base address:0xece0
lo       Link encap:Local Loopback
         inet addr:127.0.0.1 Mask:255.0.0.0
         inet6 addr:   : :1/128 Scope:Host
         UP LOOPBACK RUNNING MTU:3924 Metric:1
         RX packets:44 errors:0 dropped:0 overruns:0 frame:0
         TX packets:44 errors:0 dropped:0 overruns:0 carrier:0
         collisions:0 txqueuelen:0
         RX bytes:240(240.0 b)   TX bytes:240 (240.0 b)
```

由上可以看出,当前系统拥有两个网络接口:eth0 和 lo。eth0 是系统的第一个物理网卡,而 lo 代表 loopback 接口(回环接口),计算机使用 loopback 接口来连接自己,该接口同时也是 Linux 内部通信的基础,其接口 IP 地址始终是 127.0.0.1。默认情况下,lo 网络接口已自动配置好,用户不需要对其进行修改或重新配置。UP LOOPBACK RUNNING 表示该网络接口处于活动状态,没有被禁用;Link encap 表示网络接口的类型；HWaddr 又称为 MAC 地址，表示网卡的物理硬件地址；inet addr 表示网卡上设置的 IP 地址；Bcast 表示网络的广播地址；Mask 表示网卡上设置的子网掩码；RX 行表示已接收的数据包信息；而 TX 行表示已发送的数据包信息。

### 2. 设置网卡的 IP 地址和子网掩码

要设置或修改网卡的 IP 地址和子网掩码，可使用以下命令用法实现：

ifconfig 网卡设备名 IP 地址 netmask 子网掩码

例如，若要将当前网卡 eth0 的 IP 地址设置为 192.168.1.180，子网掩码为 255.255.255.0，则实现的命令方式为：

```
#ifconfig eth0 192.168.1.180 netmask 255.255.255.0
```

该命令不会修改网卡的配置文件，所设置的 IP 地址仅对本次有效，重启系统或重启网卡，其 IP 地址将设置为网卡配置文件中指定的 IP 地址。

### 3. 禁用网卡

若要禁用网卡设备，可使用以下命令来实现：

ifconfig 网卡设备名 down

或者

ifdown 网卡设备名

这两条命令功能基本相同，通常后者使用较多。

### 4. 启用网卡

网卡被禁用后，若要重新启用网卡，其命令为：

ifconfig 网卡设备名 up

或者

ifup 网卡设备名

需要注意的是，用 ifconfig 为网卡指定 IP 地址等参数，这只是用来调试网络用的，并不会更改系统中相关网卡的配置文件。如果想把网络接口的 IP 地址等参数固定下来，可以采用下面 3 种方法：一是直接修改网络接口的配置文件；二是通过专用的配置工具修改 IP 地址；三是修改特定的文件，加入 ifconfig 指令来指定网卡的 IP 地址，例如把 ifconfig 的语句写入/etc/rc.d/rc.local 文件中。

### 5. 设置默认网关

网关是将当前网段中的主机与其他网络的主机相连接并实现通信的一个设备。设置了主机的 IP 地址和子网掩码后，就可与同网段的其他主机进行通信了，但此时无法与其他网段的主机进行通信，为了实现能与不同网段的主机进行通信，必须设置默认网关地址。网关地址必须是当前网段的地址,不能是其他网段的地址。

设置默认网关即是设置默认路由,可使用 Linux 系统提供的 route 命令来实现,该命令主要用于添加或删除路由信息。下面分别介绍该命令的功能和用法。

(1) 查看当前路由信息

若要查看当前系统的路由信息,直接在命令提示符后输入 route 命令即可。例如:

```
#route
Kernel IP routing table
Destination  Gateway      Genmask          Flags  Metric  Ref  Use  Iface
192.168.1.0  *            255.255.255.0    0      0       0    0    eth0
Link-local   *            255.255.0.0      0      1002    0    0    eth0
Default      192.168.1.1  0.0.0.0          UG     0       0    0    eth0
```

(2) 添加/删除默认网关

若要添加默认网关,其命令用法为:

route add default gw 网关 IP 地址 dev 网卡设备名

例如,若要设置网卡 eth0 的默认网关地址为 192.168.1.1,则实现的命令为:

```
#route add default gw 192.168.1.1 dev eth0
```

若要删除默认网关,则实现命令为:

```
#route del default gw 192.168.1.1
```

(3) 添加/删除路由信息

在系统当前路由表中添加路由记录,其命令用法为:

route add -net 网络地址 netmask 子网掩码 [dev 网卡设备名] [gw 网卡]

若要删除某条路由记录,则命令用法为:

route del -net 网络地址 netmask 子网掩码

为便于演示路由的删除和添加,下面先对 eth0 网卡绑定一个 192.168.1.100 的 IP 地址,其操作命令为:

```
#ifconfig eth0:0 192.168.1.100
```

然后可以用 route 命令观察路由表,发现系统自动添加 192.168.1.0 网络的路由记录。若要删除该条路由记录,则实现的操作命令为:

```
#route del -net 192.168.1.0 netmask 255.255.255.0
```

然后再用 route 命令观察路由表,发现系统自动添加的 192.168.1.0 网络的路由记录消失了。若要再次将该条路由添加到当前路由表中,则实现的操作命令为:

```
#route add -net 192.168.1.0 netmask 255.255.255.0 dev eth0
```

**6. 绑定 IP 和 MAC 地址**

将 IP 与 MAC 地址绑定，可防止 IP 地址的盗用。其实现方法是：首先在 /etc/ethers 文件中创建"IP 地址 MAC 地址"或"主机名 MAC 地址"内容，如果用主机名则必须是被 DNS 解析的主机名。然后运行 arp -f 命令，使绑定生效。例如，若要将 192.168.1.180 与 MAC 地址为 00:0C:27:E3:03:7F 的网卡绑定，则实现的命令为：

```
#echo "192.168.1.180  00:0C:27:E3:03:7F">>/etc/ethers
#arp -f
```

**7. 修改网卡的 MAC 地址**

首先停用要修改的网卡设备，然后使用以下命令格式进行设置修改：

ifconfig 网卡设备名 hw ether MAC 地址

例如，若要将 eth0 网卡的 MAC 地址修改为 00:0C:27:E3:03:75，则实现命令如下：

```
#ifdown eth0
#ifconfig eth0 hw ether 00:0C:27:E3:03:75
#ifup eth0
#ifconfig eth0
```

## 6.1.3　图形界面配置网络

在桌面环境下，RHEL 6 主要有两种方法来配置网络。一是 system-config-network；二是通过桌面菜单方式。两者的界面和配置项目不同，但都是通过修改网卡的配置文件来实现网络配置的。下面分别介绍这两种网络配置方式。

**1. system-config-network 工具**

system-config-network 网络配置工具采用基于字符的窗口界面，完成对 IP 地址、子网掩码、默认网关和 DNS 域名服务器的设置。在命令提示符后输入并执行 system-config-network 命令，即可启动该配置工具，进入网络配置界面，如图 6-1 所示，既可以配

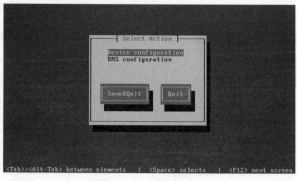

图 6-1　选择配置项

置网卡设备，又可以只设置 DNS。选择 Device configuration 选项后在随后的界面中选择要配置的网卡，即可在网络设置的界面中设置相关网络参数，如图 6-2 所示，单击 OK 按钮退出，其配置结果将写回到网卡的配置文件中。

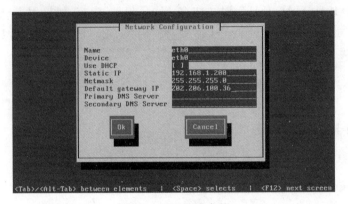

图 6-2　配置网络参数

使用 system-config-network 配置工具进行网络配置仅修改了网络配置文件，并未立即生效。为使所作的配置立即生效，需要使用下面的命令重启网络服务。

```
#service network restart
```

### 2. 使用菜单命令

在桌面环境下由 root 用户依次选择"系统"→"首选项"→"网络连接"命令，将弹出"网络连接"对话框，如图 6-3 所示。

在"网络连接"对话框中可以看到"有线"、"无线"、"移动宽带"、VPN 和 DSL 等需要配置的选项卡，选择"有线"选项卡中的网卡后单击"编辑"按钮，可打开相应网卡的对话框，在此对话框中打开"IPv4 设置"选项卡，可以对网卡的 IP 地址、子网掩码、DNS 服务器地址等参数进行设置，也可以改变网络参数获取方法、添加路由等，如图 6-4 所示。

图 6-3　"网络连接"对话框　　　　　　　图 6-4　配置网卡的 IP 设置

154

# 6.2　常用网络配置文件

在 Linux 中，TCP/IP 网络的配置信息分别存储在不同的配置文件中。相关的配置文件有/etc/sysconfig/network、/etc/sysconfig/network-scripts/ifcfg-ethN、/etc/hosts、/etc/resolv. conf 以及/etc/host. conf 等文件。下面分别介绍这些配置文件的作用和配置方法。

**1. /etc/sysconfig/network**

网络配置文件/etc/sysconfig/network 用于对网络服务进行总体配置，如修改主机名，是否启用网络服务功能，是否开启 IP 数据包转发服务等。在没有配置或安装网卡时，也需要设置该文件，以使本机的回环设备(lo)能够正常工作，该设备是 Linux 内部通信的基础。常用的设置项如下所述。

(1) NETWORKING 用于设置系统是否使用网络服务功能。一般应设置为 yes，若设置为 no，则不能使用网络，而且很多系统服务程序也将无法启动。在配置文件中的设置方法为：

```
NETWORKING=yes|no
```

(2) HOSTNAME 用于设置本机的主机名，此处设置的主机名应与/etc/hosts 文件中设置的相同，如果不同，则此处的主机名仅用于登录显示，而不能用于网络通信。另外，有的版本的 Linux 用/etc/hostname/配置文件修改主机名，此文件直接把本主机名写入。

(3) DOMINNAME 用于设置本机的域名。

(4) NISDOMAIN 在有 NIS 系统的网络中用来设置 NIS 域名。

对/etc/sysconfig/network 配置文件进行修改后，应重启网络服务或注销系统以使配置文件生效。

**2. /etc/sysconfig/network-scripts/ifcfg-ethN**

网卡的设备名、IP 地址、子网掩码以及默认网关等配置信息保存在网卡的配置文件中，一块网卡对应一个配置文件，该配置文件位于/etc/sysconfig/network-scripts 目录中，其配置文件名具有以下格式：

```
ifcfg-网卡类型以及网卡的序号
```

以太网卡的类型为 eth，因此，第一块网卡的配置文件名为 ifcfg-eth0，第二块网卡的配置文件名为 ifcfg-eth1，其余以此类推。其他网卡的配置文件可用 cp 命令复制 ifcfg-eth0 配置文件获得，然后根据需要进行适当的修改即可。

Linux 也支持一块物理网卡绑定多个 IP 地址，此时对于每个绑定的 IP 地址，需要一个虚拟网卡，该网卡的设备名为 ethN：M，对应的配置文件名的格式为 ifcfg-ethN：M，其中 N 和 M 均为从 0 开始的数字，代表其序号。如第 1 块以太网卡上绑定的第 1 个虚拟网卡(设备名为 eth0：0)的配置文件名为 ifcfg-eth0：0,绑定的第 2 块虚拟网卡(设备名为 eth0：1)的配置文件名为 ifcfg-eth0：1。Linux 最多支持 255 个 IP 别名,对应的配置文件可通过复制 ifcfg-eth0 配置文件,并通过修改其配置内容来获得。

在网卡配置文件中,每一行为一个配置项目,左边为项目名称,右边为当前设置值,中间用"＝"连接。例如查看其中一个配置文件:

```
#cat /etc/sysconfig/network-scripts/ifcfg-eth0
DEVICE=eth0                    //代表当前网卡设备的设备名称
NM_CONTROLLED=yes              //是否受 NetworkManager 服务的控制
ONBOOT=yes                     //用于设置在系统启动时,是否启用该网卡设备。若
                                 为 yes,则启用
HWADDR=00：0C：29：2B：9A：93        //本网卡的 MAC 地址
TYPE=Ethernet                  //网卡的类型,Ethernet 代表以太网卡
BOOTPROTO=none                 //设置 IP 地址的获得方式,static 代表静态指定 IP
IPADDR=202.206.83.100          //本网卡的 IP 地址
NETMASK=255.255.255.0          //子网掩码
PREFIX=24                      //掩码前缀为 24 位
IPV6INIT=no                    //是否开机时启用 IPv6 配置
IPV6_AUTOCONF=no               //是否使用 IPv6 地址的自动配置
USERCTL=no                     //非 root 用户是否可以控制该设备
GATAWAY=202.206.83.4           //网卡的默认网关地址
DNS1=202.206.80.33             //DNS 服务器的地址
```

在 Linux 安装程序的最后,会要求对网卡的 IP 地址、子网掩码、默认网关以及 DNS 服务器进行指定和配置,正常安装的 Linux 系统,其网卡已配置并可正常工作。根据需要也可重新对其进行配置和修改。若要在 eth0 网卡上再绑定一个 192.168.1.80 的 IP 地址,则绑定方法为:

```
#cd /etc/sysconfig/network-scripts
#cp ifcfg-eth0 ifcfg-eth0:0
#vim ifcfg-eth0:0
DEVICE=eth0：0
ONBOOT=yes
BOOTPROTO=static
IPADDR=192.168.1.80
NETMASK=255.255.255.0
```

### 3. /etc/hosts

/etc/hosts 配置文件用来把主机名字(hostname)映射到 IP 地址,这种映射一般只是本地有效,也就是说每台机器都是独立的,互联网上的计算机一般不能相互通过主机名来访问。/etc/hosts 文件一般有如下内容:

```
127.0.0.1  localhost localhost.localdomain localhost4 localhost4.localdomain4
::1        localhost localhost.localdomain localhost6 localhost6.localdomain6
```

一般情况下 hosts 的内容关于主机名(hostname)的定义,每行对应一条主机记录,它由 3 部分内容组成,每部分内容由空格隔开。其中♯号开头的行作说明,不被系统解释。

第 1 部分内容是网络 IP 地址；第 2 部分内容是主机名（主机名别名）；第 3 部分内容是"主机名. 域名"，主机名和域名之间有个半角的点，比如 localhost. localdomain。

当然每行也可以由 2 个字段组成，即主机 IP 地址和主机名，比如 192.168.1.180 debian。

127.0.0.1 是回环地址，用户不想让局域网的其他机器看到测试的网络程序，就可以用回环地址来测试。

既然 hosts 文件本地有效，为什么还需要定义域名呢？其实道理也很简单，比如有 3 台主机，每台机器提供不同的服务，一台作 MAIL 服务器，一台作 FTP 服务器，一台作 SMB 服务器，可以这样来设计 hostname：

```
127.0.0.1  localhost localhost.localdomain
192.168.1.2 ftp ftp.localdomain
192.168.1.3 mail mail.localdomain
192.168.1.4 smb smb.localdomin
```

把上面这个配置文件的内容分别写入每台机器的/etc/hosts 内容中，这样，这 3 台局域网的机器既可以通过主机名来访问，也可以通过域名来访问。

**4. /etc/host. conf**

/etc/host. conf 文件用来指定如何进行域名解析。该文件的内容通常包含以下几行。

（1）order：设置主机名解析的可用方法及顺序。可用方法包括 hosts（利用/etc/hosts 文件进行解析）、bind（利用 DNS 服务器解析）、NIS（利用网络信息服务器解析）。

（2）multi：设置是否从/etc/hosts 文件中返回主机的多个 IP 地址，取值为 on 或者 off。

（3）nospoof：取值为 on 或者 off。当设置为 on 时系统会启用对主机名的欺骗保护以提高 rlogin、rsh 等程序的安全性。

下面是一个/etc/hosts. conf 文件的实例。

```
#vi /etc/host.conf
order hosts,bind
```

上述文件内容将主机名称解析的顺序设置为：先利用/etc/hosts 进行静态名称解析再利用 DNS 服务器进行动态域名解析。

**5. /etc/resolv. conf**

/etc/resolv. conf 配置文件用于配置 DNS 客户端，该文件内容可自动形成或手工添加，包含了主机的域名搜索顺序和 DNS 服务器的 IP 地址。在配置文件中，使用 nameserver 配置项来指定 DNS 服务器的 IP 地址，按 nameserver 在配置文件中的顺序进行查询，且只有当第一个 nameserver 指定的域名服务器没有反应时，才用下一个 nameserver 指定的域名服务器来进行域名解析。

```
#cat /etc/resolv.conf
nameserver  202.206.80.33
```

若还要添加可用的 DNS 服务器地址,则利用 vi 编辑器在其中添加即可。假如还要再添加 219.150.32.132 和 202.99.160.68 这两个 DNS 服务器,则在配置文件中添加以下两行内容:

```
nameserver 219.150.32.132
nameserver 202.99.160.68
```

### 6. /etc/services

/etc/services 文件用于保存各种网络服务名称与该网络服务所使用的协议及默认端口号的映射关系。文件中的每一行对应一种服务,一般由 4 个字段组成,分别表示服务名称、使用端口、协议名称以及别名等。一般情况下不用修改此文件。该文件内容较多,以下是该文件的部分内容。

```
#cat /etc/services
tcpmux       1/tcp              #TCP port service multiplexer
tcpmux       1/udp              #TCP port service multiplexer
rje          5/tcp              #Remote Job Entry
rje          5/udp              #Remote Job Entry
echo         7/tcp
echo         7/udp
...
```

## 6.3　安装与配置 ADSL 拨号

在 Linux 下通过 ADSL 上网,必须安装 PPPoE 客户端软件。本节以 rp-pppoe 拨号软件为例,介绍 Linux 下 ADSL 连接的建立过程。

Linux 下的 ADSL 拨号上网大体有 2 种方法:一是用系统自带的图形界面(在网络里面建立新拨号连接,类似于 Windows 下的操作);二是用命令行。下面主要介绍在命令行环境下如何配置上网。

### 1. 安装软件包

默认情况下,RHEL 6.2 安装程序会将 rp-pppoe 软件装上,可以使用下面的命令检查系统是否安装了 rp-pppoe 软件:

```
#rpm -q rp-pppoe
rp-pppoe-3.10-8.el6.x86_64
```

命令执行结果表明系统已安装了 rp-pppoe 软件。如果未安装,超级用户(root)在图形界面下选择"系统"→"管理"→"添加/删除软件"选项,再在打开的窗口中选择 rp-pppoe 软件包就可以安装。当然,也可以用命令来安装或卸载 rp-pppoe 软件,具体步骤如下。

pppoe-status 命令。要断开 ADSL 连接,只需输入 pppoe-stop 命令。

如果想在 Linux 系统启动时自动启动 ADSL 连接,输入以下命令:

```
#chkconfig --add pppoe-server
```

将在当前的运行级下加入 ADSL 的自启动脚本。

# 6.4　常用网络调试命令

在网络的使用过程中,经常会由于某些原因,网络无法正常通信,为便于查找网络故障,Linux 提供了一些网络诊断测试命令,以帮助用户找出故障原因并最终解决问题。本节将介绍一些常用的网络调试诊断命令。由于造成网络故障的原因较多,还需要用户在实践中不断总结和积累经验,以提高排错能力。

**1. ip 命令**

功能说明:ip 是 iproute 软件包里面的一个功能强大的网络配置工具,它可以显示或维护路由、设备、策略路由和隧道,能够替代一些传统的网络管理工具,例如 ifconfig、route 等,使用权限为超级用户。几乎所有的 Linux 发行版本都支持该命令。

语法:

```
ip [OPTIONS] OBJECT { COMMAND | help }
```

主要选项(OPTION)如下。

-V,-Version:显示 ip 的版本并退出。

-s,-stats,-statistics:输出更为详尽的信息。如果这个选项出现两次或多次,则输出的信息将更为详尽。

-f,-family:这个选项后面接协议种类,包括 inet、inet6 或 link,强调使用的协议种类。如果没有足够的信息告诉 ip 使用的协议种类,ip 就会使用默认值 inet 或 any。link 比较特殊,它表示不涉及任何网络协议。

-4:是-family inet 的简写。

-6:是-family inet6 的简写。

-0:是-family link 的简写。

-o,-oneline:对每行记录都使用单行输出,回行用字符代替。如果需要使用 wc、grep 等工具处理 ip 的输出,则会用到这个选项。

-r,-resolve:查询域名解析系统,用获得的主机名代替主机 IP 地址。

主要对象(OBJECT)如下所示。

link:网络设备。

address:一个设备的协议(IP 或者 IPv6)地址。

neighbour:ARP 或者 NDISC 缓冲区条目。

route:路由表条目。

rule：路由策略数据库中的规则。

maddress：多播地址。

mroute：多播路由缓冲区条目。

tunne：IP 上的通道。

主要命令（COMMAND）：设置针对指定对象执行的操作，它和对象的类型有关。一般情况下，ip 支持对象的增加（add）、删除（delete）和显示（show 或 list）。有些对象不支持这些操作，或者有其他的一些命令。对于所有的对象，用户可以使用 help 命令获得帮助。这个命令会列出这个对象支持的命令和参数的语法。如果没有指定对象的操作命令，ip 会使用默认的命令。一般情况下，默认命令是 list，如果对象不能列出，就会执行 help 命令。

（1）ip link：设备属性管理命令。命令有 set、show。缩写：set：s；show、list：lst、sh、ls、l。

ip link set：设置设备属性。

ip link show：显示设备属性。

示例 1：up/down 启动/关闭设备。

```
#ip link set dev eth0 up          //相当于传统的#ifconfig eth0 up
```

示例 2：改变设备传输队列的长度。参数：txqueuelen NUMBER 或者 txqlen NUMBER。

```
#ip link set dev eth0 txqueuelen 1000
```

示例 3：改变网络设备 MTU（最大传输单元）的值。

```
#ip link set dev eth0 mtu 1500
```

示例 4：修改网络设备的 MAC 地址。参数：address LLADDR。

```
#ip link set dev eth0 address 00:01:4f:00:15:f1
```

示例 5：显示设备属性。

```
#ip -s -s link ls eth0          //这个命令相当于传统的#ifconfig eth0
eth0: mtu 1500 qdisc pfifo_fast state UP qlen 1000
link/ether 00:a0:cc:66:18:78 brd ff:ff:ff:ff:ff:ff
RX: bytes    packets   errors    dropped    overrun     mcast
2502         12        0         0          0           0
RX errors:   length    crc       frame      fifo        missed
             0         0         0          0           0
TX: bytes    packets   errors    dropped    carrier     collsns
6401         51        0         0          0           0
TX errors:   aborted   fifo      window     heartbeat
             0         0         0          0
```

（2）ip address：协议地址管理命令。命令有 add、delete、show、flush。缩写：add：a；delete：del、d；show、list：lst、sh、ls、l；flush：f。

ip address add：添加一个新的协议地址。

ip address delete：删除一个协议地址。

ip address show：显示协议地址。

ip address flush：清除协议地址。

示例 1：为每个地址设置一个字符串作为标签。为了和 Linux 的网络别名兼容，这个字符串必须以设备名开头，后面接一个冒号。

```
#ip addr add local 192.168.4.1/24 brd+ label eth0:1 dev eth0
```

示例 2：在以太网接口 eth0 上增加一个地址 192.168.4.2，掩码长度为 24 位（255.255.255.0），用标准广播地址，标签为 eth0：Alias。

```
#ip addr add 192.168.4.2/24 brd+ dev eth0 label eth0:1
                       //此命令相当于传统的#ifconfig eth0:1 192.168.4.2
```

示例 3：删除一个协议地址。

```
#ip addr del 192.168.4.1/24 brd+ dev eth0 label eth0:1
```

示例 4：显示协议地址。

```
#ip addr ls eth0
```

示例 5：删除属于私网 10.0.0.0/8 的所有地址。

```
#ip -s -s a f to 10/8
```

示例 6：取消所有以太网卡的 IP 地址。

```
#ip -4 addr flush label "eth0"
```

（3）ip neighbour--neighbour/arp 表管理命令。缩写：neighbour、neighbor、neigh、n。命令有 add、change、replace、delete、fulsh、show（或者 list）。缩写：add：a；change：chg；replace：repl；delete：del、d；flush：f；show、list：sh、ls。

ip neighbour add：添加一个新的邻接条目。

ip neighbour change：修改一个现有的条目。

ip neighbour replace：替换一个已有的条目。

ip neighbour delete：删除一个邻接条目。

ip neighbour show：显示网络邻居的信息。

ip neighbour flush：清除邻接条目。

示例 1：在设备 eth0 上，为地址 10.0.0.3 添加一个 permanent ARP 条目。

```
#ip neigh add 10.0.0.3 lladdr 0:0:0:0:0:1 dev eth0 nud perm
```

示例 2：把状态改为 reachable。

```
#ip neigh chg 10.0.0.3 dev eth0 nud reachable
```

示例 3：删除设备 eth0 上的一个 ARP 条目 10.0.0.3。

```
#ip neigh del 10.0.0.3 dev eth0
```

示例 4：显示网络邻居的信息。

```
#ip - s n ls 193.233.7.254
```

示例 5：清除邻接条目。

```
#ip - s - s n f 193.233.7.254          //-s 可以显示详细信息
```

（4）ip route：路由表管理命令。缩写 route：ro、r。命令有 add、change、replace、delete、show、flush、get。缩写：add：a；change：chg；replace：repl；delete：del、d；show、list：sh、ls、l；get、g。

ip route add：添加新路由。

ip route change：修改路由。

ip route replace：替换已有的路由。

ip route delete：删除路由。

ip route flush：擦除路由表。

ip route get：获得单个路由。使用这个命令可以获得到达目的地址的一个路由以及它的确切内容。ip route get 命令和 ip route show 命令执行的操作是不同的。ip route show 命令只显示现有的路由，而 ip route get 命令在必要时会派生出新的路由。

示例 1：设置到网络 10.0.0.0/24 的路由经过网关 193.233.7.65。

```
#ip route add 10.0.0.0/24 via 193.233.7.65
```

示例 2：修改到网络 10.0.0.0/24 的直接路由，使其经过设备 dummy。

```
#ip route chg 10.0.0.0/24 dev dummy
```

示例 3：实现链路负载平衡。加入默认多路径路由，让 ppp0 和 ppp1 分担负载。

注意：scope 值并非必需，它只不过是告诉内核这个路由要经过网关而不是直连的。实际上，如果知道远程端点的地址，则能够使用 via 参数来设置就更好了。

```
#ip route add default scope global nexthop dev ppp0 nexthop dev ppp1
#ip route replace default scope global nexthop dev ppp0 nexthop dev ppp1
```

示例 4：设置 NAT 路由。在转发来自 192.203.80.144 的数据包之前，先进行网络地址转换，把这个地址转换为 193.233.7.83。

```
#ip route add nat 192.203.80.144 via 193.233.7.83
```

示例 5：实现数据包级负载平衡，允许把数据包随机从多个路由发出。weight 可以设置权重。

```
#ip route replace default equalize nexthop via 211.139.218.145 dev eth0 weight
1 nexthop via 211.139.218.145 dev eth1 weight 1
```

示例 6：删除上一节命令加入的多路径路由。

```
#ip route del default scope global nexthop dev ppp0 nexthop dev ppp1
```

示例 7：计算使用 gated/bgp 协议的路由个数。

```
#ip route ls proto gated/bgp |wc
```

示例 8：计算路由缓存里面的条数，由于被缓存路由的属性可能大于一行，因此需要使用-o 选项。

```
#ip -o route ls cloned |wc
```

示例 9：列出路由表 TABLEID 里面的路由。默认设置是 table main。TABLEID 是一个真正的路由表 ID、/etc/iproute2/rt_tables 文件定义的字符串，或者是以下的特殊值。

all：列出所有表的路由。

cache：列出路由缓存的内容。

```
#ip ro ls 193.233.7.82 tab cache
```

示例 10：列出某个路由表的内容。

```
#ip route ls table fddi153
```

示例 11：列出默认路由表的内容。

```
#ip route ls                    //此命令相当于传统的#route
```

示例 12：删除路由表 main 中的所有网关路由（在路由监控程序挂掉之后）。

```
#ip -4 ro flush scope global type unicast
```

示例 13：清除所有被复制的 IPv6 路由。

```
#ip -6 -s -s ro flush cache
```

示例 14：在 gated 程序挂掉之后，清除所有的 BGP 路由。

```
#ip -s ro f proto gated/bgp
```

示例 15：清除所有 IPv4 路由 cache。

```
#ip route flush cache
```

示例 16：搜索 193.233.7.82 的路由。

```
#ip route get 193.233.7.82
```

示例 17：搜索目的地址是 193.233.7.82，来自 193.233.7.82，从 eth0 设备到达的路由（这条命令会产生一条非常有意思的路由，这是一条到 193.233.7.82 的回环路由）。

```
#ip r g 193.233.7.82 from 193.233.7.82 iif eth0
193.233.7.82 from 193.233.7.82 dev eth0 src 193.233.7.65 realms inr.ac/inr.ac
cache<src-direct,redirect>mtu 1500 rtt 300 iif eth0
```

（5）ip rule：路由策略数据库管理命令。命令有 add、delete、show（或者 list）。缩写：add：a；delete：del、d；show、list：sh、ls、l。

注意：策略路由（policy routing）不等于路由策略（routing policy）。某些情况下，不只需要通过数据包的目的地址决定路由，可能还需要通过其他一些域，如源地址、IP 协议、传输层端口甚至数据包的负载。这就叫做策略路由（policy routing）。

ip rule add：插入新的规则。

ip rule delete：删除规则。

ip rule show：列出路由规则。

示例 1：通过路由表 inr.ruhep 路由来自源地址为 192.203.80/24 的数据包。

```
#ip ru add from 192.203.80/24 table inr.ruhep prio 220
```

示例 2：把源地址为 193.233.7.83 的数据包的源地址转换为 192.203.80.144，并通过表 1 进行路由。

```
#ip ru add from 193.233.7.83 nat 192.203.80.144 table 1 prio 320
```

示例 3：删除无用的默认规则。

```
#ip ru del prio 32767
```

示例 4：显示路由规则。

```
#ip ru ls
```

（6）ip maddress：多播地址管理命令。缩写：maddress：m。

ip maddress show：列出多播地址。

ip maddress add：加入多播地址。

ip maddress delete：删除多播地址。

示例 1：列出多播地址。

```
#ip maddr ls dummy
```

示例 2：增加多播地址。

```
#ip maddr add 33:33:00:00:00:01 dev dummy    //添加在网络接口上监听的链路层多播地
                                               址。只能管理链路层地址
```

示例 3：查看多播地址。

```
#ip -0 maddr ls dummy
```

示例 4：删除多播地址。

```
#ip maddr del 33:33:00:00:00:01 dev dummy
```

（7）ip mroute show：显示多播路由缓存管理条目命令。缩写：mroute：mr。

（8）ip tunnel：通道配置命令。缩写：tunnel：tunl。

ip tunnel add：添加新的通道。

ip tunnel change：修改现有的通道。

ip tunnel delete：删除一个通道。

ip tunnel show：列出现有的通道。

示例 1：建立一个点对点通道，最大 TTL 是 32。

```
#ip tunnel add Cisco mode sit remote 192.31.7.104 local 192.203.80.1 ttl 32
```

示例 2：显示现有通道。

```
#ip -s tunl ls Cisco
```

（9）ip monitor 和 rtmon：状态监视命令。

此命令可以用于连续监视设备、地址和路由的状态。这个命令格式有点不同，命令选项的名字叫做 monitor，接着是操作对象。

```
ip monitor [ file FILE ] [ all | OBJECT-LIST ]
```

OBJECT-LIST 是一些被监控的对象，它可以包括 link、address 和 route。如果没有给出 file 参数，ip 命令就打开 RTNETLINK，在上面监听，并把状态的变化输出到标准输出设备。如果使用了 file 参数，ip 命令就不是在 RTNETLINK 上监听，而是打开由 file 参数指定的包含 RTNETLINK 信息的二进制文件，把解析的结果显示出来。这种历史文件可以由工具产生。这个工具具有和 ip monitor 命令的语法类似的命令行。理想的情况是，在网络配置命令启动之前运行 rtmon 命令（当然，可以在任意的时间启动 rtmon，它会记录从启动开始的状态变化）。

```
#rtmon file /var/log/rtmon.log
#ip monitor file /var/log/rtmon.log r   //使用 ip monitor 命令分析 /var/log/rtmon.log
```

### 2. ping 命令

功能说明：检测主机与主机之间的连通性。

语法：

```
ping [-LRUbdfnqrvVaAB] [-c count] [-i interval] [-I interface] [-l preload]
[-p pattern] [-s packetsize] [-t ttl] [-W timeout] 目的主机名称或 IP 地址
```

补充说明：执行 ping 指令会使用 ICMP 协议，发出要求回应的信息，若远端主机的网络功能没有问题，就会回应相应信息，因而得知该主机运作正常。

常用选项如下。

-b：允许 ping 广播地址。

-f：极限检测。

-n：只输出数值。

-q：不显示指令执行过程，只显示开头和结尾的相关信息。

-r：忽略普通的路由表，直接将数据包通过网卡送到远端主机上。

-R：记录路由过程。

-v：详细显示指令的执行过程。

-c count：该选项用于指定向目的主机地址发送多少个报文，count 代表发送报文的数目。默认情况下，ping 命令会不停地发送 ICMP 报文，若要让 ping 命令停止发送 ICMP 报文，则可按 Ctrl+C 键来实现，最后还会显示一个统计信息。

-i interval：指定发送分组的时间间隔。默认情况下，每个数据包的间隔时间是 1 秒。

-I interface：使用指定的网络接口送出数据包。选项可以是 IP 地址或设备名。

-l preload：若设置此选项，则在没有等到响应之前，就先行发出数据包。

-p pattern：设置填满数据包的范本样式。

-s packetsize：该选项用于指定发送 ICMP 报文的大小，以字节为单位。默认情况下，发送的报文数据大小为 56 字节，加上每个报文头的 8 字节，共 64 字节。有时网络会出现 ping 小包正常，而 ping 较大数据包时严重丢包的现象，此时就可利用该参数选项来发送一个较大的 ICMP 包，以检测网络在大数据流量的情况下工作是否正常。

-t ttl：设置数据包存活数值 TTL 的大小。

-W timeout：定义等待响应的时间。

例如：

```
#ping -c 5 -i 1 www.sjzpt.edu.cn        //发送 5 次信息，每次间隔为 1 秒
PING www.sjzpt.edu.cn (202.206.80.35) 56(84) bytes of data.
64 bytes from 202.206.80.35: icmp_seq=1 ttl=246 time=1.2ms
64 bytes from 202.206.80.35: icmp_seq=1 ttl=246 time=1.2ms
64 bytes from 202.206.80.35: icmp_seq=1 ttl=246 time=1.2ms
64 bytes from 202.206.80.35: icmp_seq=1 ttl=246 time=1.2ms
64 bytes from 202.206.80.35: icmp_seq=1 ttl=246 time=1.2ms

---www.sjzpt.edu.cn statistics ---
5 packets transmitted, 5 received, 0%packet loss, time 1047ms
rtt min/avg/max/mdev=0.377/1.397/2.145/0.803 ms
```

### 3. netstat

功能说明：该命令可用来显示网络连接、路由表和正在侦听的端口等信息。通过网络连接信息，可以查看了解当前主机已建立了哪些连接，以及有哪些端口正处于侦听状态，从而发现一些异常的连接和开启的端口。木马程序通常会建立相应的连接并开启所需的端口，有经验的管理员通过该命令，可以检查并发现一些可能存在的木马等后门程序。

语法：

```
netstat [选项]
```

补充说明：利用 netstat 指令可让用户得知整个 Linux 系统的网络情况。该命令的选项较多，执行 man netstat 命令可查看详细的帮助说明。

主要选项如下所示。

-a 或--all：显示所有连接中的 socket，包括 TCP 端口和 UDP 端口，以及当前已建立的连接和正在侦听的端口。

-c 或--continuous：持续列出网络状态，每隔 1 秒更新 1 次。

-e 或--extend：显示网络其他相关信息。

-g 或--groups：显示多播群组成员信息。

-h 或--help：在线帮助。

-i 或--interfaces：显示网络接口卡的相关信息。

-l 或--listening：只显示处于侦听模式的 socket。

-n 或--numeric：不进行名称解析。端口采用端口号来显示，而不转换为/etc/services 文件中定义的端口名；IP 地址采用数字式地址显示，不转换成主机名或网络名显示。

-N 或--netlink 或--symbolic：显示网络硬件外围设备的符号连接名称。

-o 或--timers：显示计时器。

-p 或--program：显示正在使用 socket 的程序识别码和程序名称。

-r 或--route：显示核心路由表。

-s 或--statistic：显示每个协议的汇总统计。

-t 或--tcp：显示使用 TCP 协议的连接状况。

-u 或--udp：显示使用 UDP 协议的连接状况。

-v 或--verbose：显示指令执行过程。

-V 或--version：显示版本信息。

-w 或--raw：显示使用 RAW 协议的连接状况。

例如：

```
#netstat -lpe    //显示所有监控中的服务器的 socket 和正在使用 socket 的程序信息。
Active Internet connections (only servers)
Proto Recv-Q send-Q Local Address Foreign Address State User Inode PID/Program name
tcp   0  0  *:42125  *:*   LISTEN rpcuser  9704 1218/rpc.statd
  ⋮
```

### 4. traceroute

功能说明：显示数据包到主机间的路由状况。

语法：

```
traceroute [-dFInrV] [-f first_ttl] [-g gate...] [-i device] [-m max_ttl] [-p port] [-s src_addr] [-t tos] [-w waittime] 主机名称或 IP 地址 [packet_len]
```

补充说明：traceroute 命令让用户追踪网络数据包的路由途径，该命令向途径的路由各发送 3 个分组。如果路由有响应，则显示响应路由的地址及该路由对 3 个分组的响应时间；如果有一个发出的分组没有被路由响应，则 traceroute 显示 1 个 " * "。预设分组大小是 60Bytes，用户可另行设置。

主要选项如下。

-d：使用 socket 层级的排错功能。

-f first_ttl：设置第一个检测数据包的存活时间 TTL 的大小。

-F：设置不分段位。

-g gate,...：设置源路由网关，最多可设置 8 个。

-I device：使用指定的网络接口送出数据包。

-I：使 ICMP 回应取代 UDP 资料信息。

-m max_ttl：设置检测数据包的最大存活数值 TTL 的大小。

-n：直接使用 IP 地址而非主机名称。

-p port：设置 UDP 传输协议的通信端口。

-r：忽略普通的 Routing Table，直接将数据包送到远端主机上。

-s src_addr：设置本地主机送出数据包的 IP 地址。

-t tos：设置检测数据包的 TOS 数值。

-V：详细显示指令的执行过程。

-w waittime：设置等待远端主机回复的时间。

例如：

```
#traceroute www.inhe.net
traceroute to www.inhe.net (221.192.155.193), 30 hops max, 60 byte packets
1 bogon (192.168.1.1) 3.499 ms 9.891 ms 9.446 ma
2 218.11.32.1(218.11.32.1) 129.116 ms 128.680 ms 128.289 ms
3 221.192.0.6 (221.192.0.6) 127.889 ms 127.427 ms 126.835 ms
4 221.192.15.170 (221.192.15.170) 126.403 ms 125.946 ms 125.518 ms
5 218.12.255.73 (218.12.255.73) 125.120 ms 119.698 ms 119.1199 ms
6 202.99.167.38 (2020.99.167.38) 118.761 ms 122.972 ms 122.110 ms
7 221.192.129.150 (221.192.129.150) 121.938 ms 130.196 ms 129.804 ms
8 221.192.129.138 (221.192.129.138) 129.307 ms 128.908 ms 128.450 ms
9 61.182.172.17 (61.182.172.17) 156.765 ms !x*
```

### 5. arp

功能说明：可以使用 arp 命令配置并查看 Linux 系统的 ARP 缓存，包括查看 ARP 缓存、删除某个缓存条目、添加新的 IP 地址和 MAC 地址的映射关系等。

语法：

```
arp [-v] [-n] [-H type] [-i if] [-a] [-d] [-s] [hostname] [hw_addr]
```

补充说明：本地主机向"某个 IP 地址（目标主机 IP 地址）"发送数据时，先查找本地的 ARP 表，如果在 ARP 表中找到"目标主机 IP 地址"的 ARP 表项，将把"目标主机 IP 地址"对应的"MAC 地址"填充到数据帧的"目的 MAC 地址字段"再发送出去。

主要选项如下。

-a [hostname]：显示指定主机的 ARP 项。如果没有指定主机，则显示所有 ARP 表项。

-n：以数字地址形式显示。

-H type：设置和查询 ARP 缓存时，检查指定类型的地址。

-i if：选择指定的接口(interface)。

-d：删除 hostname 指定的主机。hostname 可以是通配符"＊"，以删除所有主机。

-s：手工添加 Internet 地址 inet_addr 与物理地址 eth_addr 的关联。物理地址是用冒号分隔的 6 个十六进制数。

-v：在详细模式下显示当前 ARP 项。所有无效项和环回接口上的项都将显示。

-f[filename]：从指定文件中读取新的记录项。如果没有指定文件，则默认使用 /etc/ethers 文件。

hostname：指定 Internet 地址(IP 地址)。

hw_addr：指定物理地址。

例如：

```
#arp -s 123.253.68.209 00:19:56:6F:87:D2        //添加静态项
#arp -a                                          //显示 ARP 表
```

注意：arp -s 设置的静态项在用户注销或重启之后会失效，如果想要任何时候都不失效，可以将 IP 和 MAC 的对应关系写入 arp 命令默认的配置文件/etc/ethers 中。

# 6.5　解决网络故障问题的思路

即使按照 Linux 系统的操作说明一步步地对网络进行设置，仍然有可能出现无法正常联网的情况。这主要是因为网络配置是一件较复杂的事情。当网络出现问题时，有时候经验可能比技术更加有用。Linux 操作系统无法上网的原因有很多种。这里列举一些常见的网络故障以及解决措施，帮助 Linux 系统管理员迅速定位网络错误并及时恢复网络以正常运行。

### 1. 利用 ifconfig 命令判断网卡基本配置

当操作系统无法正常上网时，Linux 系统管理员首选要做的就是检查网卡当前的配置是否准确。利用 ifconfig 命令可以帮助系统管理员确认网卡的当前配置。那么该如何判断网卡工作是否正常呢？笔者提出一些思路供大家参考。

(1) 如果采取动态分配 IP 地址，那么管理员首先要判断这台 Linux 主机有没有从 DHCP 服务器获得 IP 地址。这主要看网卡当前的 IP 地址是否与 DHCP 服务器规划的 IP 网段相同。如果 Linux 主机不能够连接到 DHCP 服务器或者不能够从它那里获得 IP 地址(如 DHCP 服务器中的地址已经使用完了)，则显示的 IP 地址往往为 0.0.0.0。若出现这种情况，系统管理员就需要检查本机与 DHCP 服务器之间的连接或者查询 DHCP 服务器 IP 地址池的使用情况。

(2) 判断当前的网络参数设置是否准确。通常情况下，如果采用自动分配 IP 地址，那么只要取得地址，一般不会错误。如果有错，则整个局域网内的主机都将无法上网。但是如果是手动配置 IP 地址，则很有可能配置错误。为此，如果自动分配 IP 地址，则只需要检查是否从 DHCP 服务器获取了网络参数即可。但是，如果是手动分配，则还需要判断这些参数是否准确。这些参数主要包括 IP 地址、子网掩码、默认网关、DNS 配置等。特别是 IP 地址，要注意它是否跟当前的其他主机 IP 地址有冲突；还需要注意是否在规定的网段内等问题。

（3）有时候管理员可能会遇到网卡没有正常启动的情况（如没有正确安装网卡驱动或者网卡被暂时停用）。此时，网络管理员往往需要手动重新启动网卡，可采用/etc/rc.d/init.d/network restart 命令。这条命令告诉 Linux 系统重新启动所有的网络接口。命令运行完毕以后，再次执行 ifconfig 命令，检查网卡是否正常启动。如果依旧无法启动，那么 Linux 系统管理员就需要考虑一下是否是网卡或者主板的硬件故障问题。可以重新插拔一下网卡或者换一块网卡试试。

另外，还须说明两点。一是 ifconfig 命令的作用跟 Windows 下面的 ipconfig 命令作用类似，但是用法略有不同。在 Windows 系统下，ipconifg 命令有一个 ALL 选项，它表示显示详细的 IP 配置信息。在使用这个命令的时候，如果不带参数，则只显示 IP 地址、子网掩码等信息，但是如果带参数，则同时还会显示 DNS 等信息。而 Linux 命令没有这个参数，直接显示详细的 IP 配置信息。二是网卡重新启动的命令需要有一定的权限（如 root 权限），否则，会被系统拒绝。

### 2. 利用 ping 命令

如果利用 ifconfig 命令查看网络基本参数都正确无误，但是还是无法正常连上网络，则需要利用 ping 命令进行网络连通性测试。可以利用 ping 网关地址的形式来判断主机与网关之间的连接是否存在问题；也可以利用这个命令测试跟局域网内其他主机的连通性。不过在使用这个命令的时候，需要注意跟 Windows 系统下的异同。

在 Windows 下，如果利用 ping 命令测试跟其他主机的连通性，则默认情况下只会显示 4 条记录信息。如果要让其一直显示，就需要加入参数"-t"，如 ping 192.168.0.254 -t。如果 Linux 系统使用这个命令，则默认会一直对远程主机发送数据包来测试连通性。这跟 Windows 默认只发送 4 个数据包不同。如果要终止 Linux 系统向远程主机发送数据包，需要手动操作 Ctrl+C 键停止这个命令。

如果这个命令提示错误信息，那么就有两种可能：一是跟远程主机的连接存在问题。如果采用静态分配 IP 地址且网卡信息配置准确，则很有可能是连接的网线或者中间的网络设备的问题。通常情况下，需要多测试几台主机来判断问题的故障点在哪里。二是需要注意，有时候出于安全考虑，网络管理员会对一些重要的设备进行配置，拒绝其他主机对其进行 ping 操作。这主要是为了防止 ping 攻击。由于 TCP/IP 的设计原理使用的是 ACK 模式，所以客户机给目标主机发送一个 ping 包，目标主机会回应这个请求，以达到测试连接性的目的。ICMP 协议是因特网控制消息错误报文协议，使用 ICMP 攻击的原理实际上就是通过 ping 大量的数据包使得计算机的 CPU 使用率居高不下而崩溃，黑客通常在一个时段内连续向计算机发出大量请求而导致 CPU 占用率太高而死机。因此，为了网络设备的安全,往往会通过防火墙或者 IP 安全策略等手段,让关键网络设备不对他人的 ping 命令做出反应。此时在发出命令方就会显示 ping 错误。为此,这里需要注意,如果 ping 不通,并不真的代表物理网络不通。

### 3. 确认网关、DNS 是否正常

如果通过上面两个步骤仍然不能够解决网络故障,或者说可以 ping 通其他主机但是不能够打开网页,那么系统管理员需要确认网关或者 DNS 是否存在问题。网关就是一个网络连接到另一个网络的关口。在互联网中,网关是一种连接内部网与互联网上其他网段的中间设备。有多种设备可以充当网关,如路由器等。网关地址可以理解为内部网与互联网信息传输的通道地址。按照不同的分类标准,网关也有很多种。TCP/IP 协议里的网关是最常用的,这里所讲的"网关"均指 TCP/IP 协议下的网关。所以,有时候局域网内各个主机可以正常通信,但是无法连接到互联网时很可能是网关配置错误的问题。

那么如何测试网关配置是否正确呢?笔者这里做一些简单的介绍。如果企业中有自动分配 IP 地址的 DHCP 服务器,而现在是一台固定 IP 地址的客户端出现联网故障,则可以先把 IP 地址改为自动获得,让其自动从 DHCP 服务器中获取相关的 IP 参数。此时如果能够正常上网,则说明很可能是因为手动配置 IP 参数时网关设置错误所造成的(如设置前可以访问局域网内部的主机而不能够访问互联网)。此时 Linux 系统管理员就需要查看原先的网关配置是否正确。如果故障客户端本身就采用的是自动分配 IP 地址,则可以采用 ping 网关地址的方法来判断故障客户端跟网关之间是否存在连接方面的故障。如果此时仍然 ping 不通网关地址,则 Linux 系统管理员就需要考虑是否是故障客户端与网关之间存在着硬件方面的故障,如网线问题或者中间的网络设备问题等。

如果故障客户端可以 ping 通网关,也可以 ping 公网 IP 地址,但是仍然无法打开网页,则系统管理员就要怀疑是否是 DNS 服务器有问题。如果要判断网络访问故障是否是因为 DNS 服务器所造成的,那么就可以采用 ping IP 地址的方式。如果能 ping 通 IP 地址而不能 ping 通域名,就说明 DNS 配置有错误。如果企业是自动获取 DNS 配置,那就需要咨询互联网服务提供商了。如果是手动配置,则需要检查一下配置的准确性。

Linux 网络故障排除应当遵循先硬件后软件的方法。如果硬件出现物理损坏,那么如何设定网络都不能排除故障。解决问题的方法可以从自身 Linux 计算机的网卡查起,然后排查到服务器、交换机、路由器等硬件。如果确定硬件没有问题了,再来考虑软件的设定。

# 本 章 实 训

### 实训目的

(1) 掌握 Linux 下 TCP/IP 网络的设置方法。

(2) 学会使用命令检测网络配置。

（3）学会启用和禁用系统服务。

### 实训内容

练习 Linux 系统下 TCP/IP 网络设置、网络检测方法。

1. 设置 IP 地址及子网掩码

（1）查看关于网卡的信息。

（2）为网络接口设置 IP 地址、子网掩码并启动此网络接口。

2. 利用 ifconfig 命令查看系统的网络接口

3. 设置网关和主机名

（1）显示系统的路由设置。

（2）设置默认路由，确认是否设置成功。

（3）显示当前的主机名，并以自己的姓名重新设置主机名并确认是否设置成功。

4. 检测设置

（1）ping 网关的 IP 地址，检测网络是否连通。

（2）用 netstat 命令查看整个 Linux 系统的网络情况。

5. 设置域名解析

（1）编辑/etc/hosts 文件，加入要进行静态域名解析的主机的 IP 地址和域名。

（2）用 ping 命令检测上面设置好的网关的域名，测试静态域名解析是否成功。

（3）编辑/etc/resolv. conf 文件，加入域名服务器的 IP 地址，设置动态域名解析。

（4）编辑/etc/host. conf 文件，设置域名解析顺序为：hosts、bind。

（5）用 nslookup 命令查询一个网络对应的 IP 地址，测试域名解析的设置。

### 实训总结

通过此次的上机实训使用户掌握在 RHEL 6.2 上配置接入 Internet 的操作方法。

# 本 章 习 题

### 一、选择题

1. 在 Linux 系统中，主机名保存在（　　　）配置文件中。

    A．/etc/hosts         B．/etc/modules. conf

    C．/etc/sysconfig/network     D．/etcnetwork

2. Linux 系统的第二块以太网卡的配置文件全路径名是（　　　）。

    A．/etc/sysconfig/network/ifcfg-eth0

    B．/etc/sysconfig/network/ifcfg-eth1

    C．/etc/sysconfig/network-scripts/ifcfg-eth0

    D．/etc/sysconfig/network-scripts/ifcfg-eth1

3. 在 Linux 系统中,用于设置 DNS 客户的配置文件是( )。

    A. /etc/hosts            B. /etc/resolv. conf

    C. /etc/dns. conf         D. /etc/nis. conf

4. 若要暂时禁用 eth0 网卡,以下命令中,可以实现的是( )。

    A. ifconfig eth0            B. ifup eth0

    C. ifconfig eth0 up       D. ifconfig eth0 down

5. 以下对网卡配置的说法中,正确的是( )。

    A. 可以利用 netconfig 命令来设置或修改网卡的 IP 地址、默认网关和域名服务器,该方法所设置的 IP 地址会立即生效

    B. 可以利用 vi 编辑器直接修改网卡对应的配置文件,从而设置或修改网卡的名称、IP 地址以及默认网关等内容

    C. 利用 vi 编辑器修改网卡配置文件后,必须重新启动 Linux 系统,新的设置才会生效

    D. 在 Linux 系统中,多块网卡可共用同一个配置文件

## 二、简答题

1. Linux 中与网络配置相关的配置文件主要有哪些?

2. 如何利用 ifconfig 工具禁用和重启网络接口?

3. 如何设置本机的 DNS 服务器地址?

4. 如何排除网络配置中出现的故障?

# 第 7 章　配置 Samba 服务器

Windows 基于 SMB 协议来实现文件、打印机以及其他资源的共享；而 Samba 是 SMB 协议的一种实现方法，是 Linux 系统文件和打印共享服务器，可以让 Linux 和 Windows 客户机实现资源共享。

**本章要点：**

(1) 了解 Samba 服务的功能。

(2) 掌握安装和启动 Samba 服务的方法。

(3) 掌握 Samba 服务配置方法，实现文件和打印共享。

## 7.1　了　解　Samba

### 7.1.1　SMB 协议

在 NetBIOS 出现之后，Microsoft 就使用 NetBIOS 实现了网络文件/打印服务系统，这个系统基于 NetBIOS 设定了一套文件共享协议，Microsoft 称之为 SMB(Server Message Block)协议。这个协议被 Microsoft 用于 LAN Manager 和 Windows NT 服务器系统中，而 Windows 系统均带有使用此协议的客户软件，因而这个协议在局域网系统中影响很大。

随着 Internet 的广泛使用，Microsoft 希望将这个协议扩展到 Internet 上去，成为 Internet 上计算机之间共享数据的一种标准。因此它将原有的几乎没有多少技术文档的 SMB 协议进行整理，重新命名为 CIFS(Common Internet File System)，并打算将它与 NetBIOS 相脱离，试图使它成为 Internet 上的一个标准协议。因此，为了让 Windows 和 UNIX 计算机相集成，最好的办法是在 UNIX 中安装支持 SMB/CIFS 协议的软件，这样 Windows 客户就不需要更改设置，就能如同使用 Windows NT 服务器一样，使用 UNIX 计算机上的资源了。

与其他标准的 TCP/IP 协议不同，SMB 协议是一种复杂的协议，因为随着 Windows 计算机的开发，越来越多的功能被加入到协议中去，很难区分哪些概念和功能应该属于 Windows 操作系统本身，哪些概念应该属于 SMB 协议。其他网络协议由于是先有协议，再实现相关的软件，因此结构上就清晰简洁一些，而 SMB 协议一直是与 Microsoft 的操作系统混在一起进行开发的，因而协议中包含了大量的 Windows 系统中的概念。

### 1. 浏览

在 SMB 协议中，计算机为了访问网络资源，就需要了解网络上存在的资源列表（例如在 Windows 下使用网络邻居查看可以访问的计算机），这个机制就被称为浏览（Browsing）。虽然 SMB 协议中经常使用广播的方式，但如果每次都使用广播的方式了解当前的网络资源（包括提供服务的计算机和各个计算机上的服务资源），就需要消耗大量的网络资源并浪费较长的查找时间，因此最好在网络中维护一个网络资源的列表，以方便查找网络资源。只有必要的时候，才重新查找资源，例如使用 Windows 下的查找计算机功能。但没有必要每个计算机都维护整个资源列表，维护网络中当前资源列表的任务由网络上的几个特殊计算机完成，这些计算机被称为 Browser，这些 Browser 通过记录广播数据或查询名字服务器来记录网络上的各种资源。Browser 并不是事先指定的计算机，而是在普通计算机之间通过自动进行的推举产生的。不同的计算机可以按照其提供服务的能力，设置在推举时具备的不同权重。为了保证一个 Browser 停机时网络浏览仍然正常，网络中常常存在多个 Browser，一个为主 Browser(Master Browser)，其他的为备份 Browser(Backup Browser)。

### 2. 工作组和域

在进行浏览时，工作组和域的作用是相同的，都用于区分并维护同一组浏览数据的多台计算机。事实上它们的不同在于认证方式上，工作组中每台计算机基本上都是独立的，即独立对客户访问进行认证，而域中将存在一个（或几个）域控制器，保存对整个域有效的认证信息，包括用户的认证信息以及域内成员计算机的认证信息。浏览数据的时候，并不需要认证信息，Microsoft 将工作组扩展为域，只是为了形成一种分级的目录结构，将原有的浏览和目录服务相结合，以扩大 Microsoft 网络服务范围的一种策略。工作组和域都可以跨越多个子网，因此网络中存在两种 Browser，一种为 Domain Master Browser，用于维护整个工作组或域内的浏览数据；另一种为 Local Master Browser，用于维护本子网内的浏览数据，它和 Domain Master Browser 通信以获得所有的可浏览数据。划分这两种 Browser 主要是由于浏览数据依赖于本地网广播来获得资源列表，不同子网之间只能通过浏览器之间的交流能力才能互相交换资源列表。但是，为了浏览多个子网的资源，必须使用 NBNS(NetBIOS Name Service)名字服务器的解析方式，没有 NBNS 的帮助，计算机将不能获得子网外计算机的 NetBIOS 名字。Local Master Browser 也需要查询 NetBIOS 名字服务器以获得 Domain Master Browser 的名字，以相互交换网络资源信息。由于域控制器在域内的特殊性，因此域控制器倾向于被用作 Browser，主域控制器应该被用作 Domain Master Browser，它们在被推举时设置的权重较大。

### 3. 认证方式

在 Windows 9x 系统中，习惯上使用共享级认证的方式互相共享资源，主要原因是在这些 Windows 系统上不能提供真正的多用户能力。一个共享级认证的资源只有一个口令与其相联系,而没有用户数据。这种方法适合于小组人员共享很少的文件资源的情况,一旦需要共享的资源变多,需要进行的限制复杂化,那么针对每个共享资源都设置一个口令的做法就不再合适了。因此对于大型网络来讲,更适合的方式是用户级的认证方式,区分并认证每个访问的用户,并通过对不同用户分配权限的方式共享资源。对于工作组方式的计算机,认证用户是通过本机完成的,而域中的计算机通过域控制器进行认证。当Windows计算机通过域控制器的认证时,它可以根据设置执行域控制器上的相应用户的登录脚本与桌面环境描述文件。每台SMB服务器都对外提供文件或打印服务,每个共享资源需要被给予一个共享名,这个名字将显示在这个服务器的资源列表中。然而,如果一个资源的名字的最后一个字母为"＄",则这个名字就为隐藏名字,不能直接显示在浏览列表中,但可以通过直接访问这个名字来进行访问。在SMB协议中,为了获得服务器提供的资源列表,必须使用一个隐藏的资源名字IPC＄来访问服务器,否则客户无法获得系统资源的列表。

## 7.1.2　Samba 服务

Samba是一个工具套件,可以在UNIX上实现SMB(Server Message Block)协议,或者称之为NETBIOS/LanManager协议。Samba(SMB是其缩写)作为一个网络服务器,用于Linux和Windows共享文件之用;Samba既可以用于Windows和Linux之间的共享文件,也可以用于Linux和Linux之间的共享文件;不过对于Linux和Linux之间共享文件有更好的网络文件系统NFS,NFS也是需要架设服务器的。

Windows网络中的每台机器既可以作为文件共享的服务器,也可以作为客户机;Samba也是一样的,比如一台Linux的机器,如果作了Samba Server后,它既能充当共享服务器,同时也能作为客户机来访问其他网络中的Windows共享文件系统,或其他Linux的Samba服务器。

用户在Windows网络中利用共享文件功能直接就可以把共享文件夹当作本地硬盘来使用。在Linux中,可以通过Samba向网络中的机器提供共享文件系统,也可以把网络中其他机器的共享挂载在本地机上使用,这与FTP的使用方法是不一样的。

# 7.2　安装 Samba 服务器

## 7.2.1　安装 Samba

在进行Samba服务的操作之前,首先可使用下面的命令验证是否已安装了Samba组件。

```
#rpm -qa|grep samba
samba-common-3.5.10-114.el6.x86_64
samba-winbind-clients-3.5.10-114.el6.x86_64
```

```
samba-client-3.5.10-114.el6.x86_64
samba-3.5.10-114.el6.x86_64
```

命令执行结果表明系统已安装了 Samba 服务器。如果未安装,超级用户(root)在图形界面下选择"系统"→"管理"→"添加/删除软件"选项,再在打开的窗口中选择需要的软件包就可以安装或卸载 Samba 相关的软件包,包括如下几个软件包。

(1) samba：Samba 服务器端软件。

(2) samba-client：Samba 客户端软件。

(3) samba-common：Samba 的支持软件包。

(4) samba-winbind：提供基本的配置文件以及相关的支持工具。

当然,也可以用命令来安装或卸载 Samba 服务,具体步骤如下。

(1) 创建挂载目录。

```
#mkdir /mnt/cdrom
```

(2) 把光盘挂载到/mnt/cdrom 目录下面。

```
#mount /dev/cdrom /mnt/cdrom
```

(3) 进入 Samba 软件包所在的目录(注意大小写字母,否则会出错)。

```
#cd /mnt/cdrom/Packages
```

(4) 安装 Samba 服务。

```
#rpm -ivh samba-3.5.10-114.el6.x86_64.rpm
```

如果出现如下提示,则证明被正确安装。

```
warning: samba-3.5.10-114.el6.x86_64.rpm: Header V3 RSA/SHA256 Signature,key
ID fd431d51: NOKEY
Preparing ...         ###################################[100%]
1:samba               ###################################[100%]
```

## 7.2.2　启动、停止 Samba 服务器

服务的启动、停止或重启可以使用命令和图形界面两种方式。

### 1. 使用命令行

使用命令对 Samba 服务器进行启动、停止或重新启动时,有两种命令可以使用。可在终端窗口或在字符界面下输入以下两个命令中的一个进行控制。

(1) 启动

```
#/etc/init.d/smb start
#service smb start
```

（2）停止

```
#/etc/init.d/smb stop
#service smb stop
```

（3）重新启动

```
#/etc/init.d/smb restart
#service smb restart
```

**2. 图形界面化启动与停止 Samba**

选择"系统"→"管理"→"服务"命令，弹出服务配置窗口，如图 7-1 所示。选中 smb 选项，然后通过该窗口工具栏的"启用"、"禁用"、"重启"或"停止"按钮来操作 Samba 服务器。

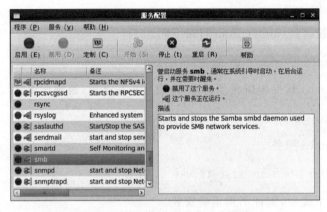

图 7-1 启动、停止或重启 smb 服务

# 7.3 配 置 Samba

配置 Samba 服务器的主要方法是定制 Samba 的配置文件以及建立 Samba 用户账号。安装了 Samba 服务器所需要的程序包后，就会自动生成 Samba 服务主配置文件，默认存放在/etc/samba 目录中。它用于设置工作群组、Samba 服务器工作模式、NetBIOS 名称以及共享目录等相关设置。Samba 服务器在启动时会读取这个配置文件，以决定如何启动、提供哪些服务以及向网络上的用户提供哪些资源。

smb.conf 文件与微软的 Windows 操作系统中的.ini 文件有类似的语法结构，文件被分为多个小节，每一个由一个方括号标注的内容（如[global]）表示开始，并包含多个参数。该文件的内容不区分大小写，例如，参数"writable＝yes"与"writable＝YES"等价。文件以"#"和";"开头的行表示注释行，不会影响服务器的工作。

可以借助文件编辑器 vim 查看 smb.conf 文件的内容，命令如下：

```
#vim /etc/samba/smb.conf
```

smb.conf 文件分为全局配置和共享定义两个部分。其中,全局配置部分包括一系列的参数,用于定义整个 Samba 服务器的工作规则;共享定义部分包括目录共享和打印机共享,分为多个小节,每一小节定义一个共享项目,用户也可以根据自己的需要添加共享项目。如果不了解相关配置项的作用,建议保持原配置文件中的配置,仅对需要修改的项目进行修改。

# 7.3.1　全局选项

全局设置配置关于 Samba 服务整体运行环境的选项,针对所有共享资源;共享定义配置共享目录的部分。基本参数设置完毕后可使用 testparm 命令检查语法错误,如看到"Loaded services file OK"的提示信息,则表明配置文件加载正常,否则系统会提示出错的地方。本节先介绍全局设置部分。

长几百行的 Samba.conf 默认配置文件可以分成两大部分,首先要配置的是全局参数。它的配置文件是以下面这行开始的:

```
#====================Global Settings====================
```

截止于下面这行(共享定义)的前面:

```
#====================Share Definitions====================
```

在 global 中的设置选项是一些主机的全局参数设置,包括工作群组、主机的 NetBIOS 名称、字符编码的显示、登录文件的设定、是否使用密码以及使用密码验证的机制等。下面把这部分的一些主要设置语句列出来,介绍设置方法。

📎 注意:在默认提供的 samba.conf 配置文件中,用"#"开头的都是对下面的语句进行说明的文字,配置时不用管它。以";"开头的行是语句配置范例,修改成自己的设置并去掉前面的";"才能使语句生效。另外要注意,在语句设置中,赋值号"="两端必须留有一个空格。

### 1. workgroup＝MYGROUP

该参数用来设置 Windows 网络工作组或域名(如果是域,且工作模式为 ads,则必须是 DNS 名称,否则为 NetBIOS 名称)。但要注意,这里的配置要与下面的 security 语句对应设置,如果设置了 security＝domain,则 workgroup 用来指定 Windows 域名(domain 模式为 NetBIOS 格式)。

### 2. server string＝Samba Server Version %v

这个语句其实用途不大,用来对当前 Samba 服务器进行描述,方便客户端用户识别,可以任意修改,也可以直接采用默认的 Samba Server Version %v 设置。

📎 注意:"Samba Server Version %v"字符串中的%v 是 Samba 里定义的宏,宏用百分号后跟一个字符来表示,具体运用时就用实际参数来代替。常见的 Samba 宏如表 7-1 所示。

表 7-1　smb. conf 文件中常用的宏

| 宏名 | 描　述 | 宏名 | 描　述 |
|---|---|---|---|
| %S | 当前共享的名称 | %g | 给定 %u 的所在工作组名称 |
| %P | 当前服务的根路径 | %H | 给定 %u 的私人目录 |
| %u | 当前服务的用户名 | %v | Samba 服务版本号 |
| %h | 运行 Samba 的机器的主机名 | %T | 当前的日期和时间 |
| %m | 客户机的 NetBIOS 名称 | %I | 客户机的 IP 地址 |
| %L | 服务器的 NetBIOS 名称 | %d | 当前服务器进程 ID |

### 3. netbios name＝MYSERVER

这是用来设置 Samba 服务器的 NetBIOS 名称。如果没有这个语句,则在 Windows 计算机中显示的是默认的 hostname 名称。

### 4. interfaces＝lo eth0 192. 168. 12. 2/24 192. 168. 13. 2/24

该语句为多网卡的 Samba 服务器使用,用以设置 Samba 服务器需要监听的网卡。可以通过网络接口或 IP 地址进行设置。

### 5. hosts allow＝127. 192. 168. 12. 192. 168. 13.

该语句设置允许(关键字为 allow)或禁止(关键字为 deny)访问 Samba 服务器的 IP 范围或域名,是一个与服务器安全相关的重要参数。默认情况下,该参数被禁用,即表明所有主机都可以访问该 Samba 服务器。若进行设置的参数值有多个,应使用空格或逗号进行分隔。

当 host deny 和 hosts allow 语句同时出现,定义的内容中有包含关系,且有相互冲突时,hosts allow 语句优先。如 hosts deny 语句中禁止了 C 类地址 192. 168. 1. 0/24 整个网段主机的访问,而在 hosts allow 语句中又设置了允许 192. 168. 1. 10 主机访问 Samba 服务器,则最终 192. 168. 1. 10 主机可以访问,但 192. 168. 1. 0/24 网段中的其他主机仍不能访问。如果要允许或者禁止所有用户访问,则可用 hosts allow＝All 或 hosts deny＝All 语句。

在 hosts 语句中其实还有一个关键字经常用到,那就是 except(除……之外)。如 hosts allow＝192. 168. 0. except 192. 168. 0. 1 192. 168. 0. 10 192. 168. 1. 20 语句表示允许 192. 168. 0. 0 整个网段用户访问,但是 192. 168. 0. 1、192. 168. 0. 10 和 192. 168. 1. 20 这几台计算机除外。

　　注意:hosts 语句既可以全局设置,也可以局部设置。如果 hosts 语句是在 global 部分设置的,就会对整个 Samba 服务器全局生效,也就是对下面添加的所有共享目录生效,都采用相同的主机访问限制设置;而如果设置在具体的共享目录部分,则表示只对该共享目录生效,更加灵活。

### 6. log file＝/var/log/samba/log.％m

该语句设置日志文件存放路径,Samba 服务器为每个登录的用户建立不同的日志文件,存放在/var/log/smba 目录下。

### 7. max log size＝50

这个语句设置每个日志文件的最大限制为 50KB。一般来说保持默认设置即可。如果取值为 0,则表示不限制日志文件的存储容量。

### 8. security＝user

这是用来设置用户访问 Samba 服务器的安全模式。Samba 服务器中主要有 5 种不同级别的安全模式:share、user、server、domian 和 ads。下面分别介绍这 5 种模式。

（1）share(共享模式)

在这种模式下,用户对 Samba 服务器的访问无须进行身份验证,也就是不用输入用户名和密码(也就是允许匿名访问),用户的访问权限仅由相应用户对共享文件的访问权限决定。这是最简单,但也是最不安全的一种 Samba 服务器访问方式。除非是很小的网络,一般不这样设置。Samba 服务不赞成使用这种方式。

如果要设置成该模式,在主配置文件 smb.conf 中只需要把 security 语句设置成以下格式即可。

```
security=share
```

（2）user(用户模式)

在这种模式下,用户对 Samba 服务器的访问是由 Samba 服务器依据本地账户数据库对访问用户进行身份验证的,安全级别比 share 模式高一些。这就要求每个访问用户必须在 Samba 服务器上有它本地的 Linux 用户账户(多个 Windows 账户可以映射成一个 Linux 账户,在/etc/smb/smbusers 文件中配置),当然也可以在 Samba 服务器中为需要权限的用户新建相应的用户账户。这是 Samba 服务器的默认设置。

设置 user 工作模式时需要对 smb.conf 主配置文件按如下格式修改:

```
security=user                          //设置安全模式为 user
guest account=samba                    //指定来宾账户为 samba(使用此账户时将
                                         不需要密码)。出于安全考虑,通常不直
                                         接采用 guest 作为来宾账户名。本语句
                                         需要新添加。如果不允许以来宾账户访
                                         问,则不用配置此语句
encrypt passwords=yes                  //设置对认证过程中的用户口令进行加密。
                                         本语句也需要新添加
smb passwd file=/etc/samba/smbpasswd   //设置 Samba 服务器的密码文件名和路径。
                                         本语句也需要新添加
```

当主配置文件 smb.conf 采用 user 模式设置后,需要设置 Samba 密码文件,建立 smbpasswd 文件中的用户账号和口令,使其与/etc/passwd 的账号和口令相同。

（3）server（服务器模式）

在这种模式下，必须指定用于对 Samba 服务器中对共享文件进行访问的用户进行身份验证的服务器。这种模式的用户访问由其他专门的服务器对访问用户进行身份验证，安全级别又比 user 模式高一些。这个服务器可以是 Windows NT/2000/2003/2008 或其他 Samba 服务器。Samba 服务不赞成使用这种模式。

server 模式与 user 模式其实是类似的，只不过实现身份验证的不是本地 Samba 服务器，而是网络中的其他服务器。如果在指定的服务器上身份验证失败，则退到 user 安全级，采用本地 Samba 服务器对访问用户进行身份验证。所以，从用户端来看，server 模式和 user 模式没什么本质区别，只是用于身份验证的服务器的位置不一样。

设置 server 模式时需要对 smb.conf 文件进行如下修改：

```
security=server                    //设置工作模式为 server
guest account=samba                //指定来宾账户为 samba（当然也可以是其他账户名称）。本语句需要新添加
password server=pwdserver          //指定用于身份验证的服务器 NetBIOS 名称。本语句也需要新添加
encrypt passwords=yes              //指定用户口令在验证过程中加密发送。本语句也需要新添加
smb passwd file=/etc/samba/smbpasswd  //设置密码文件名和路径。本语句也需要新添加
```

（4）domain（域模式）

这种模式是把 Samba 服务器加入到 Windows 域网络中作为域中的成员。但在这种模式中，担当用户对 Samba 服务器的访问身份验证的是域中的 PDC（主域控制器），而不是 Samba 服务器。采用这种模式时，主配置文件 smb.conf 需要进行以下修改（同时要用"#"符号注释默认文件中的 smb passwd file=/etc/samba/smbpasswd 语句）。

```
security=domain                    //设置工作模式为 domain
workgroup=domain                   //指定 Windows 域名（NetBIOS 格式）
password server=< NT-Server-Name>  //指定担当身份验证服务器的 PDC 的 NetBIOS 名称，也可以使用服务器的 IP 地址
```

（5）ads（活动目录模式）

这是 Linux 系统 Samba 服务器的一种新工作模式，用于把 Samba 服务器加入到 Windows Server 2003、Windows Server 2008 活动目录域中，并具备活动目录域控制器的功能。这时 Samba 服务器就相当于一台域控制器了，可以自己使用活动目录中的账户数据库对用户的访问进行身份验证。

采用 ads 工作模式时，主配置文件 smb.conf 需要进行以下修改。

```
security=ads                       //设置工作模式为 ads
realm=MY_REALM                     //指定 Windows 域名（DNS 格式）
password server=ads_server         //指定担当身份验证服务器的服务器 DNS 名称（FQDN）
```

### 9. passdb backend=tdbsam

passdb backend 就是用户后台的意思，目前有 3 种后台：smbpasswd、tdsam 和

ldapsam。sam 是 security account manager(安全账户管理)的缩写。

（1）smbpasswd

该方式使用 smb 自己的工具 smbpasswd 来给系统用户(真实用户或者虚拟用户)设置一个 Samba 密码,客户端就用这个密码来访问 Samba 的资源。smbpasswd 文件默认在/etc/samba 目录下,不过有时候要手工建立该文件。

（2）tdbsam

该方式使用一个数据库文件来建立用户数据库。数据库文件叫 passdb. tdb,默认在/etc/samba目录下。passdb. tdb 用户数据库可以使用 smbpasswd -a 命令来建立 Samba 用户,不过要建立的 Samba 用户必须先是系统用户。也可以使用 pdedit 命令来建立 Samba 账户。

（3）ldapsam

该方式基于 LDAP 的账户管理方式来验证用户。首先要建立 LDAP 服务,然后设置"passdb backend=ldapsam：ldap：//LDAP Server"。

**10. domain master＝yes**

将 Samba 服务器定义为域的主浏览器,此选项允许 Samba 在子网列表中比较。如果已经有一台 Windows 域控制器,则不要使用此选项。

**11. domain logons＝yes**

如果想使 Samba 服务器成为 Windows 等工作站的登录服务器,则使用此选项。设置此选项后,可以设置紧跟其后的登录脚本,如"logon script＝%m. bat"等。

**12. local master＝no**

该参数用于设置是否允许 nmdb 守护进程成为局域网中的主浏览器服务。将该参数设置为 yes,并不能保证 Samba 服务器成为网络中的主浏览器,只是允许 Samba 服务器参加主浏览器的选举。

**13. os lever＝33**

该参数用于设置 Samba 服务器参加主浏览器选举的优先级,取值为整数,设置为 0,表示不参加主浏览器选举,默认为 33。

**14. preferred master＝yes**

设置这个选项后,preferred master 可以在服务器启动时强制进行本地浏览器选择,同时服务器也会享有较高的优先级。默认不使用此功能。

**15. wins support＝yes**

该参数用于设置是否使 Samba 服务器成为网络中的 WINS 服务器,以支持网络中 NetBIOS 名称解析。默认值为 no。

**16. wins proxy＝yes**

该参数用于设置 Samba 服务器是否成为 WINS 代理。在拥有多个子网的网络中,可以在某个子网中配置一台 WINS 服务器,在其他子网中各配置一个 WINS 代理,以支持网络中所有计算机上的 NetBIOS 名称解析。

**17. dns proxy＝yes**

该参数可用来决定是否将服务器作为 DNS 代理。

**18. load printers＝yes**

该参数用于决定是否自动加载打印机列表,值为 yes 时,表示自动加载,这样就不需要对每台打印机单独进行设置了。

**19. cups options＝raw**

该参数用于 Samba 服务器的打印机共享给 Windows 客户端时候。

**20. printcap name＝/etc/printcap**

该参数用来设置开机时自动加载的打印机配置文件及路径,系统默认为/etc/printcap。

**21. printing＝cups**

定义打印系统,目前支持的打印系统包括 cups、bsd、sysv、plp、lprng、aix、hpux、qux等。在 RHEL 6 中可以采用默认设置。

**22. map archive＝no**

该参数用来设置是否变换文件的归档属性,默认是 no,以防止把共享文件的属性弄乱影响访问权限。紧跟其后的 hidden、read olny、system 属性也是如此。

以上就是 Samba 服务器配置文件的主要全局配置选项,下面介绍共享定义部分设置选项。

## 7.3.2 共享选项

在 Samba 服务器配置文件配置中可以看到在共享定义(Share Definitions)部分中包括了许多设置选项。其实不用担心,这是默认配置文件中提供的一个参考范本,列出了多个不同环境下通常可以用来设置为共享的共享资源预定义。实际中可能用不到这些共享资源,只需根据自己的实际需求配置少量几个共享资源即可。而且在这么多共享资源定义中,所用到的语句基本一样,只是具体设置不同而已。本节要详细介绍这些主要配置语句。

### 1. 共享名

共享资源发布后,必须为每个共享目录或打印机设置不同的共享名,供网络用户访问时使用。这是在每个共享资源定义部分的第一行中设置的,用方括号括住共享名即可。如要设置一个共享名为 public 的共享目录,则在定义该共享目录的第一行中写上 [public]即可;如果要定义一台名为 epson765 的共享打印机,则在定义该共享打印机的第一行中写上[epson765]即可。这里的 public 和 epson765 就是对应的共享资源共享名。用户访问时就是通过这个共享名来识别的。

在 Share Definitions 部分的第一行是[homes],它是特殊的行,这里的名字不能改变。[homes]共享目录并不特指具体的共享目录,而是表示 Samba 用户的主目录,即 Samba 用户登录后可以访问同名系统用户主目录中的内容。

用户主目录是 Samba 为每个 Samba 用户提供的共享目录,只有用户本身可以使用。默认情况下,用户主目录位于/home 目录下,每个 Linux 用户有一个以用户名命名的子目录。如用户 zhang 在创建账户时默认会同时创建/home/zhang 目录,这就是 zhang 账户的主目录。当然也可以不为用户创建主目录。/home 目录的权限由[homes]字段设置为不允许浏览(browseable＝no 语句),允许写入用户自己的主目录(writable＝yes 语句)。下面的[printers]行也是特殊的行,不能修改其中的名字。如果定义了[printers]这个段,用户就可以连接 printcap 文件里指定的打印机。要注意的是,如果设置共享打印机,则必须设置 printable 关键字语句为 yes,否则用户无法打印。

### 2. 共享资源描述

这部分是以 comment(描述)关键字来设置的,语句格式为：comment＝描述信息。

### 3. 共享路径

共享资源存放或安装在网络中的其他主机上,所以在共享访问时必须指定它的共享路径。此处定义本地 Samba 服务器上用于为 Windows 用户提供共享的共享资源路径,它是通过 path(路径)关键字来设置的,语句格式为：path＝共享资源的绝对路径。如要把/etc/tools 目录设置成共享,则它的共享路径设置就是：path＝/etc/tools。

### 4. 共享权限

共享权限就是用户对 Samba 服务器的共享资源所具有的访问权限。这里针对不同共享权限有不同的语句。

(1) 要允许匿名访问,则要加上 public＝yes(如果要禁止匿名访问,则为 no)语句。

其实还有一种称为设置来宾账户访问的语句,即 guest ok＝yes(如果要禁止,则为 no)语句。这是设置是否允许用来宾账户访问 Samba 服务器的语句。在 Windows 2000 以后的系统中,匿名访问和来宾访问是不同的,Linux 系统中也是这样的。如果要使用来宾设置,除了要设置 guest ok＝yes 外,还要用“guest account＝来宾账户”这样的语句指定来宾账户的具体账户。当然,这时用户访问时必须输入正确的指定来宾账户的密码,实际属于 user 工作模式。

（2）要隐藏共享资源，则要加上 browseable＝yes（默认是禁止的，为 no）语句，这样每个用户只能看到自己为所有者的共享资源，不能看到其他共享资源。相当于 Windows 系统在设置共享目录加上了"＄"符号。

（3）要只允许读取权限，则要加上 read only＝yes（如为 no，则表示可读可写）语句。

（4）要允许写入权限，则要加上 writable＝yes（要禁止写入权限，但仍具有读取权限，则为 no）语句。

### 5．有效用户

如果某共享资源仅允许特定用户或组成员访问，则要使用 valid 关键字指定有效用户。如果指定的是用户账户，则设置格式为：valid users＝用户名 1 用户名 2 …；如果指定的是组账户，则设置格式为：valid users＝@组名 1 @组名 2 …。

### 6．Printable

设置是否允许访问用户使用打印机。如要允许打印，则设置为 printable＝yes，否则为 printable＝no。

### 7．create mask

设置用户对在此共享目录下创建的文件的默认访问权限。通常是以数字表示的，如 0604，代表的是文件所有者对新创建的文件具有可读可写权限，其他用户具有可读权限，而所属主要组成员不具有任何访问权限。

### 8．directory mask

设置用户对此共享目录下创建的子目录的默认访问权限。通常也是以数字表示的，如 0765，代表的是目录所有者对新创建的子目录具有可读可写可执行权限，所属组成员具有可读可写权限，其他用户具有可读和可执行权限。

对于共享打印机的共享权限配置，需要设置 printer（打印机的共享名）、valid users（可以共享打印机的用户）。

在 RHEL 6.2 中有几个特殊的目录，在配置 Samba 服务器时可设置为特殊目的的共享。

（1）/tmp：可用来设置网络用户共享文件的临时区域，每个人可以在这里存放文件供别人使用。

（2）/home：用来存放所有用户主目录的目录。默认是所有用户都不可浏览（通过 browseable＝no 语句设置），每个用户只能看到并操作自己的主目录。

（3）/home/samba：一个共享目录，普通的访问者只读，属于 staff 组的用户可以读写。

（4）/usr/pc/％m：一个共享目录，对于所有用户都可读可写。

注意：目录中创建的文件属于默认的用户，所以，所有用户都可以在该目录中修改、删除其他用户的文件。

## 7.3.3　添加 Samba 用户

具有共享安全级别（security＝share）的 Samba 服务器启动之后，就可以通过客户端对其进行访问了。但是，由于共享级别缺乏必要的安全性，而且 Samba 的默认安全级别是用户级别（sercurity＝user），所以还需要为 Samba 添加用户账号。以下介绍涉及的两个文件。

### 1. /etc/samba/smbpasswd

Samba 使用 linux 操作系统的本地账号提供服务，但是需要把系统账号添加到 Samba 的用户账号数据库/etc/samba/smbpasswd 中才能正常使用。基于安全考虑，smbpasswd 文件中存储的是加密信息，无法使用普通的文本编辑工具（如 vi 等）进行编辑。该文件在 Samba 服务安装后是不存在的，需要在配置文件指向并使用 smbpasswd 命令创建才能显示出来。用户第一次使用 smbpasswd 命令创建 Samba 服务账号时，自动创建 smbpasswd 文件。命令格式如下：

```
smbpasswd -a linux 用户名
```

### 2. /etc/samba/smbusers

该文件又称 Samba 用户文件，是用户控制用户映射的。所谓用户映射是指将用户在 Windows 和 Linux 系统中的不同账号，映射为一个用户账号。做了映射后的 Windows 账号，在连接 Samba 服务器时，就可以直接使用 Windows 账号进行访问了。

设置用户映射需要在 Samba 主配置文件中进行修改。全局参数 username map 控制用户映射。通过该参数指定一个映射文件。默认情况下，这个映射文件是/etc/samba/smbusers。

之后，编辑/etc/samba/smbusers 文件，将需要进行映射的用户添加到文件中，参数格式为：

```
独立 Linux 账号=须映射的 Windows 账号列表
```

账号列表中的用户名须用空格分隔。该参数格式表明，多个 Windows 用户账号可以映射为同一个 Samba 账号。

## 7.3.4　user 模式下的 Samba 服务器配置示例

user 模式下的 Samba 服务器配置相对于 share 工作模式下的 Samba 服务器配置要复杂一些。它不仅需要配置主配置文件 smb.conf，还需要配置 Samba 服务器自己的账户系统。这就涉及了本章前面介绍 Samba 服务器配置文件时所介绍的/etc/samba/ smbusers 用户文件和/etc/samba/smbpasswd 密码文件(这两个文件其实可以以其他名称存放在其他位置,只要在主配置文件中指定正确即可)。

在本示例中配置了两个共享目录:/usr/share 和/etc/program,要求使用 Samba 服务器进行身份验证,允许 192.168.10.0 网段中所有经过验证的用户对/usr/share 共享目录具有只读访问权限,仅允许 root 组成员和 wu 用户对/etc/program 共享目录具有写入权限,来宾账户使用 wu 账户。

根据上述要求,可以配置如下 Samba 服务器主配置文件 smb.conf。

```
[global]
workgroup=wl                              //设置 Samba 服务器所属工作组为 wl
server string=File Server                 //此服务器的描述为 File Server
netbios name=Sambaserver                  //设置服务器名字为 Sambaserver
hosts allow=192.168.10.0                   //允许来自 192.168.10.0 网段的主机连接
security=user                             //指定 Samba 服务器的工作模式为 user
guest account=wu                          //指定 wu 作为 guest 账号
smb passwd file=/etc/samba/smbpasswd      //指定 Samba 服务器所使用的账户密码文件
username map=/etc/samba/smbusers          //指定 Samba 服务器所使用的用户账户映像文件
[share]
comment=All user's share directory
path=/usr/share                           //指定共享资源所在位置
public=no                                 //指定该共享目录不允许匿名访问
readonly=yes                              //指定该共享目录只能以只读方式访问


[program]
comment=Program Files
path=/etc/program
valid users=@root wu                      //指定允许访问该共享目录的用户账户为 root
                                            组成员和账户 wu

public=no
guest ok=yes                              //允许来宾账户的访问
writable=yes                              //允许用户对该共享目录具有读取和写入权限
```

把以上两部分内容分别添加到默认的主配置文件 smb.conf 的对应部分,注意仍然要用"‡"符号注释同样设置的语句。保存退出主配置文件后,可以用 testparm 命令测试配置的文件中的语法是否正确,同时将可能出错的地方列出来。其格式为:

testparm [-s][-h][-V][-L < servername> ][config filename][hostname hostIP]

参数选项如下。

-s:如果没有这个选项,将首先列出服务名,按 Enter 键后再列出服务定义项。

-h:显示关于 testparm 命令的帮助信息。

-V:显示此命令的版本信息。

-L servername:为服务项名设定 L％这样的宏值。

hostname hostIP:用于测试该 IP 地址对应的主机名是否可以访问 Samba 服务器。

例如，对以上的配置可以如此测试：

```
#testparm
Load smb config files from /etc/samba/smb.conf
Processing section "[home]"
Processing section "[Printers]"
Processing section "[share]"
Processing section "[program]"
Loaded services file OK.
Server role:ROLE_STANDALONE
Press enter to see a dump of your service definitions
```

由以上的输出结果可见，显示"Loaded services file OK."表示配置文件正确。再按
Enter 键，会显示当前主配置文件有效的综合设置。

# 7.4　Samba 应用实例

上节示例中的配置文件测试正确后，并不能马上使用 Samba 共享，还需要进行一些
准备工作，如生成密码文件、增加 Samba 用户、创建共享目录等。虽然 Samba 服务使用
Linux 操作系统的本地账号进行身份验证，但必须单独为 Samba 服务设置相应的密码文
件。Samba 服务的用户账户密码验证文件是/etc/samba/smbpasswd。可以使用以下两
种方法创建/etc/samba/smbpasswd 文件并向该文件中添加账户。

**1. 使用 smbpasswd 命令添加单个 Samba 账户**

smbpasswd 命令是 samba 套件的一部分。它有几个不太一样的功能，这取决于它被
root 账号还是其他账号来使用。当普通用户运行它时，用户可以通过 SMB 会话在任何
保存 SMB 口令的机器上改变它们的口令。当管理员第一次使用 smbpasswd 命令为
Samba 服务添加账户时，会自动建立 smbpasswd 文件。smbpasswd 命令的格式如下：

```
smbpasswd [选项] [账户名称]
```

常见的参数选项如下。

-a：通过在这个选项后加用户名来实现在本地 smbpasswd 文件中增加用户，并且提
供新的口令。如果 smbpasswd 文件中已经存在这样的用户，命令就变成通常的改口令模
式。注意，所要加入的 SMB 用户必须是系统口令文件中（通常是/etc/passwd）已经存在
的用户，否则加入操作将会失败。

-x：从 smbpasswd 文件中删除账户。

-d：禁用某个 Samba 账户，但并不将其删除。

-e：恢复某个被禁用的 Samba 账户。

-n：该选项将账户的口令设置为空。

-r ＜remote machine＞：该选项允许用户指定远程主机，如果没有该选项，那么

smbpasswd 默认修改本地 Samba 服务器上的口令。

-U username：该选项只能和-r 选项连用。当修改远程主机上的口令时，用户可以用该选项指定欲修改的账户。还允许在不同系统中使用不同账户的用户修改自己的口令。

例如：将上节示例中的 wu 用户添加到 smbpasswd 文件中，可做如下操作。

```
#smbpasswd -a wu
New SMB passwd:
Retype new SMB passwd:
Added user wu.
```

**2. 使用 mksmbpasswd.sh 脚本成批添加 Samba 账户**

使用 mksmbpasswd.sh 脚本可以将 linux 系统中/etc/passwd 文件中的所有用户一次性添加到 smbpasswd 文件中。方法如下：

```
#cat /etc/passwd | mksmbpasswd.sh > /etc/samba/smbpasswd
#smbpasswd wu            //为新添加的账户设置 Samba 密码
```

添加过账户密码文件及相应的 Samba 用户后，如果共享文件夹也已准备好，就可以使用 service smb restart 命令重启服务，然后就可以使用 Samba 共享了。

## 7.4.1 Windows 客户机访问 Samba 共享资源

Windows 计算机需要安装 TCP/IP 协议和 NetBIOS 协议才能访问到 Samba 服务器提供的文件和打印机共享。如果 Windows 计算机要向 Linux 或 Windows 计算机提供文件共享，那么在 Windows 计算机上不仅要设置共享的文件夹，还必须设置 Microsoft 网络的文件和打印机共享。

在 Windows 客户机上访问 Samba 服务器有两种常用的方法：一是通过网上邻居访问；二是通过 UNC 路径访问。

利用网上邻居访问的方法比较直观。如图 7-2 所示，在 Windows 计算机的桌面上双击"网上邻居"图标，可找到 Samba 服务器。双击 Samba 服务器图标，如果该 Samba 服务器的安全级别为 share，那么将直接显示出 Samba 服务器所提供的共享目录。

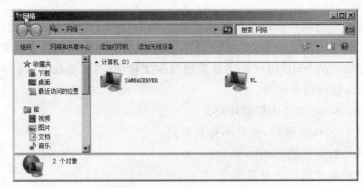

图 7-2　通过网上邻居访问 share 级 Samba 服务器

如果 Samba 服务器的安全级别是 user,那么首先会出现"输入网络密码"对话框,如图 7-3 所示,输入 Samba 用户名和密码后将显示 Samba 服务器提供的共享目录。

图 7-3 "输入网络密码"对话框

利用网上邻居访问 Samba 资源的方法虽然直观,但是由于负责为网上邻居产生浏览列表的服务器不能及时产生出 Samba 工作组的图标,需要一段时间的延迟,所以客户机有时不能及时在网上邻居中找到相应的图标,在这种情况下,可以使用第二种方法。

利用 UNC 路径访问 Samba 共享的方法是在 IE 地址栏中直接输入"\\Samba 服务器IP 地址",如\\192.168.10.100。注意,此处加两个反斜杠"\",如图 7-4 所示。

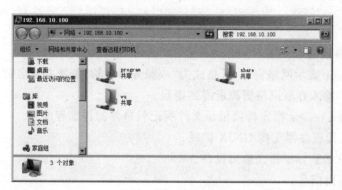

图 7-4 利用 UNC 路径访问 Samba 共享

在 Windows 计算机上通过以上两种方法均可对 Samba 共享目录进行各种操作,就如同在本地计算机上操作文件和目录一样。

注意:如果不能正常访问 Linux Samba 服务器中的资源,可能是受到 selinux 或防火墙的影响,可以使用如下命令临时关闭 selinux 和防火墙。

```
#setenforce 0
#service iptables stop
```

## 7.4.2 Linux 客户机访问 Samba 共享资源

Linux 客户机在桌面环境下访问 Samba 共享资源的方法与 Windows 客户机相似。

193

但使用桌面环境下的图形方式须安装相应的工具软件,可达到 Windows 中的"网络邻居"的效果,在此不再赘述。

在文本方式下访问 Samba 共享资源时,可以使用 Samba 软件提供的客户端命令:smbclient、smbget、smbstatus 等。

### 1. smbclient 命令

smbclient 是访问 Samba 服务器资源的客户程序。该程序提供的接口与 FTP 程序类似,访问操作包括在 Samba 服务器上查看共享目录信息、从 Samba 服务器下载文件到本地,或从本地上传文件到 Samba 服务器。smbclient 命令的语法格式为:

```
smbclient [-b <buffer size>] [-d debuglevel] [-e] [-L <netbios name>] [-U
username] [-I destinationIP] [-M <netbios name>] [-m maxpro-tocol] [-A
authfile] [-N] [-C] [-g] [-i scope] [-O <socket options>] [-p port] [-R <name
resolve order>] [-s <smb config file>] [-k] [-P] [-c <command>]
```

或者

```
smbclient {servicename} [password] [-b <buffer size>] [-d debuglevel] [-e] [-D
Directory] [-U username] [-W workgroup] [-M <netbios name>] [-m maxprotocol] [-A
authfile] [-N] [-C] [-g] [-l log-basename] [-I destinationIP] [-E] [-c <command
string>] [-i scope] [-O <socket options>] [-p port] [-R <name resolve order>] [-s
<smb config file>] [-T<c|x>IXFqgbNan] [-k]
```

常用选项参数的含义如下。

servicename:表示网络资源,其格式为"//服务器名称/资源共享名称"。

password:输入存取网络资源所需的密码。

-d <debuglevel>:指定排错记录文件所记载事件的详细程度。

-e:要求远程服务器支持 UNIX 扩展。

-E:将信息送到标准错误输出设备。

-h:显示帮助信息。

-i <scope>:设置 NetBIOS 名称范围。

-I <destinationIP>:指定服务器的 IP 地址。

-l log-basename:指定日志文件的名称。

-L <netbios name>:显示服务器端所共享的所有资源。

-M <netbios name>:可利用 WinPopup 协议,将信息送给选项中所指定的主机。

-n <netbios name>:指定用户端所要使用的 NetBIOS 名称。

-N:不用询问密码。用于访问不需要密码的服务,如匿名用户。

-O <socket options>:设置用户端的 TCP 连接套接字的选项。

-p port:指定服务器端的 TCP 连接端口号。

-R <name resolve order>:设置 NetBIOS 名称解析的顺序。

-s <smb config file>:指定 smb.conf 所在的目录。

-U username:指定与 Samba 服务器连接时使用的用户名称。smbclient 使用环境变量 USER 指定的值作为用户名,如果没有 USER 环境变量,则用 GUEST。

　　-W ＜workgroup＞：　指定工作群组名称。

　　实例:查看 IP 地址为 192.168.10.100 的 Samba 服务器提供的共享资源。

```
#smbclient -L 192.168.10.100 -U wu
Enter wu's password:
domain=[WL] OS=[UNIX] Server=[Samba 3.5.10-114.el6]
        Sharename        Type          Comment
        ---------        ----          -------
        share            Disk          All's user's share directory
        program          Disk          Program Files
        IPC$             IPC           IPC Service (File Server)
        wu               Disk          Home Directories
Domain=[WL] OS=[UNIX] Server=[Samba 3.5.10-114.el6]
        Server           Comment
        --------         -------

        Workgroup        Master
        --------         -------
```

　　如要直接访问该机器上的某一共享目录(如 share),可以使用如下方式进入 Samba 子命令客户端。

```
#smbclient//192.168.10.100/share -U wu
Enter wu's passwd:
Domain=[WL] OS=[UNIX] Server=[Samba 3.5.10-114.el6]
smb:\>?
?          allinfo          altname          archive    blocksize
cancel     case_sensitive   cd               chmod      chown
  ⋮
```

　　上面的示例进入了 Samba 客户端子命令环境。利用各子命令可对共享目录进行各种操作,如文件的上传、下载等,其用法类似于 FTP 客户端用法。

　　**2. smbget 命令**

　　smbget 命令能够将 Samba 服务器或 Windows 上开放的共享资源下载到本地文件系统中。smbget 命令的语法格式为:

smbget [选项] smb 地址

常用的参数选项如下。

-R:使用递归下载目录。

-r:自动恢复中断的文件。

-u:使用用户名。

-p:使用密码。

smb 地址:使用 smb://host/share/path/to/file 的形式。

例如：

```
#smbget -R smb://192.168.10.100/nc   //递归下载服务器 192.168.10.100 上的共享目录 nc
#smbget -Rr smb://sambaserver        //下载服务器 sambaserver 上的所有共享目录
```

**3. smbstatus 命令**

当 Samba 服务器将资源共享之后，即可在服务器端使用 smbstatus 命令查看 Samba 当前资源被使用的情况。例如：

```
#smbstatus
Samba version 3.5.10-114.el6
PID      Username     Group      Machine
------------------------------------------------
2984     wu           wu         wlpc  (:ffff:192.168.10.50)
Service  pid          machine    connected at
------------------------------------------------
share    2984         wlpc       Thu Mar 24 00:30:11 2011
No locked files
```

以上信息显示名为 wu 的用户正在使用机器名为 wlpc(其 IP 地址为 192.168.10.50)的计算机进行连接，屏幕显示的 NO locked files(无锁定文件)信息，说明 wu 未对共享目录中的文件进行编辑，否则显示正在被编辑文件的名称。

## 7.4.3 Linux 客户机访问 Windows 共享资源

Linux 也可以利用 SMB 访问 Windows 共享资源。在桌面环境下访问 Windows 共享资源的方法较为简单，选择"位置"→"网络"命令，将显示计算机 Linux 所处局域网中的所有计算机，单击要访问的 Windows 主机即可，如图 7-5 所示。

也可以采用命令方式来访问 Windows 的共享资源。例如查询 Windows 主机 toshiba-pc 上的共享资源，可以输入命令：

图 7-5　利用图形方式访问 Windows 资源

```
#smbclient -L toshiba-pc
```

# 本 章 实 训

**实训目的**

掌握 Samba 服务器的安装、配置与调试，实现同一网络中 Linux 主机与 Windows 主机、Linux 主机与 Linux 主机之间的资源共享。

**实训内容**

（1）安装 Samba 软件包并启动 smb 服务器；使用 smbclient 命令测试 smb 服务是否正常工作。

（2）利用 useradd 命令添加 wu、liu 用户，但是并不给它们设定密码。这些用户仅用来通过 Samba 服务访问服务器。为了使它们在 shadow 中不含有密码，这些用户的 shell 应该设定为/sbin/nologin。

（3）利用 smbpasswd 命令为上述用户添加 Samba 访问密码。

（4）利用 wu 和 liu 用户在 Windows 客户端登录 Samba 服务器，并试着上传文件。观察实验结果。

（5）试着在 Linux 中访问 Windows 中共享的资源。

**实训总结**

通过此次的上机实训，使用户掌握在 Linux 上安装与配置 Samba 服务器，从而实现不同操作系统之间的资源共享。

# 本 章 习 题

## 一、选择题

1. Samba 服务器的默认安全级别是（　　）。
   A. share　　　　　　B. user　　　　　　C. server　　　　　　D. domain
2. 编辑修改 smb.conf 文件后，使用以下（　　）命令可测试其正确性。
   A. smbmount　　　　B. smbstatus　　　　C. smbclient　　　　D. testparm
3. Samba 服务器主要由两个守护进程控制，它们是（　　）。
   A. smbd 和 nmbd　　B. nmbd 和 inetd　　C. inetd 和 smbd　　D. inetd 和 httpd
4. 以下可启动 Samba 服务的命令有（　　）。
   A. service smb restart　　　　　　　　B. /etc/samba/smb start
   C. service smb stop　　　　　　　　　 D. service smb start
5. Samba 的主配置文件是（　　）。
   A. /etc/smb.ini　　　　　　　　　　　 B. /etc/smbd.conf
   C. /etc/smb.conf　　　　　　　　　　　D. /etc/samba/smb.conf

## 二、简答题

1. 简述 smb.conf 文件的结构。
2. Samba 服务器有哪几种安全级别？
3. 如何配置 user 级的 Samba 服务器？

# 第8章 配置 DNS 服务器

域名系统(DNS)在 TCP/IP 网络中是一种很重要的网络服务,其用于将易于记忆的域名和不易记忆的 IP 地址进行转换。承担 DNS 解析任务的网络主机即为 DNS 服务器。本章详细介绍 DNS 服务的基本知识、DNS 服务器的安装、配置及其测试与管理方法。

**本章要点:**

(1) 了解 DNS 的功能、组成和类型。

(2) 掌握安装、启动 DNS 服务的方法。

(3) 掌握配置 DNS 服务器的方法。

## 8.1 DNS 服务器简介

### 8.1.1 域名及域名系统

任何 TCP/IP 应用在网络层都是基于 IP 协议实现的,因此必然要涉及 IP 地址。但是不论是 32 位二进制长度的还是 4 组十进制的 IP 地址都难以记忆。所以用户很少直接使用 IP 地址来访问主机。一般采用更容易记忆的 ASCII 符号串来指代 IP 地址,这种特殊用途的 ASCII 串被称为域名。例如,人们很容易记住代表新浪网的域名"www.sina.com",但是恐怕极少有人知道或者记得新浪网站的 IP 地址。使用域名访问主机虽然方便,但却带来了一个新的问题,即所有的应用程序在使用这种方式访问网络时,首先需要将这种以 ASCII 串表示的域名转换为 IP 地址,因为网络本身只识别 IP 地址。

在为主机标识域名时要解决 3 个问题:首先是全局唯一性,即一个特定的域名在整个互联网上是唯一的,它能在整个互联网中通用,不管用户在哪里,只要指定这个名字,就可以找到这台主机;二是域名要便于管理,即能够方便地分配域名、确认域名以及回收域名;三是高效地完成 IP 地址和域名之间的映射。

域名与 IP 地址的映射在 20 世纪 70 年代由网络信息中心(NIC)负责完成,NIC 记录所有的域名地址和 IP 地址的映射关系,并负责将记录的地址映射信息分发给接入因特网的所有最低级域名服务器(仅管辖域内的主机和用户)。每台服务器上维护一个称之为"hosts.txt"的文件,记录其他各域的域名服务器及其对应的 IP 地址。NIC 负责所有域名服务器上 hosts.txt 文件的一致性。主机之间的通信直接查阅域名服务器上的 hosts.txt 文件。但是,随着网络规模的扩大,接入网络的主机也不断增加,从而要求每台域名服务器都可以容纳所有的域名地址信息就变得极不现实，同时对不断增大的 hosts. txt 文件一致性的维护也浪费了大量的网络系统资源。

为了解决这些问题，1983 年，因特网开始采用层次结构的命名树作为主机的名字，并使用分布式的域名系统 DNS(Domain Name System)。因特网的域名系统 DNS 被设计成一个联机分布式数据库系统，并采用客户/服务器模式。DNS 使大多数名字都在本地解析，仅少量解析需要在因特网上通信，因此系统效率很高。由于 DNS 是分布式系统，即使单个计算机出了故障，也不会妨碍整个系统的正常运行。人们常把将主机域名解析为 IP 地址程序的机器称为域名服务器。

## 8.1.2 域名结构

因特网上采用了层次树状结构的命名方法，任何连接在因特网上的主机或路由器都有一个唯一的层次结构的名字，即域名(Domain Name)。

域名的结构由若干个分量组成，各分量之间用点隔开，其格式为：

… .三级域名.二级域名.顶级域名

各分量分别代表不同级别的域名。每一级的域名都由英文字母和数字组成(不超过 63 个字符，并且不区分大小写子母)，级别最低的域名写在最左边，而级别最高的顶级域名则写在最右边。完整的域名不超过 255 个字符。域名系统既不规定一个域名需要包含多少个下级域名，也不规定每一级的域名代表什么意思。各级域名由其上一级的域名管理机构管理，而最高的顶级域名则由因特网的有关机构管理。用这种方法可使每一个名字都是唯一的，并且也容易设计出一种查找域名的机制。需要注意，域名只是个逻辑概念，并不代表计算机所在的物理结点。

图 8-1 所示为因特网名字空间的结构，它实际上是一个倒过来的树，树根在最上面而且没有名字。树根下面一级的结点就是最高一级的顶级域结点。顶级域结点下面的是二级域结点。最下面的叶结点就是单台计算机。图 8-1 列举了一些域名作为例子。凡是在顶级域名.com 下注册的单位都获得了一个二级域名。例如，图 8-1 中的 cctv(中央电视台)、ibm、hp(惠普)、mot(摩托罗拉)等公司。顶级域名.cn 下的二级域名的例子是：3 个行政区域名 hk(香港)、bj(北京)、he(河北)以及我国规定的 6 个类别域名。这些二级域名是我国规定的，凡在其中的某一个二级域名下注册的单位都可以获得一个三级域名。图 8-1 中给出的.edu 下面的三级域名有：tsinghua(清华大学)、pku(北京大学)、fudan(复旦大学)、sjzpt(石家庄职业技术学院)等。一旦某个单位拥有了一个域名，它就可以自己决定是否要进一步划分其下属的子域，并且不必将这些子域的划分情况报告给上级机构。图 8-1 画出了二级域名.cctv.com 下的中央电视台自己划分的三级域名 mail(域名为 mail.cctv.com)。在石家庄职业技术学院下的四级域名 mail 和 www(域名分别为 mail.sjzpt.edu.cn 和 www.sjzpt.edu.cn)等。域名树的树叶就是单台计算机的名字，它不能再继续往下划分子域了。

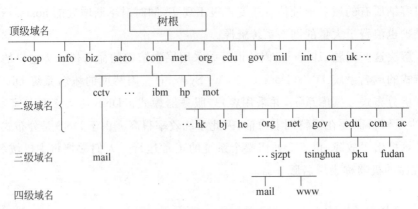

图 8-1   因特网的域名结构

1998 年以后,非营利组织 ICANN 成为因特网的域名管理机构。现在顶级域名 TLD (Top Level Domain)有三大类。

(1) 国家顶级域名 nTLD:国家顶级域名又记为 ccTLD(cc 表示国家代码 country-code),现在使用的国家顶级域名约有 200 个。采用 ISO 3166 的规定。如". cn"表示中国,". us"表示美国,". uk"表示英国,等等。

(2) 国际顶级域名 iTLD:采用". int"。国际性的组织可在". int"下注册。

(3) 国际通用顶级域名 gTLD:最早的顶级域名共有 6 个,即:". com"表示公司企业,". net"表示网络服务机构,". org"表示非营利性组织,". edu"表示教育机构(美国专用),". gov"表示政府部门(美国专用),". mil"表示军事部门 (美国专用)。随着 Internet 用户的激增,域名资源越发紧张,为了缓解这种状况,加强域名管理,Internet 国际特别委员会在原来基础上增加以下国际通用顶级域名。即:". aero"用于航空运输企业,". biz"用于公司和企业,". coop"用于合作团体,". info"适用于各种情况,". museum"用于博物馆,". name"用于个人,". pro"用于会计、律师和医师等自由职业者,". firm"适用于公司、企业,". store"适用于商店、销售公司和企业,". web"适用于突出 WWW 活动的单位,". art"适用于突出文化、娱乐活动的单位,". rec"适用于突出消遣、娱乐活动的单位等。

在国家顶级域名下注册的二级域名均由该国家自行确定。例如,荷兰就不再设二级域名,其所有机构均注册在顶级域名". nl"之下。又如日本,将其教育和企业机构的二级域名定为". ac"和". co"(而不用". edu"和". com")。

我国将二级域名划分为类别域名和行政区域名两大类。其中类别域名有 6 个,分别为:". ac"表示科研机构,". com"表示工、商、金融等企业,". edu"表示教育机构,". gov"表示政府部门,". net"表示互联网络、接入网络的信息中心和运行中心,". org"表示各种非营利性的组织。行政区域名有 34 个,适用于我国的各省、自治区、直辖市。例如:". bj"表示北京市,". he"表示河北省,等等。在我国,在二级域名". edu"下申请注册三级域名则由中国教育和科研计算机网网络中心负责。在二级域名". edu"之外的其他二级域名下申请三级域名的,应向中国互联网网络信息中心 CNNIC 申请。

## 8.1.3　域名服务器类型

域名服务器是整个域名系统的核心。域名服务器,严格地讲应该是域名名称服务器 (DNS Name Server),它保存着域名名称空间中部分区域的数据。

因特网上的域名服务器按照域名的层次来安排,每一个域名服务器都只对域名体系中的一部分进行管辖。域名服务器有 3 种类型。

### 1. 本地域名服务器

本地域名服务器(local name server)也称默认域名服务器,当一个主机发出 DNS 查询报文时,这个报文首先被送往该主机的本地域名服务器。在用户的计算机中设置网卡的首选 DNS 服务器即为本地域名服务器。本地域名服务器离用户较近,一般不超过几个路由器的距离。当所要查询的主机也属于同一本地 ISP 时,该本地域名服务器立即就将所查询的主机名转换为它的 IP 地址,而不需要再去询问其他的域名服务器。

### 2. 根域名服务器

目前因特网上有十几个根域名服务器(root name server),大部分都在北美。当一个本地域名服务器不能立即回答某个主机的查询时,该本地域名服务器就以 DNS 客户的身份向某一根域名服务器查询。

若根域名服务器有被查询主机的信息,就发送 DNS 回答报文给本地域名服务器,然后本地域名服务器再回答给发起查询的主机。但当根域名服务器没有被查询主机的信息时,它一定知道某个保存有被查询主机名字映射的授权域名服务器的 IP 地址。通常根域名服务器用来管辖顶级域(如".com")。根域名服务器并不直接对顶级域名下面所属的域名进行转换,但它一定能够找到下面的所有二级域名的域名服务器。

### 3. 授权域名服务器

每一个主机都必须在授权域名服务器处注册登记。通常,一个主机的授权域名服务器就是它的本地 ISP 的一个域名服务器。实际上,为了更加可靠地工作,一个主机最好有至少两个授权域名服务器。许多域名服务器同时充当本地域名服务器和授权域名服务器。授权域名服务器总是能够将其管辖的主机名转换为该主机的 IP 地址。

每个域名服务器都维护一个高速缓存,存放最近用过的名字以及从何处获得名字映射信息的记录。当客户请求域名服务器转换名字时,服务器首先按标准过程检查它是否被授权管理该名字。若未被授权,则查看自己的高速缓存,检查该名字是否最近被转换过。域名服务器向客户报告缓存中有关名字和地址的绑定(binding)信息,并标志为非授权绑定,并给出获得此绑定的服务器的域名。本地服务器同时也将服务器与 IP 地址的绑定告知客户。因此,客户可很快收到回答,但有可能信息已是过时的了。如果强调高效,客户可选择接受非授权的回答信息并继续进行查询。如果强调准确性,客户可与授权服务器联系,并检验名字与地址间的绑定是否仍有效。

201

因特网允许各个单位根据本单位的具体情况将本单位的域名划分为若干个域名服务器管辖区(Zone),一般就在各管辖区中设置相应的授权域名服务器。如图 8-2 所示,abc 公司有下属部门 X 和 Y,而部门 X 下面又分为 3 个分部门 u、v 和 w,而 Y 下面还有其下属的部门 T。

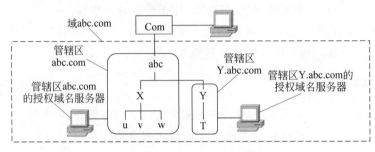

图 8-2　域名服务器管辖区的划分

## 8.1.4　域名的解析过程

### 1. DNS 解析流程

当使用浏览器阅读网页时,在地址栏输入一个网站的域名后,操作系统会调用解析程序(Resolver,即客户端负责 DNS 查询的 TCP/IP 软件),开始解析此域名对应的 IP 地址,其运作过程如图 8-3 所示。

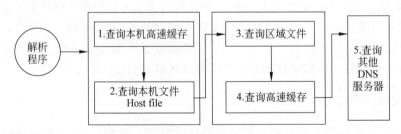

图 8-3　DNS 解析程序的查询流程

①　首先解析程序会去检查本机的高速缓存记录,如果从高速缓存内即可得知该域名所对应的 IP 地址,就将此 IP 地址传给应用程序。

②　若在本机高速缓存中找不到答案,接着解析程序会去检查本机文件 hosts.txt,看是否能找到相对应的数据。

③　若还是无法找到对应的 IP 地址,则向本机指定的域名服务器请求查询。域名服务器在收到请求后,会先去检查此域名是否为管辖区域内的域名。当然会检查区域文件,看是否有相符的数据,如果没有则进行下一步。

④　如果在区域文件内找不到对应的 IP 地址,则域名服务器会去检查本身所存放的高速缓存,看是否能找到相符合的数据。

⑤　如果还是无法找到相对应的数据,就需要借助外部的域名服务器,这时就会开始

进行域名服务器与域名服务器之间的查询操作。

上述 5 个步骤,可分为两种查询模式,即客户端对域名服务器的查询(第③、④步)及域名服务器和域名服务器之间的查询(第⑤步)。

(1) 递归查询

DNS 客户端要求域名服务器解析 DNS 名称时,采用的多是递归查询(Recursive Query)。当 DNS 客户端向 DNS 服务器提出递归查询时,DNS 服务器会按照下列步骤来解析名称。

① 域名服务器本身的信息足以解析该项查询,则直接响应客户端查询的名称所对应的 IP 地址。

② 若域名服务器无法解析该项查询,会尝试向其他域名服务器查询。

③ 若其他域名服务器也无法解析该项查询时,则告知客户端找不到数据。

从上述过程可得知,当域名服务器收到递归查询时,必然会响应客户端查询的名称所对应的 IP 地址,或者是通知客户端找不到数据。

(2) 循环查询

循环查询多用于域名服务器与域名服务器之间的查询方式。它的工作过程是:当第 1 台域名服务器向第 2 台域名服务器(一般为根域服务器)提出查询请求后,如果在第 2 台域名服务器内没有所需要的数据,则它会提供第 3 台域名服务器的 IP 地址给第 1 台域名服务器,让第 1 台域名服务器直接向第 3 台域名服务器进行查询。以此类推,直到找到所需的数据为止。如果在最后一台域名服务器中还没有找到所需的数据,则通知第 1 台域名服务器查询失败。

(3) 反向查询

反向查询的方式与递归型和循环型两种方式都不同,它是让 DNS 客户端利用自己的 IP 地址查询它的主机名称。

反向查询是依据 DNS 客户端提供的 IP 地址来查询它的主机名。由于 DNS 域名与 IP 地址之间无法建立直接对应关系,所以必须在域名服务器内创建一个反向查询的区域,该区域名称最后部分为 in-addr. arpa。

一旦创建的区域进入到 DNS 数据库中,就会增加一个指针记录,将 IP 地址与相应的主机名相关联。换句话说,当查询 IP 地址为 211.81.192.250 的主机名时,解析程序将向 DNS 服务器查询 250.192.81.211. in-addr. arpa 的指针记录。如果该 IP 地址在本地域之外,则 DNS 服务器将从根开始,顺序解析域节点,直到找到 250.192.81.211. in-addr. arpa。

当创建反向查询区域时,系统就会自动为其创建一个反向查询区域文件。

**2. 域名解析的效率**

为了提高解析速度,域名解析服务提供了两方面的优化:复制和高速缓存。

复制是指在每个主机上保留一个本地域名服务器数据库的副本。由于不需要任何网络交互就能进行转换,复制使得本地主机上的域名转换非常快。同时,它也减轻了域名服务器的负担,使服务器能为更多的计算机提供域名服务。

高速缓存是比复制更重要的优化技术,它可使非本地域名解析的开销大大降低。网络中每个域名服务器都维护一个高速缓存器,由高速缓存器来存放用过的域名和从何处获得域名映射信息的记录。当客户机请求服务器转换一个域名时,服务器首先到 IP 地址映射数据库查找本地域名,若无匹配地址则检查高速缓存中是否有该域名最近被解析过的记录,如果有就返回给客户机,如果没有才应用某种解析方式或算法解析该域名。为保证解析的有效性和正确性,高速缓存中保存的域名信息记录设置有生存时间,这个时间由响应域名询问的服务器给出,超时的记录将从缓存区中删除。

### 3. DNS 完整的查询过程

图 8-4 显示了一个包含递归和循环两种类型的查询方式,以及 DNS 客户端向指定的 DNS 服务器查询 www.sjzpt.edu.cn 的 IP 地址的过程。查询的具体解析过程如下。

图 8-4　完整的 DNS 解析过程

域名解析使用 UDP 协议,其 UDP 端口号为 53。提出 DNS 解析请求的主机与域名服务器之间采用客户机/服务器(C/S)模式工作。当某个应用程序需要将一个名字映射为一个 IP 地址时,应用程序调用一种名为解析器(resolver,参数为要解析的域名地址)的程序,由解析器将 UDP 分组传送给本地 DNS 服务器上,由本地 DNS 服务器负责查找名字并将 IP 地址返回给解析器。解析器再把它返回给调用程序。本地 DNS 服务器以数据库查询方式完成域名解析过程,并且采用了递归查询。

## 8.1.5　动态 DNS 服务

动态 DNS(域名解析)服务,也就是可以将固定的互联网域名和动态(非固定)IP 地址实时对应(解析)的服务。这就是说相对于传统的静态 DNS 而言,它可以将一个固定的域名解析到一个动态的 IP 地址,简单地说,不管用户何时上网、以何种方式上网、得到一个什么样的 IP 地址、IP 地址是否会变化,它都能保证通过一个固定的域名就能访问到用户的计算机。

动态域名的功能就是实现固定域名到动态 IP 地址之间的解析。用户每次上网得到新的 IP 地址之后,安装在用户计算机里的动态域名软件就会把这个 IP 地址发送到动态域名解析服务器,更新域名解析数据库。Internet 上的其他人要访问这个域名的时候,动态域名解析服务器会返回正确的 IP 地址给他。

# 8.2　安装 DNS 服务器

BIND 是 Linux 中实现 DNS 服务的软件包。几乎所有 Linux 发行版都包含 BIND,在 RHEL 6.2 中,其版本为 BIND-9.7.3,支持 IPv6 等新技术,功能有了很大的改善和提高,已成为 Internet 上使用最多的 DNS 服务器版本。

本节介绍安装 DNS 服务器的两种方法,即图形界面与字符界面下启动、关闭和重启 DNS 服务器的方法。

### 1. 安装 DNS 服务器程序

在 RHEL 6.2 中安装 BIND 可以通过两种途径:一是在系统安装阶段选中 DNS 软件,二是在系统安装完毕后再单独安装 BIND 软件包。在进行 DNS 服务的操作之前,首先可使用下面的命令验证是否已安装了相关组件。下列命令可以查询 DNS 是否已安装:

```
#rpm -qa | grep bind
bind-9.7.3-8.p3.el6.x86_64
bind-libs-9.7.3-8.p3.el6.x86_64
bind-utils-9.7.3-8.p3.el6.x86_64
```

命令执行结果表明系统已安装了 DNS 服务器。如果未安装,超级用户(root)在图形界面下选择"系统"→"管理"→"添加/删除软件"选项,再在打开的窗口中选择需要的软件包就可以安装或卸载 DNS 相关的软件包,主要包括以下几个。

bind:DNS 服务器端软件。

bind-utils:DNS 服务所需的工具软件。

bind-libs:DNS 服务的支持软件包。

当然,也可以用命令来安装或卸载 DNS 服务,具体步骤如下。

(1) 创建挂载目录

```
#mkdir /mnt/cdrom
```

(2) 把光盘挂载到/mnt/cdrom 目录下面

```
#mount /dev/cdrom /mnt/cdrom
```

(3) 进入 DNS 软件包所在的目录(注意大小写字母,否则会出错)

```
#cd /mnt/cdrom/Packages
```

(4) 安装 DNS 服务

```
#rpm -ivh bind-9.7.3-8.p3.el6.x86_64.rpm
```

如果出现如下提示,则证明服务被正确安装。

```
warning: bind-9.7.3-8.p3.el6.x86_64.rpm: Header V3 RSA/SHA256 Signature,key
ID fd431d51: NOKEY
Preparing …        ########################################[100%]
1: bind            ########################################[100%]
```

### 2. 启动和关闭 DNS 服务器程序

使用命令对 DNS 服务器进行启动、停止或重新启动时,有两种命令可以使用,可以在终端窗口或在字符界面下输入以下两个命令中的一个进行控制。

(1) 启动

```
#/etc/init.d/named start
#service named start
```

(2) 停止

```
#/etc/init.d/named stop
#service named stop
```

(3) 重新启动

```
#/etc/init.d/named restart
#service named restart
```

# 8.3　配置 DNS 服务器

配置一台 Internet 域名服务器时需要修改一组配置文件,如表 8-1 所示。其中最关键的主配置文件是/etc/named. conf。DNS 服务的 named 守护进程运行时首先从named. conf 文件获取其他配置文件的信息,然后按照各区域文件的设置内容提供域名解析服务。

表 8-1　DNS 服务器的主要配置文件

| 配 置 文 件 | 说　　明 |
| --- | --- |
| /etc/named. conf | 主配置文件,用来设置 DNS 服务器的全局参数,并指定区域类型、区域文件名及其保存路径 |
| /var/named/named. ca | 缓存文件,指向根域名服务器的指示配置文件 |
| 正向区域解析数据库文件 | 由 named. conf 文件指定,用于实现区域内主机名到 IP 地址的解析 |
| 反向区域解析数据库文件 | 由 named. conf 文件指定,用于实现区域内 IP 地址到主机名的解析 |

此外,与域名解析有关的文件还有/etc/hosts、/etc/host. conf 和/etc/resolv. conf 等。

本节分别介绍各种 DNS 服务器的配置文件以及与 DNS 解析相关的文件结构。

## 8.3.1　主配置文件 named.conf

BIND 软件安装时会自动创建一系列文件,其中包含默认配置文件/etc/named.conf,其主体部分及说明如下:

```
options {
  listen-on port     53 { 127.0.0.1; };      //指定服务侦听的 IPv4 地址和端口号,IP
                                                地址可用关键字"any"或"none"代替
  listen-on-v6 port 53 { ::1; };             //指定服务侦听的 IPv6 地址和端口号
  directory          "/var/named";           //指定区域数据库文件存放的位置
  dump-file          "/var/named/data/cache_dump.db";
                                             //指定转储文件的存放位置及文件名
  statistics-file  "/var/named/data/named_stats.txt";
                                             //指定统计文件的存放位置及文件名
  memstatistics-file "/var/named/data/named_mem_stats.txt";
                                             //指定内存统计文件的存放位置及文件名
  allow-query        { localhost; };         //指定允许查询的机器列表,还可以是 IP
                                                地址、any、none
  recursion         yes;                     //指定是否允许递归查询
  dnssec-enable     yes;                     //指定是否返回 DNSSEC 关联的资源记录
  dnssec-validation  yes;                    //指定是否验证通过 DNSSEC 的资源记录是权威的
  dnssec-lookaside   auto;                   //设置 DNSSEC 验证的方法
  bindkeys-file  "/etc/named.iscdlv.key";//设置 ISCDLV 密钥文件路径
};

logging {                                    //指定服务器日志记录的内容和日志信息存放文件
        channel default_debug{
                file "data/named.run";
                severity dynamic;
           };
};

zone "." IN {                                //定义"."(根)区域
        type hint;                           //定义区域类型为提示类型
        file "named.ca";                     //指定该区域的数据库文件为 named.ca
};

include "/etc/named.rfc1912.zones";
```

/etc/named.conf 文件说明 DNS 服务器的全局参数,由多个 BIND 配置命令组成,每个配置命令是由参数和大括号括起来的配置子句块,各配置子句也包含相应的参数,并以分号结束,其语法与 C 语言类似。named.conf 文件中最常用的配置语句有两个: option 语句和 zone 语句。

(1) option 语句

option 语句定义全局配置选项,在 named.conf 文件中只能使用一次。其基本格式为：

```
option {
        配置子句;
};
```

在 bind 文档中有完整的 option 配置选项清单，其中最常用的如下所示。

① directory "目录路径名"：定义区域数据库文件的保存路径，默认为/var/named，一般不需要修改。

② forwarders {ip 地址表;}：列出本地 DNS 服务器不能解析的域名查询请求被转发给哪些服务器，这对于使用 DNS 服务器连接到 Internet 的局域网很有用。此选项也可以设置在转发区域条目中。

（2）zone 语句

zone 语句用于定义 DNS 服务器所服务的区域，其中包括区域名、区域类型和区域文件名等信息。默认配置的 DNS 服务器没有自定义任何区域，主要靠根提示类型的区域来找到 Internet 根服务器，并将查询的结果缓存到本地，进而用缓存中的数据来响应其他相同的查询请求，因此采用默认配置的 DNS 服务器就被称为 caching-only DNS server（只缓存域名服务器）。

zone 语句的基本格式为：

```
zone "区域名" IN {
    type 子句;
    file 子句;
    其他配置子句;
};
```

注意：以上每条配置语句均以";"结束。

① 区域名：根域名用"."表示，除根域名以外，通常每个区域都要指定正向区域名和反向区域名。正向区域名形如 wu.com，为合法的 Internet 域名；反向区域名形如 80.206.202.in-addr.arpa，由网段 IP 地址（202.206.80.0/24）的逆序形式加 in-addr.arpa 扩展名而成，其中 arpa 是反向域名空间的顶级域名，in-addr 是 arpa 的一个下级域名。

② type 子句：说明区域的类型，区域类型可以是 master、slave、stub、forward 或 hint，各类型及说明如表 8-2 所示。

表 8-2　区域类型及说明

| 类型 | 说　　明 |
| --- | --- |
| master | 主 DNS 区域，指明该区域保存主 DNS 服务器信息 |
| slave | 辅助 DNS 区域，指明需要从主 DNS 服务器定期更新数据 |
| stub | 存根区域，与辅助 DNS 区域类似，但只保留 DNS 服务器的名称 |
| forward | 转发区域，将任何 DNS 查询请求重定向到转发语句所定义的转发服务器 |
| hint | 提示区域，提示 Internet 根域名服务器的名称及对应的 IP 地址 |

③ file 子句：指定区域数据库文件的名称，应在文件名两边使用双引号。

## 8.3.2　区域文件和资源记录

除根域以外,DNS 服务器在域名解析时对每个区域使用两个区域数据库文件:正向区域数据库文件和反向区域数据库文件。区域数据库文件定义一个区域的域名和 IP 地址信息,主要由若干个资源记录组成。区域数据库文件的名称由 named.conf 文件的 zone 语句指定,它可以是任意的,但通常使用域名作为区域数据库文件名,以方便管理,例如 wu.com 域有一个名为 wu.com 的区域数据库文件。本地主机正向、反向数据库文件也可以采用任意名称,但通常使用 named.localhost 和 named.loopback。

由 named.conf 文件中 option 段中的指令 directory "/var/named"可知,区域数据库文件位于该目录下。用户可以根据该目录下的自带文件作为模板创建相应的区域文件。

### 1. 正向区域数据库文件

正向区域数据库文件实现区域内主机名到 IP 地址的正向解析,包含若干条资源记录。下面是一个典型的正向区域数据库文件的内容(假定区域名为 wu.com)。

```
$TTL 1D
@    IN   SOA  @ rname.invalid. (
                       0         ; serial
                       1D        ; refresh
                       1H        ; retry
                       1W        ; expire
                       3H )      ; minimum
        NS      @
        A       127.0.0.1
        AAAA    ::1
computer  A      10.0.0.2
        MX  10  mail.wu.com.
www     CNAME   computer.wu.com.
```

该区域文件中包含 SOA、NS、A、CNAME、MX 等资源记录类型,现分述如下。

（1）SOA 记录

区域数据库文件通常以被称为"授权记录开始(Start of Authority,SOA)"的资源记录开始,此记录用来表示某区域的授权服务器的相关参数,其基本格式为:

```
@      IN    SOA   DNS 主机名   管理员电子邮件地址 (
                              序列号
                              刷新时间
                              重试时间
                              过期时间
                              最小生存期)
```

① SOA 记录首先需要指定区域名称,通常使用"@"符号表示 named.conf 文件中 zone 语句定义的域名,上面文件中的"@"表示"wu.com"。而第 2 个"@"表示的是 DNS

209

主机名,由于"@"符号在区域文件中的特殊含义,管理员的电子邮件地址中可以不使用"@"符号,而使用"."符号代替。

② IN 代表 Internet 类,SOA 是起始授权类型。注意,其后所跟的授权域名服务器如采用域名必须是完全标识域名(FQDN)形式,它以点号结尾,管理员的电子邮件地址也如此。BIND 规定:在区域数据库文件中,任何没有以点号结尾的主机名或域名都会自动追加"@"的值,即追加区域名构成 FQDN。

③ 序列号也称为版本号,用来表示该区域数据库的版本,它可以是任何数字,只要它随着区域中记录的修改不断增加即可。常用的序列号格式为"年月日当天修改次数",如"2010092701"表示 2010 年 9 月 27 日第 1 次修改。每次修改完数据库的内容应该同时手工修改版本号,要注意新版本号要比旧版本号大,辅助 DNS 服务器要用到此参数。

④ 刷新时间:指定辅助 DNS 服务器根据主 DNS 服务器更新区域数据库文件的时间间隔。

⑤ 重试时间:指定辅助 DNS 服务器如果更新区域文件时出现通信故障,多长时间后重试。

⑥ 过期时间:指定辅助 DNS 服务器无法更新区域文件时,多长时间后所有资源记录无效。

⑦ 最小生存时间:指定资源记录信息存放在缓存中的时间。

以上时间的表示方法有两种。

① 数字形式:用数字表示,默认单位为秒,如 3600。

② 时间形式:可以指定单位为分钟(M)、小时(H)、天(D)、周(W)等,如 3H 表示 3 小时。

(2) NS 记录

NS 记录用来指明该区域中 DNS 服务器的主机名或 IP 地址,是区域数据库文件中不可缺少的资源记录。如果有一个以上的 DNS 服务器,可以在 NS 记录中将它们一一列出,这些记录通常放在 SOA 记录后面。由于其作用于与 SOA 记录相同的域,所以可以不写出域名,以继承 SOA 记录中"@"符号指定的服务器域名。假设服务器 IP 地址为 10.0.0.1、机器名为 dns、域名为 wu.com,则以下语句的功能相同。

```
IN  NS @
IN  NS 10.0.0.1.
IN  NS dns
IN  NS dns.wu.com.
IN  NS dns.wu.com.
```

(3) A 记录

A 记录指明区域内的主机域名和 IP 地址的对应关系,仅用于正向区域文件。A 记录是正向区域文件中的基础数据,任何其他类型的记录都要直接或间接地利用相应的 A 记录。这里的主机域名通常仅用其完整标识域名的主机名部分表示,如前所述,系统对任何没有使用点号结束的主机名会自动追加域名,因此上面文件中的语句

```
computer        IN  A    10.0.0.2
```

等价于

```
computer.wu.com.    IN  A    10.0.0.2
```

（4）CNAME 记录

CNAME 记录用于为区域内的主机建立别名，仅用于正向区域文件。别名通常用于一个 IP 地址对应多个不同类型服务器的情况。上面文件中 www. wu. com 是 computer. wu. com 的别名。

利用 A 记录也可以实现别名功能，可以让多个主机名对应相同的 IP 地址。例如，为使 www. wu. com 成为 computer. wu. com 的别名，只要为它增加一个地址记录，使其具有 computer. wu. com 相同的 IP 地址即可。

```
computer     A   10.0.0.2
www          A   10.0.0.2
```

（5）MX 记录

MX 记录仅用于正向区域文件，它用来指定本区域内的邮件服务器主机名，这是 sendmail 要用到的。其中的邮件服务器主机名可以 FQDN 形式表示，也可用 IP 地址表示。MX 记录中可指定邮件服务器的优先级别，当区域内有多个邮件服务器时，根据其优先级别决定邮件路由的先后顺序，数字越小，级别越高。前面的正向区域文件中指定邮件服务器名为 mail. wu. com，表明任何发送到该区域的邮件（邮件地址的主机部分是@值）会被路由到该邮件服务器，然后再发送给具体的计算机。

总之，正向区域数据库文件都以 SOA 记录开始，可以包括 NS 记录、A 记录、MX 记录等。

**2. 反向区域数据库文件**

反向区域数据库文件用于实现区域内主机 IP 地址到域名的映射。看下面这个区域名为 2. 0. 0. 10. in-addr. arpa 的反向区域数据库文件。

```
$TTL 1D
@   IN  SOA  @  rname.invalid. (
                    0       ; serial
                    1D      ; refresh
                    1H      ; retry
                    1W      ; expire
                    3H )    ; minimum
        NS      @
        A       127.0.0.1
        AAAA    ::1
        PTR     localhost.
2       PTR     computer.wu.com.
3       PTR     mail.wu.com.
```

将该文件与前面的正向区域数据库文件进行对照就可以发现，它们的前两条记录 SOA 与 NS 记录是相同的。不同的是，反向区域数据库文件中并没有 A 记录、MX 记录和 CNAME 记录,而是定义了新的记录类型——PTR 类型。

PTR 记录类型又称指针类型,它用于实现 IP 地址与域名的逆向映射,仅用于反向区域文件。需要注意的是,该记录最左边的数字不以".".结尾,系统将会自动在该数字的前面补上@的值,即补上反向区域名称来构成 FQDN。因此,上述文件中的第一条 PTR 记录等价于:

```
2.0.0.10.in-addr.arpa.  PTR  computer.wu.com.
```

一般情况下,反向区域数据库文件中除了 SOA 和 NS 记录外,绝大多数都是 PTR 类型的记录,其第一项是逆序的 IP 地址,最后一项必须是一个主机的完全标识域名,后面一定有一个".".。

# 8.4  DNS 服务器配置实例

## 8.4.1  配置主 DNS 服务器

假设需要配置一个符合下列条件的主域名服务器。

(1) 域名为 linux.net,网段地址为 192.168.10.0/24。

(2) 主域名解析服务器的 IP 地址为 192.168.10.10,主机名为 dns.linux.net。

(3) 需要解析的服务器包括:www.linux.net(192.168.10.11),ftp.linux.net(192.168.10.12),mail.linux.net(192.168.10.13)。

配置过程如下。

**1. 配置主配置文件/etc/named.conf**

在主配置文件中需要修改如下内容:

```
#vim /etc/named.conf
options {
  listen-on port    53 { any; };      //侦听所有 IPv4 地址
  listen-on-v6 port 53 { any; };      //侦听所有 IPv6 地址
  ⋮
  allow-query       { any; };         //允许所有机器查询
  ⋮
zone "linux.net" IN {                 //新建一个正向 linux.net 区域
      type master;                    //设置为主 DNS 服务器
      file "linux.net.zone";          //配置区域文件的名称
      allow-update { none; };
};

zone "10.168.192.in-addr.arpa" IN {   //新建一个反向 10.168.192.in-addr.arpa 区域
      type master;
      file "10.168.192.zone";         //配置区域文件的名称
};
```

```
    zone "0.0.127.in-addr.arpa" IN {     //新建本机反向区域
        type master;
        file "named.loopback";          //配置区域文件的名称
};


include "/etc/named.rfc1912.zones";
```

## 2. 配置正向区域配置文件

在/var/named 的目录下创建正向区域文件。为了加快创建速度、提高准确性，可以将此目录下的模板文件复制过来。

```
#cp -p /var/named/named.empty /var/named/linux.net.zone
                //选项-p 是复制后不更改文件的权限,若不加-p,则因权限不够而不能解析
#vim /var/named/linux.net.zone
$TTL    3H
@          IN SOA  @  rname.invaild. (
                                      0        ; serial
                                      1D       ; refresh
                                      1H       ; retry
                                      1W       ; expiry
                                      3H )     ; minimum

        NS       @
        A        127.0.0.1
        AAAA     ::1
dns     A        192.168.10.10
www     A        192.168.10.11
ftp     A        192.168.10.12
mail    A        192.168.10.13
        MX  10   @
```

## 3. 配置反向区域文件

```
#cp -p /var/named/named.loopback /var/named/10.168.192.zone
#vim /var/named/10.168.192.zone
$TTL    3H
@          IN SOA  @  rname.invaild. (
                                      0        ; serial
                                      1D       ; refresh
                                      1H       ; retry
                                      1W       ; expiry
                                      3H )     ; minimum

        NS       @
        A        127.0.0.1
        AAAA     ::1
10      PTR      dns.linux.net.
11      PTR      www.linux.net.
12      PTR      ftp.linux.net.
13      PTR      mail.linux.net.
```

**4. 重启动 DNS 服务**

```
#service named restart
```

**5. 测试 DNS 服务**

对 DNS 服务的测试既可以在 Windows 客户端进行，也可以在 Linux 的客户端进行，为简化测试环境，亦可在服务器上开启客户端配置。不论在什么环境下，首先应修改 TCP/IP 设置，使客户端指向要测试的 DNS 服务器。以下是在 Linux 客户端进行的测试。

```
#vim /etc/resolv.conf
search  linux.net                   //指明本机域名后缀为 linux.net
nameserver  192.168.10.10           //添加 DNS Server 的 IP 地址
```

BIND 软件包为 DNS 服务的测试提供了 3 种工具：nslookup、dig 和 host，可选择自己熟悉的命令进行测试。

（1）使用 nslookup 命令测试。

使用 nslookup 命令可以直接查询指定的域名或 IP 地址，还可以采用交互方式查询任何资源记录类型，并可以对域名解析过程进行跟踪。

```
#nslookup
>mail.linux.net                       //测试正向资源记录
Server:          192.168.10.10        //显示当前采用哪个 DNS 服务器来解析
Address:         192.168.10.10#53


Name:            mail.linux.net
Address:         192.168.10.13
>192.168.10.12                        //测试反向资源记录
Server:          192.168.10.10
Address:         192.168.10.10#53

12.10.168.192.in-addr.arpa   name=ftp.linux.net.
>set type=mx                          //改变要查询的资源记录类型
>mail.linux.net
Server:          192.168.10.10
Address:         192.168.10.10#53

mail.linux.net  mail  exchanger=10 linux.net.
>set debug                            //打开调试开关,显示详细的查询信息
>mail.linux.net
Server:          192.168.10.10
Address:         192.168.10.10#53

---------------------
    QUESTIONS:                        //查询的内容
        mail.linux.net, type=a, class=IN
```

```
        ANSWERS:                          //回答的内容
        ->    mail.linux.net
              mail exchanger=10 wu.com.
              ttl=10800
        AUTHORITY RECORDS:                //授权记录
        ->    wu.com
              nameserver=wu.com.
              ttl=10800
        ADDITIONAL RECORDS:               //附加记录
        ->    wu.com
              internet address=127.0.0.1
              ttl=10800
        ->    wu.com
              has AAAA address ::1
              ttl=10800
---------------------
computer.wu.com mail exchanger=10 wu.com.
>set nodebuge                            //关闭调试开关,以不影响正常测试
>server 192.168.100.1                    //使用 server 命令临时更改 DNS Server 地址
Default server: 192.168.100.1
Address: 192.168.100.1#53
>exit                                    //退出 nslookup 命令状态
```

在交互方式查询中,可以用 set type 命令来指定任何资源记录类型,包括 SOA、MX、NS、PTR 等。查询命令中的字符大小写无关。如果发现错误,就需要修改相应文件,然后重新启动 named 进程再次进行测试。

(2) 使用 dig 命令测试。

dig 命令是一个较为灵活的命令行方式的域名信息查询命令,默认情况下 dig 执行正向查询,如需反向查询需要加上选项"-x"。

```
#dig www.linux.net
; < < > >  DiG 9.7.3-P3-RedHat-9.7.3-8.p3.el6 < < > >  www.linux.net
;; global options:+cmd
;; Got answer:
;; -> >HEADER< < -opcode: QUERY, status: NOERROR, id: 35463
;; flags: qr aa rd ra; QUERY: 1, ANSWER: 1, AUTHORITY: 1, ADDITIONAL: 1
;; QUESTION SECTION:
;www.linux.net.                IN      A

;; ANSWER SECTION:
www.linux.net.        10800   IN      A       192.168.10.11

;; AUTHORITY SECTION:
linux.net.            10800   IN      NS      dns.linux.net.

;; ADDITIONAL SECTION:
dns.linux.net.        10800   IN      A       192.168.10.10
```

```
;; Query time: 3 msec
;; SERVER: 192.168.10.10#53(192.168.10.10)
;; WHEN: Tue Mar 22 07:09:28 2011
;; MSG SIZE  rcvd: 81
```

（3）使用 host 命令测试。

host 命令可以用来做简单的主机名的信息查询，其用法与 dig 命令类似，以检查服务器配置正确与否。

```
#host ftp.linux.net                              //测试正向资源记录
ftp.linux.net has address 192.168.10.12
#host 192.168.10.12                              //测试反向资源记录
12.10.168.192.in-addr.arpa domain name pointer ftp.linux.net.
#host -a mail.linux.net                          //选项-a 可以显示详细的查询信息
Trying "mail.linux.net"
;; ->>HEADER<< -opcode: QUERY, status: NOERROR, id: 2952
;; flags: qr aa rd ra; QUERY: 1, ANSWER: 2, AUTHORITY: 1, ADDITIONAL: 2,

;; QUESTION SECTION:                             //查询段
;mail.linux.net.            IN      ANY

;; ANSWER SECTION:                               //回答段
mail.linux.net.    10800    IN      A        192.168.10.13
mail.linux.net.    10800    IN      MX       10  linux.net.

;; AUTHORITY SECTION:                            //授权段
linux.net.         10800    IN      NS       linux.net.

;; ADDITIONAL SECTION:                           //附加段
linux.net.         10800    IN      A        127.0.0.1
linux.net.         10800    IN      AAAA     127.0.0.1

Received 123 bytes from 192.168.1.119#53 in 36 ms
```

## 8.4.2　配置辅助 DNS 服务器

主 DNS 服务器是特定域中所有信息的授权来源，它是实现域间通信所必需的。为了防止主 DNS 服务器由于各种原因停止 DNS 服务，有时为了不间断地提供 DNS 查询，需要在同一网络中提供两台或两台以上的 DNS 服务器，其中一台作为主（Master）DNS，其他的都为辅助（Slave）DNS 服务器。主 DNS 服务器保存网络区域信息的主要版本，可以在该服务器上直接修改区域数据库文件的内容。而辅助 DNS 服务器没有数据库，它的数据库由主 DNS 提供，只能提供查询服务而不能在该服务器上修改该区域信息的内容。主、辅服务器之间必须能够相互传送区域文件信息。需要注意的是，不能在同一台机器上同时配置同一个域的主域名服务器和辅助域名服务器。

辅助 DNS 服务器有两个用途，一是作为主 DNS 服务器的备份，二是分担主 DNS 服务器的负载。当主 DNS 服务器正常运行时,辅助 DNS 服务器只起备份作用;当主 DNS 服务器发生故障后,辅助 DNS 服务器立即启动承担 DNS 解析服务。辅助 DNS 服务器中的数据可以来源于一台主 DNS 服务器,也可以来源于另一台辅助 DNS 服务器,因此辅助 DNS 服务器有一级、二级、⋯⋯之分。

辅助 DNS 服务器的配置相对简单,因为它的区域数据库文件是定期从 Master DNS 服务器复制过来的,所以无须手工建立。因此,辅助 DNS 服务器只需编辑 DNS 的主配置文件/etc/named.conf 即可。

假设配置上节例子中的辅助 DNS 服务器,其 IP 地址为 192.168.10.20,主机名为 slave.linux.net。配置过程如下。

(1) 配置主 DNS 服务器的主配置文件。(见上节介绍)

(2) 配置主 DNS 服务器的正向区域数据库文件/var/named/linux.net.zone,加入辅助 DNS 服务器的 NS 记录和 A 记录,内容如下。

```
$TTL    3H
@       IN    SOA   @   rname.invaild. (
                                        0       ; serial
                                        1D      ; refresh
                                        1H      ; retry
                                        1W      ; expiry
                                        3H )    ; minimum
        NS      @
        NS      slave.linux.net.
        A       127.0.0.1
        AAAA    ::1
dns     A       192.168.10.10
www     A       192.168.10.11
ftp     A       192.168.10.12
mail    A       192.168.10.13
salve   A       192.168.10.20
```

(3) 配置主 DNS 服务器的反向区域数据库文件/var/named/10.168.192.zone,加入辅助 DNS 服务器的 NS 记录和 PTR 记录,内容如下。

```
$TTL    3H
@        IN SOA  @   rname.invaild. (
                                        0       ; serial
                                        1D      ; refresh
                                        1H      ; retry
                                        1W      ; expiry
                                        3H )    ; minimum
        NS      @
        NS      slave.linux.net.
        A       127.0.0.1
        AAAA    ::1
10      PTR     dns.linux.net.
11      PTR     www.linux.net.
```

217

```
12      PTR     ftp.linux.net.
13      PTR     mail.linux.net.
20      PTR     slave.linux.net.
```

（4）配置辅助 DNS 服务器的主配置文件/etc/named.conf，在文件中添加如下内容。

```
options {
  listen-on port    53 { any; };                //侦听所有 IP 地址的端口号
    ⋮
};
  ⋮
zone "linux.net" IN {                            //新建一个正向 linux.net 区域
        type slave;                              //设置为辅助 DNS 服务器
        file "salves/linux.net.zone";           //指定复制的区域数据库文件名及存放位置
        masters {192.168.10.10;};               //指定主 DNS 服务器的 IP 地址
};

zone "10.168.192.in-addr.arpa" IN { //新建一个反向 10.168.192.in-addr.arpa 区域
        type slave;
        file "slaves/10.168.192.zone";  //配置区域文件的名称
};
```

（5）测试辅助 DNS 服务器。

在辅助 DNS 服务器上重启 DNS 进程后，会自动将主 DNS 服务器上的区域数据库文件复制过来，用户可以自行查看辅助 DNS 服务器中区域数据库文件的内容，并与主 DNS 服务器的数据库进行对比。

采用命令测试的方法与在主 DNS 服务器上测试的方法相同，在此不再赘述。

## 8.4.3　配置转发 DNS 服务器

使用 forward 和 forwarders 设置转发。forward 用于指定转发方式，forwarders 用于指定要转发到的服务器。转发方式有两种，一种是 forward first，这是默认转发方式，当有查询请求时，首先转发到 forwarders 设置的转发器查询，如果查询不到，则再到本地服务器上查询；另一种是 forward only，当有查询请求时，只转发到 forwarders 设置的转发器查询，查询不到也不在本地查询。forwarders 后面跟的是要转发到的服务器地址，如有多个地址，则用分号隔开。

（1）如果要在所有区域上转发，可在主配置文件/etc/named/named.conf 中作如下修改。

```
options {
        listen-on port 53 { any; };
        listen-on-v6 port 53 { ::1; };
        forwarders {192.168.100.200;};          //如有多个地址用分号隔开
            ⋮
};
```

（2）如果要在单个区域转发，则需要在主配置文件/etc/named/named.conf 中新建一个转发区域。

```
options {
    listen-on port    53 { any; };
       ⋮
};
  ⋮
zone "rhel.com" IN {                             //添加转发区域
        type forward;
        forwarders {192.168.100.200;};
};
```

修改以上配置文件后可以重启服务，然后采用 nslookup 命令进行测试。

```
#nslookup
>mail.rhel.com
server:      192.168.10.10
Address:   192.168.10.10#53

no-authoritative answer                       //非权威应答，因为不是本机查找到的
name:      mail.rhel.com
Address:   192.168.1.100
```

## 8.4.4　配置只有缓存功能的 DNS 服务器

下面这个例子是一个公司内部的只作缓存使用的域名服务器的例子，它拒绝所有从外部网络到达的查询。只需修改/etc/named.conf 文件中的以下选项。

```
options {
    listen-on port    53 { any; };              //允许所有的主机使用本 DNS 服务器
    listen-on-v6 port 53 { any; };
    allow-query        { 192.168.4.0/24; 192.168.7.0/24; };
                                        //指定只允许从两个子网访问
};
```

## 8.4.5　配置只有主域名服务功能的 DNS 服务器

这个例子中，样例配置只作权威服务器。本例的服务器对域 example.com 作主管理服务器，对其子域 eng.example.com 作辅助服务器。只需修改或添加/etc/named.conf 文件中的以下选项。

```
options {
    listen-on port    53   { any; };
    listen-on-v6 port 53   { any; };
    allow-query        { any; };
    allow-query-cache  { none; };        //不允许访问缓存
```

```
        recursion           no;               //不允许递归查询
};

zone "example.com" {                      //设置 example.com 管理域
    type master;                          //设置为主域类型
    file "example.com.zone";              //设置数据库名称
    allow-transfer {            //设置允许作为此主服务器的从属 DNS 服务器的 IP 地址
        192.168.4.14;
        192.168.5.53;
    };
};

zone "eng.example.com" {                //设置成子域 eng.example.com 的从属服务器
    type slave;                           //设置为辅助域类型
    file "eng.example.com.zone";
    masters { 192.168.4.12; };          //设置子域 eng.example.com 的管理服务器地址
};
```

## 8.4.6 配置服务器的负载平衡

简单的负载平衡可以在相应的区域数据库文件中用一个名字使用多个 A 记录来实现。例如，如果有 3 个 WWW 服务器，地址分别是 10.0.0.1,10.0.0.2 和 10.0.0.3,一组如下的记录表示一个客户机有 1/3 的可能性连接到其中一台服务器。

```
Name  TTL  CLASS  TYPE   Resource Record (RR) Data
www   600  IN     A      10.0.0.1
www   600  IN     A      10.0.0.2
www   600  IN     A      10.0.0.3
```

当客户机查询时，BIND 将会以不同顺序轮流回应客户机，例如，客户机随机可能得到的顺序是 1、2、3,2、3、1 或者 3、1、2。大多数客户机都会使用得到序列的第一个记录，忽略剩余的记录。

# 8.5 DNS 管理工具

第一次配置 DNS 对于 Linux 新手是一个挑战。DNS 是一个很复杂的系统，一不小心就有可能使系统不能正常运行。伴随 DNS 建立出现的许多问题都会引起相同的结果，但大多数问题是由于配置文件中的语法错误而导致的。DNS 是由一组文件构成的，所以可以采用不同的工具检查对应文件的正确性。

**1. named-checkconf**

功能：通过检查 named.conf 语法的正确性来检查 named 文件的正确性。对于配置正确的 named. conf 文件，named-checkconf 不会显示任何信息。下面是一个检查的例子。

```
#named-checkconf
/etc/named.conf:23: unknown option 'flie'
```

上面信息说明在第 23 行有一个错误语句，原来是把"file"错误拼写为"flie"。找到错误原因，用 vi 修改配置文件就可以很快排除故障。

**2. named-checkzone**

功能：通过检查区域文件语法的正确性找出出错原因。named-checkzone 如果没有检查到错误，会返回一个简单的 OK 字符。下面是一个例子。

```
#named-checkzone linux.net linux.net.zone
dns_rdata_fromtext: linux.net.zone:11 near '192.168.1.300':bad dotted quad
zone linux.net/IN: loading from master file linux.net.zone failed: bad
dotted quad
zone linux.net/IN: not loaded due to errors.
```

上面信息说明在第 11 行出现了错误，可能是设定了一个错误 IP 地址。而且由于错误设置无法加载 linux. net 区域。查看/var/named/linux. net. zone 文件可找出故障排除。

**3. rndc**

功能：rndc 是 BIND 安装包提供的一种控制域名服务运行的工具，它可以运行在其他计算机上，通过网络与 DNS 服务器进行连接，然后根据管理员的指令对 named 进程进行远程控制，此时，管理员不需要 DNS 服务器的根用户权限。

使用 rndc 可以在不停止 DNS 服务器工作的情况下进行数据的更新，使修改后的配置文件生效。实际情况下，DNS 服务器是非常繁忙的，任何短时间的停顿都会给用户的使用带来影响。因此，使用 rndc 工具可以使 DNS 服务器更好地为用户提供服务。

rndc 与 DNS 服务器实行连接时，需要通过数字证书进行认证，而不是传统的用户名/密码方式。在当前版本下，rndc 和 named 都只支持 HMAC-MD5 认证算法，在通信两端使用共享密钥。rndc 在连接通道中发送命令时，必须使用经过服务器认可的密钥加密。为了生成双方都认可的密钥，可以使用 rndc-confgen 命令产生密钥和相应的配置，再把这些配置分别放入 named. conf 和 rndc 的配置文件 rndc. conf 中。

格式：

```
rndc [-c config] [-s server] [-p port] [-y key] command [command...]
```

command 包括以下几个。

（1）reload zone［class［view］］：重新装入指定的配置文件和区域数据文件。

（2）refresh zone［class［view］］：按计划维护指定的区域数据文件。

（3）reconfig：重新装入配置文件和区域数据文件，但是不装入原来的区域数据文件，即使这个数据文件已经改变。这比完全重新装入要快,当有许多区域数据文件时,它比较有效,因为它避免了检查区域文件是否改变。

(4) stats:把服务器统计信息写到统计文件中。

(5) querylog:记录查询日志。也可以使用 queries category 查询到一个 channel 在 named. conf 的 logging 部分。

(6) dumpdb:将服务器缓存中的内容存成一个 dump 文件。

(7) stop:停止域名服务的运行,一定要确定动态更新的内容和 IXFR 已经存入主管理文件。

(8) halt:立即停止服务运行。最近动态更新的内容和 IXFR 没有存入主管理文件,但当服务重新开始时,它会从日程文件(journal files)中继续。

(9) trace:增加一级服务器的 debug 等级。

(10) trace level:把服务器的 debug 等级设置成一个数。

(11) notrace:将服务器的 debug 级别设为 0。

(12) flush:清理(flush)服务器缓存。

(13) status:显示服务器运行状态。

# 本 章 实 训

## 实训目的

根据提供的环境,学习并掌握 Linux 下主 DNS、辅助 DNS 和转发 DNS 服务器的配置与调试方法。

## 实训内容

(1) 配置一个主 DNS 服务器,其主机名为 DNS,IP 地址为 192.168.10.1,负责解析的域名为 shixun. com,须完成以下资源记录的正向与反向解析。

① 主机记录 www,对应 IP 为 192.168.10.3。

② 代理服务器 proxy,对应 IP 为 192.168.10.4。

③ 邮件交换记录 mail,指向 www. shixun. com。

④ 别名记录 ftp,指向 proxy. shixun. com。

(2) 分别在 Windows 和 Linux 中使用 nslookup 命令观察、测试配置的结果。

(3) 试配置上述服务器的辅助 DNS 服务器并进行测试。

## 实训总结

通过此次的上机实训,使用户掌握如何在 Linux 上安装与配置 DNS 服务器。

# 本 章 习 题

## 一、选择题

1. 若须检查当前 Linux 系统是否已安装了 DNS 服务器,以下命令正确的是( )。

    A. rpm -q dns                       B. rpm -q bind

    C. rpm -aux | grep bind         D. rpm ps aux | grep dns

2. 启动 DNS 服务的命令是( )。

    A. service bind restart         B. service bind start

    C. service named start          D. service named restart

3. 以下对 DNS 服务的描述正确的是( )。

    A. DNS 服务的主要配置文件是/etc/named. config/nds. conf

    B. 配置 DNS 服务,只需配置/etc/named. conf 即可

    C. 配置 DNS 服务,通常需要配置/etc/named. conf 和对应的区域文件

    D. 配置 DNS 服务时,正向和反向区域文件都必须配置才行

4. 检验 DNS 服务器配置是否成功,解析是否正确,最好采用( )命令来实现。

    A. ping                         B. netstat

    C. ps -aux | bind            D. nslookup

## 二、简答题

1. Linux 中的 DNS 服务器主要有哪几种类型?

2. 如何启动、关闭和重启 DNS 服务?

3. BIND 的配置文件主要有哪些?每个文件的作用是什么?

4. 测试 DNS 服务器的配置是否正确主要有哪几种方法?

5. 正向区域文件和反向区域文件分别由哪些记录组成?

# 第 9 章  配置 Web 服务器

Web 服务器是目前 Internet 应用最流行、最受欢迎的服务器之一，Linux 平台使用最广泛的 Web 服务器是 Apache，它是目前性能最优秀、最稳定的服务器之一。本章将详细介绍在 RHEL 6 操作系统中利用 Apache 软件架设 Web 服务器的方法。

**本章要点：**

(1) 了解 Apache 软件的技术特点。

(2) 掌握安装和启动 Apache 服务器的方法。

(3) 掌握配置 Apache 服务器的方法。

## 9.1  Apache 概 述

Apache 是一种开放源代码的 Web 服务器软件，其名称源于"A patchy server(一个充满补丁的服务器)"。它起初由 Illinois 大学 Urbana-Champaign 的国家高级计算程序中心开发，后来 Apache 被开放源代码团体的成员不断地发展和加强。基本上所有的 Linux、UNIX 操作系统都集成了 Apache，无论是免费的 Linux、FreeBSD，还是商业的 Solaris、AIX，都包含 Apache 组件，所不同的是，商业版本中对相应的系统进行了优化，并加进了一些安全模块。目前 Apache 的最新版本是 2.2 版，RHEL 6.2 采用 2.2 版。

1995 年，美国国家计算机安全协会(NCSA)的开发者创建了 NCSZ 全球网络服务软件，其最大的特点是 HTTP 守护进程，它比当时的 CERN 服务器更容易由源码来配置和创建，又由于当时其他服务器软件的缺乏，它很快流行起来。但是后来，该服务器的核心开发人员几乎都离开了 NCSA，一些使用者们自己成立了一个组织来管理他们编写的补丁，于是 Apache Group 应运而生。他们把该服务器软件称为 Apache。如今 Apache 慢慢地已经成为 Internet 上最流行的 Web 服务器软件了。在所有的 Web 服务器软件中，Apache 占据绝对优势，远远领先排名第二的 Microsoft IIS。

Apache 的主要特征如下所示。

(1) 可以运行在所有计算机平台上。

(2) 支持最新的 HTTP 1.1 协议。

(3) 简单而强有力的基于文件的配置。

(4) 支持通用网关接口 CGI。

(5) 支持虚拟主机。

（6）支持 HTTP 认证。

（7）集成 Perl 脚本编程语言。

（8）集成的代理服务器。

（9）具有可定制的服务器日志。

（10）支持服务器端包含命令（SSI）。

（11）支持安全 Socket 层（SSL）。

（12）用户会话过程的跟踪能力。

（13）支持 FastCGI。

（14）支持 Java Servlets。

## 9.2　Apache 服务器的安装与启动

在配置 Web 服务器之前，首先应判断系统是否安装了 Apache 组件。如果没有安装，需要首先进行安装。RHEL 6.2 自带有 Apache 软件包，版本为 2.2。也可以到 Apache 网站下载最新版本，其网址为 http://httpd.apache.org。

在安装 Apache 之前，须先为服务器网卡添加一个固定的 IP 地址，还须确定系统是否安装并启动了 Apache 软件，其测试方法有以下两种：一种方法是在 Web 浏览器的地址栏输入本机的 IP 地址，若出现 Test Page 测试页面（该页面文件默认路径为/var/www/html/index.html），如图 9-1 所示，就表明 Apache 已安装并已启动。

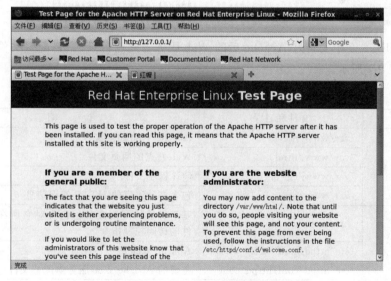

图 9-1　Test Page 测试页面

另一种方法是使用如下命令查看系统是否已经安装了 Apache 软件包。

```
#rpm -qa|grep httpd
httpd-2.2.15-15.el6.x86_64
```

```
httpd-tools-2.2.15-15.16.x86_64
```

出现以上内容表明系统已安装了 Apache 软件包。如果系统未安装 Apache，则超级用户(root)可以采用两种方法安装：一种是在图形界面下选择"系统"→"管理"→"添加/删除软件"选项，再在打开的窗口中查找并选择相应的软件包就可以安装或卸载 Apache 了。

当然，也可以用命令来安装或卸载 HTTP 服务，具体步骤如下。

(1) 创建挂载目录

```
#mkdir /mnt/cdrom
```

(2) 把光盘挂载到/mnt/cdrom 目录下面

```
#mount /dev/cdrom /mnt/cdrom
```

(3) 进入 DNS 软件包所在的目录(注意大小写字母，否则会出错)

```
#cd /mnt/cdrom/Packages
```

(4) 安装 DNS 服务

```
#rpm -ivh httpd-2.2.15-15.el6.x86_64.rpm
```

如果出现如下提示，则证明安装正确。

```
warning: httpd-2.2.15-15.el6.x86_64.rpm: Header V3 RSA/SHA256 Signature,key
ID fd431d51: NOKEY
Preparing ...          ###########################################[100%]
1:httpd                ###########################################[100%]
```

在 RHEL 6.2 中安装好 Apache 后的 Web 服务器站点目录、主要配置文件和启动脚本文件如表 9-1 所示。

表 9-1　Apache Web 服务器文件和目录

| 类　型 | 文件和目录 | 说　明 |
|---|---|---|
| Web 站点目录 | /var/www | Apache Web 站点文件和目录 |
| | /var/www/html | Web 站点的网页文件 |
| | /var/www/cgi-bin | CGI 程序文件 |
| | /var/www/error | 包含多种语言的 HTTP 错误信息 |
| 配置文件 | . htaccess | 基于目录的配置文件。包含对它所在目录中文件的访问控制指令 |
| | /etc/httpd/conf | Apache Web 服务器配置文件目录 |
| | /etc/httpd/conf/httpd. conf | 主要的 Apache Web 服务器配置文件 |
| 启动脚本 | /etc/rc. d/init. d/httpd | Web 服务器守护进程的启动脚本 |
| | /etc/rc. d/rc3. d/K15httpd | 将运行级 3 目录(/etc/rc3. d)连接到目录/etc/rc. d/init. d 中的启动脚本 |
| 应用文件 | /usr/sbin | Apache Web 服务器程序文件和实用程序的位置 |
| | /var/log/httpd | Apache 日志文件的目录 |

可以在图形界面或字符界面下启动 Apache 服务器。图形界面下启动的方法与前面的服务类似。在字符界面下可以利用/etc/rc.d/init.d/httpd 脚本来管理 Apache 服务。例如,下列命令可以启动 Apache 服务。

```
#/etc/rc.d/init.d/httpd start
```

将上述命令中的 start 参数变换为 stop、restart、status 可以分别实现 Apache 服务的关闭、重启或状态查看。

也可以用 service 脚本来管理 Apache 服务。用 start、stop、restart、status 参数执行 service 脚本一样可以启动、停止、重启 Apache 服务和查看 Apache 服务的状态。例如,要启动 Apache,可以输入如下命令:

```
#service httpd start
```

# 9.3　Apache 配置文件

## 9.3.1　Apache 配置文件简介

Apache 的配置文件是包含了若干指令的纯文本文件,其文件名为 httpd.conf,在 Apache 启动时,会自动读取配置文件中的内容,并根据配置指令影响 Apache 服务器的运行。配置文件改变后,只有在启动或重新启动后才会生效。

配置文件中的内容分为注释行和服务器配置命令行。行首有"♯"的即为注释行,注释行不能出现在指令的后面,除了注释行和空行外,服务器会认为其他的行都是配置命令行。

配置文件中的指令不区分大小写,但指令的参数通常是对大小写敏感的。对于较长的配置命令行,行末可使用反斜杠"\"换行,但反斜杠与下一行之间不能有任何其他字符(包括空白)。

可以使用 apachectl configtest 或者 httpd 的命令行参数-t 来检查配置文件中的错误,而无须启动 Apache 服务器。

整个配置文件总体上划分为 3 部分(section),第一部分为全局环境设置,主要用于设置 ServerRoot、主进程号的保存文件、进程的控制、服务器侦听的 IP 地址和端口以及要装载的 DSO 模块等;第二部分是服务器的主要配置指定位置;第三部分用于设置和创建虚拟主机。

## 9.3.2　Apache 配置文件的配置选项

由于 Apache 配置文件很长,其中的配置命令与参数很多,有的用得很少,下面主要介绍一些常用的配置选项。

**1. 全局环境配置**

全局环境配置用于配置 Apache 服务器进程的全局参数。该部分从"＃＃＃Section1：Global Environment"开始。

(1) ServerToken OS

当服务器响应主机头信息时,显示 Apache 的版本和操作系统名称。

(2) ServerRoot "etc/httpd"

设置服务器主配置文件和日志文件的位置,即服务器的根目录。

(3) PidFile run/httpd.pid

指定保存 Apache 服务器进程的进程号文件存放的位置。由于 httpd 配置文件能自动复制其自身,因此系统中有多个 httpd 进程,但只有一个进程为最初启动的进程,它为其他进程的父进程。对这个进程发送信号将影响所有的 httpd 进程。PidFile 定义的文件中记录 httpd 父进程的进程号。在 Apache 配置文件中如果文件名不以"/"开头,则认为是相对路径。会在文件名前加上 ServerRoot 命令指定的默认路径名。很明显,此处文件的存放位置应该是/etc/httpd/run/httpd.pid。

(4) Timeout 60

设置超时时间,单位为秒。若在指定的时间内没有收到或发出任何数据则自动断开连接。

(5) KeepAlive off

设置是否允许保持连接。若 KeepAlive 的值为 off,则表示不允许保持连接,此时一次连接只能响应一个请求,而一个请求一般情况下只传输一个文件;若值为 on,则表示允许保持连接,即允许一次连接连续响应多个请求,这在一个页面上有多个相关文件的情况下,可以明显地提高响应速度。

(6) MaxKeepAliveRequests 100

指令限制了当启用 KeepAlive 时,每个连接允许的请求数量。如果将此值设为 0,将不限制请求的数目。建议最好将此值设为一个比较大的值,以确保最优的服务器性能。默认为 100。

(7) KeepAliveTimeout 15

设置第一次连接后,下次发送请求的最大时间间隔,超过这个设定的时间,而没有下次传输请求,则断开连接。这个时间间隔不能设置太长,否则很可能给服务器的整个连接性能造成影响,当然也不宜太短,否则用户端会经常出现连接中断现象。

(8) <IfModule prefork.c> ... </IfModule>

封装指令并根据指定的模块是否启用为条件而决定是否进行处理。<IfModule test>...</IfModule>配置段用于封装根据指定的模块是否启用而决定是否生效的指令。在<IfModule> 配置段中的指令仅当 prefork.c 为真的时候才进行处理,如果为假,所有其间的指令都将被忽略。Apache 提供了两种服务器的工作方式,一种是预派生模式 prefork MPM,另一种是工作者模式 worker MPM。其中 work MPM 主要在 UNIX 环境下采用,而 prefork MPM 适合于 Linux 环境。

（9）StartServers 8

设置服务器启动时所建立的子进程数。

（10）MinSpareServers 5

设置最小空闲服务器子进程的个数。

（11）MaxSpareServers 20

设置最大空闲服务器子进程的个数。

（12）ServerLimit 256

设置服务器 httpd 子进程的最大数。

（13）MaxClients 256

设置服务器所允许运行的最多子进程数，当服务器所连接的进程数超过所设定的值时，任何客户都不能与服务器连接，只有等待。当有子进程断开连接后服务器才提供相应服务。

（14）MaxRequestsPerChild 4000

设置单个子进程可以允许的最多请求数，当超过这个设定的值时，子进程将被取消。0 意味着无限，即子进程永不取消。

（15）Listen 80

设置服务器默认监听端口。

（16）`LoadModule auth_basic_module modules/mod_auth_basic.so`
　　　`LoadModule auth_digest_module modules/mod_auth_digest.so`
　　　`LoadModule authn_file_module modules/mod_authn_file.so`
　　　⋮

设置服务器启动时动态加载的模块。Apache 采用模块化结构，各种可扩展的特定功能以模块形式存在而没有静态编进 Apache 内核，这些模块可以动态地载入 Apache 服务进程中。这样大大方便了 Apache 功能的丰富和完善。

（17）Include conf.d/ * .conf

这个指令允许在服务器配置文件中加入其他配置文件。即将/etc/httpd/conf.d 中所有以".conf"为扩展名的文件包含进来。这使得 Apache 配置文件具有更好的灵活性和可扩展性。

（18）User apache

设置用什么用户账户来启动 Apache 服务。

（19）Group apache

设置用什么属组来启动 Apache 服务。

**2. 主服务器配置**

这一部分从"♯♯♯Section 2：'main' server configuration"开始，其功能是处理不被<Virtual Hosts>处理的请求，即为所有虚拟主机提供默认值。

（1）ServerAdmin root@localhost

设置管理员的电子邮件地址，当 Apache 有问题时会自动发 E-mail 通知管理员。

（2）ServerName www.example.com:80

设置 Apache 默认站点的名称和端口号。这里的名称可以用域名或 IP 地址。

（3）UseCanonicalName off

设置是否使用规范名称。当值为 off 时，表示使用由客户提供的主机名和端口号；当值为 on 时，表示使用 ServerName 指令设置的值。

（4）DocumentRoot "/var/www/html"

设置 Apache 放置网页的目录路径。

```
（5）<Directory/>
        Options FollowSymLinks
        AllowOverride None
    </Directory>
```

设置 Apache 访问根目录时所执行的动作，即对根目录的访问控制。每个区域间基本上都包含以下选项。

（1）Options：用于设置区域的功能。具体含义如表 9-2 所示。

表 9-2　Options 选项的可选参数

| Options 参数 | 功　能　说　明 |
| --- | --- |
| All | 用户可在此目录中做任何操作 |
| ExceCGI | 允许在此目录中执行 CGI 程序 |
| FollowSymLinks | 服务器可使用符号链接连接到不在此目录中的文件或目录，此参数若是设在<Location>区域中则无效 |
| Includes | 提供 SSI 功能 |
| IncludesNOEXEC | 提供 SSI 功能，但不允许执行 CGI 程序中的 #exec 与 #include 命令 |
| Indexes | 服务器可生成此目录中的文件列表 |
| MultiViews | 使用内容商议功能，经由服务器和 Web 浏览器相互沟通后，决定网页传送的性质 |
| None | 不允许访问此目录 |
| SymLinksIfOwnerMatch | 若符号链接所指向的文件或目录拥有者和当前用户账号相符，则服务器会通过符号链接访问不在该目录下的文件或目录，若此参数设置在<Location>区域中则无效 |

（2）AllowOverride：决定是否可取消以前设置的访问权限，它会读取目录中的".htaccess"文件，决定是否另设权限。具体含义如表 9-3 所示。

表 9-3　AllowOverride 配置项及其含义

| 控制项 | 典型可用指令 | 功　　能 |
| --- | --- | --- |
| AuthConfig | AuthName，AuthType，AuthUserFile Requre | 进行认证、授权的指令 |
| FileInfo | DefaultType，ErrorDocument，Sethander | 控制文件处理方式的指令 |
| Indexes | AddIcon，DefaultIcon，HeaderName DirectoryIndex | 控制目录列表方式的指令 |
| Limit | Allow，Deny，Order | 进行目录访问控制的指令 |

续表

| 控制项 | 典型可用指令 | 功　能 |
|---|---|---|
| Options | Options，XbitHack | 启用不能在主配置文件中使用的各种选项 |
| All | 允许全部指令 | 允许全部指令 |
| None | 禁止使用全部指令 | 禁止处理". htaccess"文件 |

（3）Deny：拒绝连接到该目录。

（4）Allow：允许连接到该目录。

（5）Order：设置当 Deny 与 Allow 有冲突时，先执行 Deny 还是 Allow 规则。

（6）<Directory "/var/www/html">
　　　⋮
　　　Allow from all
　　</Directory>

设置文档根目录的访问控制。

（7）<IfModule mod_userdir.c>
　　　UserDir disable
　　　#UserDir Public·html
　　</IfModule>

设置是否允许每个用户在自己的宿主目录中建立个人网页，默认情况下，Apache 禁用个人主页功能。如果要开放此功能，须取消 UserDir Pubilc_html 命令及下面的 <Directory /home/ * /public_html>…</Directory>区域的注释功能。

（8）DirectoryIndex index. html index. html. var

设置每个目录中默认的网页文件名称，排在前面的优先。

（9）AccessFileName . htaccess

设置保护目录配置文件的名称。

（10）<Files ~"^\.ht">
　　　Order allow,deny
　　　Deny from all
　　　Satisfy all
　　< /Files>

设置以". ht"开头的文件权限。

（11）TypesConfig /etc/mime. types

指定负责处理 MIME 对应格式配置文件的存放位置。

（12）DefaultType text/plain

指定默认的 MIME 文件类型为纯文本或 HTML 格式。

（13）<IfModule mod_mime_magic.c>
　　#　MIMEMagicFile　/usr/share/magic.mime
　　　MIMEMagicFile　conf/magic

231

```
        </IfModule>
```

指定 magic 信息码配置文件的存放位置。

（14）HostnameLookups Off

设置为 off 时，只记录访问 Apache 的客户端 IP 地址，否则记录其主机名称。

（15）ErrorLog log/error_log

设置错误日志文件的存放位置。

（16）LogLevel warn

指定记录的错误信息详细等级为 warn。

（17）LogFrmat "…"

定义 4 种记录日志的格式。

（18）CustomLog logs/access_log combined

指定访问日志记录格式为 combined（混合型）。

（19）ServerSignature On

设置服务器自动生成 Web 中加上服务器的版本和主机名。

（20）Alias /icons/ "var/www/icons/"

为"var/www/icons/"目录建立别名。

（21）`<Directory "var/www/icons/">`

       ⋮

     `</Directory>`

为"var/www/icons/"目录设置访问权限。

（22）IndexOptions FancyIndexing

以特定的图形显示文件清单。

（23）`AddIconByEncoding(CMP, /icons/compressed.gif)x-compress x-gzip`

   ⋮

  `DefaultIcon /icons/unknown.gif`

指定显示文件清单时各种文件类型的对应图标。

（24）IndexOptions FancyIndexing VersionSort NameWith＝ *

设置自动生成目录列表的显示方式。FancyIndexing 表示在每种类型的文件前加一个小图标以示区别；VersionSort 表示对同一个软件的多个版本进行排序；NameWith＝ * 则表示文件名字段自动适应当前目录下的最长文件名。

（25）AddIconByEncoding(CMP,/icons/compressed. gif) x-compress x-gzip

指定服务器通过定义的 MIME 类型来显示图标。

（26）AddIconByType(TXT,/icons/image2. gif) text/ *

指定服务器通过定义的 MIME 类型来显示图标。

（27）AddIcon/icon/blank. gif ^^BLANKICON^^

指定服务器通过文件的扩展名来显示图标。

（28）DefaultIcon /icons/unknown. gif

定义默认图标。

（29）ReadmeName README. html

在进行目录列表时，会将位于该目录下的 README. html 的内容追加到目录列表的末尾。

（30）HeaderName HEADER. html

在进行目录列表时，会将位于该目录下的 HEADER. html 的内容追加到目录列表的末尾。

（31）IndexIgnore . ??　＊ ＊～＊ ♯ HEADER ＊ README ＊ RCS CVS ＊ , v ＊ , t

定义哪些文件名不参与索引。

（32）`AddLanguage ca .ca`
　　　⋮
　　　`AddLanguage  zh-TW .zh-tw`

增加语言支持。

（33）LanguagePriority en ca … zh-cn zh-tw

定义语言优先级。

（34）ForceLanguagePriority Prefer Fallback

指定强制语言优先级的方法。Prefer 表示当有多种语言可以匹配时，使用 LanguagePriority 列表中的第 1 项；Fallback 表示当没有语言可以匹配时，使用 LanguagePriority 列表中的第 1 项。

（35）AddDefaultCharset UTF-8

设置字符集为 UTF-8。

（36）`AddType application/x-compress .z`
　　　`AddType application/x-gzip .gz .tgz`

添加新的 MIME 类型。

（37）AddHandler cgi-script . cgi

设置 Apache 对某些扩展名的处理方式。

（38）BrowserMatch

定义与某些程序匹配后所对应的响应。

### 3. 虚拟主机的配置

虚拟主机的配置部分从"♯♯♯Section 3：Virtual Hosts"开始。所谓虚拟主机，就是指在一台服务器上设置多个 Web 站点，这样就可以当作多个 Web 服务器。ISP 经常通过一台服务器为其客户提供 Web 服务。而客户通常希望主页以自己的名字出现，而不是在该 ISP 的名字后面，因为使用单独的域名和根网址可以看起来更正式一些。传统上，用户必须自己设立一台服务器才能达到拥有单独域名的目的，然而这需要维护一个单独的服务器。很多小单位缺乏足够的维护能力，更为合适的方式是租用别人维护的服务器。

ISP 也没有必要为一个机构提供一个单独的服务器,完全可以使用虚拟主机的能力,使服务器为多个域名提供 Web 服务,而且不同的服务互不干扰,对外就表现为多个不同的服务器。虚拟主机就是解决这种问题的方案,使客户的域名实际指向 ISP 的同一台服务器。在 httpd.conf 配置文件中这一部分全部采用注释行,用户可根据自己的需要对注释的部分取消注释,并进行修改。

# 9.4  Apache 的 配 置

本节通过一系列配置示例来说明 Apache 服务器的配置方法。

## 9.4.1  基本的 Apache 配置

默认情况下,Apache 的基本配置参数在 httpd.conf 配置文件中已经存在,如果仅须架设一个具有基本功能的 Web 服务器,用户只需根据实际需要修改部分参数,将已注释的一些配置语句取消注释,或将某些不需要的参数注释掉,并将包括 index.html 在内的相关网页文件复制到指定的 Web 站点根目录,然后重启 httpd 守护进程即可。通常考虑添加或修改以下配置参数。

（1）KeepAlive：参数的默认值为 Off,若将该参数的值设置为 On,则可以提高访问性能。

（2）TimeOut：参数的默认值为 120,可以根据需要延长或缩短 Web 站点的响应时间。

（3）MaxClients：参数的默认值为 256,用户应根据自己所配置服务器的容量修改该值。

（4）ServerAdmin：参数的默认值为 root@localhost,一般应将该参数的值设置为本单位 Apache 管理员的电子邮件地址。

（5）ServerName：参数的默认值被注释,首先取消注释,然后设置服务器的 FQDN。

（6）DocumentRoot：参数的默认值是/var/www/html,用户可以根据实际需要重新指定 Web 站点的根目录。

（7）DirectoryIndex：参数的默认值是 index.html index.html.var,用户可以修改或添加其他默认主页的文件名,如 default.html 或 index.jsp 等。

（8）IndexOptions：参数的默认值为 FancyIndexing VersionSort NameWidth=＊,可在此选项后添加 FoldersFirst 表示让目录列在前面,相当于 Windows 的资源管理器。

## 9.4.2　配置用户个人 Web 站点

用户经常会见到某些网站提供个人主页服务,其实在 Apache 服务器上拥有用户账号的每个用户都能架设自己的独立 Web 站点。

如果希望每个用户都可以建立自己的个人主页,则需要为每个用户在其主目录中建立一个放置个人主页的目录。在 httpd. conf 文件中,UserDir 指令的默认值是 public_html,即为每个用户在其主目录中的网站目录。管理员可为每个用户建立 public_html 目录,然后用户把网页文件放在该目录下即可。下面通过一个实例介绍具体配置步骤。

(1) 建立用户 zhang,修改其默认主目录的权限,并在其下建立目录 public_html。

```
#useradd zhang
#passwd zhang
#chmod 711 /home/zhang
#mkdir /home/zhang/public_html
#chcon  -R -h -t httpd_sys_content_t /home/ * /public_html
```

说明：RedHat Enterprise Linux 中集成了对 SELinux 的支持,可以最大限度地保证 Linux 的系统安全和万维网的稳定性。默认情况下,新建目录或文件的 SELinux 属性设置为 user_home_t 类型,而 Apache 的进程所使用的 SELinux 目标策略规定了 Apache 的进程只能访问 httpd_sys_content_t 类型的目录或文件。因此需要使用 chcon 命令设置 public_html 目录的 SELinux 属性。

(2) 编辑文件/etc/httpd/conf/httpd. conf,修改或添加如下语句。

```
<IfModule mod_userdir.c>
    UserDir disabled root        //不允许 root 用户使用自己的站点,否则须注释此行
    UserDir public_html          //配置对每个用户 Web 站点目录的设置
</IfModule>
```

(3) 编辑主页文件/home/zhang/Public_html/index. html 的代码如下所示。

```
<html>
<body>
<center>
<font size=20 color=red> welcome to zhang's website !</font>
</center>
</body>
</html>
```

(4) 将编辑好的配置文件保存后重启 httpd 服务器。然后在本地计算机或联网计算机 Web 浏览器地址栏中输入"http://服务器 IP 地址/～zhang/(在个人网站地址后面要加斜杠'/')",即可打开 zhang 用户的个人网站,如图 9-2 所示。

图 9-2　测试个人站点

## 9.4.3　别名和重定向

### 1. 别名

别名是一种将根目录文件以外的内容（虚拟目录）加入到站点中的方法。只能在 Internet 站点的 URL 使用，而不是本地某个目录的路径名。如前所述，在 Apache 的默认配置中，由于/var/www/error 目录和/var/www/icons 目录都在文档根目录/var/www/html 之外，所以设置了两个目录的别名访问，同时还使用 Directory 容器配置了对别名目录（虚拟目录）的访问权限。

例如，现须指定/var/tmp 目录别名为 temp，并映射到文档根目录/var/www/html 中，其实现的步骤如下。

（1）在/etc/httpd/conf/httpd.conf 文件的主服务器配置段中添加下列配置语句。

```
Alias   /temp  "/var/tmp"
<Directory  "/var/tmp">
    Options Indexes
    AllowOverride None
    Order allow, deny
    Allow from all
</Directory>
```

（2）保存已添加的配置语句后，再在终端命令窗口中或字符界面执行如下命令重启 httpd 服务。

```
#service httpd restart
```

（3）在/var/tmp 目录中编辑网页文件 index.html。

```
#vim /var/tmp/index.html
<html>
<body>
<br><br><br>
<center>
<font size=30 color=red>This is a alias test site!</font>
</body>
```

```
</html>
```

（4）最后，在本机或一台与 Apache 服务器连通的计算机的 Web 浏览器地址栏输入
"http://服务器 IP 地址/temp"，即可进入/var/tmp 目录的主页面，如图 9-3 所示。

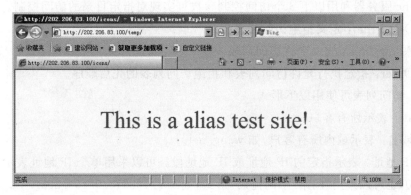

图 9-3  测试别名

**2. 重定向**

重定向的作用是当用户访问某一 URL 地址时，Web 服务器自动转向另外一个 URL
地址。Web 服务器的重定向功能主要针对原来位于某个位置的目录或文件发生了改变
之后，如何找到原来文档，这种情况下即可以利用重定向功能来指向原来文档的位置。

页面重定向的配置也是通过配置/etc/httpd/conf/httpd.conf 文件来完成的，其语法
格式如下。

```
Redirect    [错误响应代码]   <用户请求的 URL>    [重定向的 URL]
```

其中在 Web 浏览器中常见的错误响应代码如表 9-4 所示。

表 9-4  Web 浏览器常见的错误响应代码

| 代码 | 说　　明 |
|------|---------|
| 301 | 被请求的 URL 已永久地移到新的 URL |
| 302 | 被请求的 URL 临时移到新的 URL |
| 303 | 被访问的页面已被替换 |
| 410 | 被访问的页面已不存在，使用此代码时不应使用重定向的 URL 参数 |

例如，将 http://192.168.10.100（本机 IP）/temp 重定向到 http://192.168.10.
200/other，并告知客户机该资源已被替换，可在/etc/httpd/conf/httpd.conf 文件的主服
务器配置段添加如下语句。

```
Redirect  303  /temp  http://192.168.10.200/other
```

注意：Redirect 指令优先于 Alias 和 ScriptAlias 配置指令。

## 9.4.4　主机访问控制

Apache 服务器利用以下 3 个访问控制参数可实现对指定目录的访问控制。

(1) Deny from：定义拒绝访问列表。

(2) Allow from：定义允许访问列表。

(3) Order：指定执行允许访问列表和拒绝访问列表的先后顺序。

其中，访问列表可使用以下形式。

(1) all：表示所有客户。

(2) 域名：表示域内所有客户，如 wang.net。

(3) IP 地址：表示指定的 IP 地址或 IP 地址段。可以采用单个 IP 地址表示，如 192.168.10.10，也可以采用"网络/子网掩码"形式，如 192.168.10.0/255.255.255.0，还可以采用 CIDR 规范，如 192.168.10.0/24。

Order 参数只有两种形式。

(1) Order allow,deny：表示先执行允许访问列表再执行拒绝访问列表，默认情况下将拒绝所有没有明确被允许的用户。

(2) Order deny,allow：表示先执行拒绝访问列表再执行允许访问列表，默认情况下将允许所有没有明确被拒绝的用户。

示例 1：

```
<Directory  "/var/www/html/wang">
    Order allow,deny
    Allow from 192.168.10.0/24
    Deny from 192.168.10.100
</Directory>
```

说明：除了 192.168.10.100 以外，192.168.10.0/24 网段的其他机器均可访问该区域。

示例 2：

```
<Directory  "/var/www/html/wang">
    Order deny,allow
    Allow from 192.168.10.0/24
    Deny from 192.168.10.100
</Directory>
```

说明：包括 192.168.10.100 在内，所有 192.168.10.0/24 网段的机器都可以访问该区域。

由此可见，allow、deny 指令的执行顺序与下面的 Allow from、Deny from 语句的书写顺序无关。

## 9.4.5   用户身份验证

用户在访问 Internet 网站时,有时需要输入用户名和口令才能访问某页面,这就是用户身份验证。有多种方法可以实现身份验证,本节介绍 Apache 本身如何实现这一功能。

Apache 服务器能够在每个用户或每组基础上通过不同层次的验证控制对 Web 站点上的特定目录进行访问。如果要把验证指令应用到某一特定的目录上,可以把这些指令放置在一个 Directory 区域或者 ". htaccess" 文件中。具体使用哪种方式,可通过 AllowOverride 指令来实现。例如:

(1) AllowOverride AuthConfig 或 AllowOverride All:表示允许覆盖当前配置,即允许在文件 ". htaccess" 中使用认证授权。

(2) AllowOverride None:表示不允许覆盖当前配置,即不使用文件 ". htaccess" 进行认证授权。

这两种方法各有优劣,使用 ". htaccess" 文件可以在不重启服务器的情况下改变服务器的配置,但由于 Apache 服务器需要查找 ". htaccess" 文件,这会降低服务器的运行性能。无论哪种方式,都是通过以下几个命令来实现用户(组)身份验证的。

(1) AuthName:设置认证名称,可以是任意定义的字符串。它会出现在身份验证的提示框中,与其他配置没有任何关系。

(2) AuthType:设置认证类型,有两种类型可选,一种是 Basic 基本类型,另一种是 Digest 摘要类型。由于摘要类型较为安全和严格,因此当前浏览器不支持摘要类型,所以基本类型比较常用。

(3) AuthUserFile:指定验证时所采用的用户口令文件及位置。

(4) AuthGroupFile:指定验证时所采用的组文件及位置。

(5) Require:设置有权访问指定目录的用户。可以采用 "require user 用户名" 或 "require group 组名" 的形式来表明某特定用户(组)有权访问该目录,也可以采用 "require valid-user" 的形式表示允许 AuthGroupFile 指令指定的用户口令文件中所有用户访问该目录。

下面说明使用用户身份验证站点的具体配置过程。

(1) 在/var/www/html 目录下新建一个名为 index. html 的文件,文件内容如下。

```
<html>
<head>test site</head>
<body>
<br><br>
<center>
<font size=28 color=bule>welcome to the world of internet!!!</font>
</center>
</body>
</html>
```

（2）编辑 Apache 配置文件/etc/httpd/conf/httpd. conf。

```
<Directory "/var/www/html">
    Options Indexes FollowSymLinks
    AllowOverride AuthConfig
    Order allow,deny
    Allow from all
</Directory>
```

（3）在主目录/var/www/html 下创建一个名为". htaccess"的文件，内容如下。

```
AuthName "department of computer"
AuthType Basic
AuthUserFile /etc/httpd/passwd
Require valid-user
```

（4）创建口令验证文件。

要实现用户身份验证功能，必须建立保存用户名和口令的文件。Apache 自带的 htpasswd 命令提供建立和更新存储用户和口令文件的功能。需要注意的是该口令文件必须存放在 DocumentRoot 以外的地方，否则将有可能被网络用户读取而造成系统资源的安全隐患。

要在/etc/httpd 目录中创建一个口令文件 passwd，并添加一个用户 wu，则应在终端窗口中进行如下操作：

```
#htpasswd -c /etc/httpd/passwd wu
    New password:
    Re-type new password:
    Adding password for user wu
```

在上例中，-c 参数的作用是，无论/etc/httpd/passwd 文件是否存在，都将重新建立口令文件，原有口令文件中的内容将被删除，当需要继续向该口令文件中添加第二个用户时，则不需要加-c 参数。

（5）将口令文件的属主改为 Apache。

命令如下：

```
#chown  apache:apache  /etc/httpd/passwd
```

因为在运行 Apache 服务器时是以 Apache 的身份运行的。而在进行用户身份验证过程时需要访问口令文件/etc/httpd/passwd，所以需要将口令文件的属主改为 Apache。

执行了以上步骤后，使用 service httpd restart 命令重启 Apache 服务器。然后在客户机上进行用户身份验证的测试。在浏览器地址栏中输入如下内容：http://服务器 IP 地址，屏幕上会出现用户身份验证窗口，在此窗口中正确输入用户名和口令后才能显示该目录中的文档内容，如图 9-4 所示。

图 9-4　测试用户身份验证

# 9.5　配置虚拟主机

虚拟主机就是在一台 Apache 服务器中设置多个 Web 站点，在外部用户看来，每一台 Web 服务器都是独立的。Apache 支持两种类型的虚拟主机，即基于 IP 地址的虚拟主机和基于名称的虚拟主机。本节分别介绍这两种虚拟主机的配置方法。

## 9.5.1　基于 IP 地址的虚拟主机配置

在基于 IP 地址的虚拟主机中，需要在同一台服务器上绑定多个 IP 地址，然后配置 Apache，为每一台虚拟主机指定一个 IP 地址和端口号。这种主机的配置方法有两种：一种是 IP 地址相同，但端口号不同；另一种是端口号相同，但 IP 地址不同。下面分别介绍这两种基于 IP 地址的虚拟主机的配置方法。

### 1. IP 地址不同，但端口号相同的虚拟主机配置

在一台主机上配置不同的 IP 地址，既可以采用多个物理网卡的方案，也可采用在同一网卡上绑定多个 IP 地址的方案。下面的例子采用后一种方案，其配置过程如下。

（1）在一块网卡中绑定多个 IP 地址。

```
#ifconfig  eth0  192.168.10.10  netmask  255.255.255.0
#ifconfig  eth0:1  192.168.10.100  netmask  255.255.255.0
```

用户也可在桌面环境下选择"系统"→"首选项"→"网络连接"命令，打开"网络连接"窗口，选择相应的网卡，单击其中的"编辑"按钮，然后按屏幕提示对指定的网卡设置 IP 地址。

（2）编辑/etc/httpd/conf/httpd.conf 文件，在虚拟主机配置段（＃＃＃section 3）修

241

改或添加下列语句。

```
<VirtualHost 192.168.10.10:80>
    serverAdmin webmaster@linux.net
    DocumentRoot   /var/www/vhost1
    ServerName vhost1.linux.net
    ErrorLog logs/vhost1-error_log
    CustomLog logs/vhost1-access_log common
</VirtualHost>

<VirtualHost 192.168.10.100:80>
    ServerAdmin webmaster@linux.net
    DocumentRoot /var/www/vhost2
    ServerName vhost2.linux.net
    ErrorLog logs/vhost2-error_log
    CustomLog logs/vhost2-access_log common
</VirtualHost>
```

在上述配置语句中,关键字 VirtualHost 用来定义虚拟主机,两个 VirtualHost 区域分别定义一个具有不同 IP 地址和相同端口号(采用 Web 服务器的默认端口号 80)的虚拟主机,它们具有不同的文档根目录(DocumentRoot)、服务器名(ServerName)、错误日志(ErrorLog)和访问日志(Customlog)文件名。

(3) 建立两个虚拟主机的文档根目录及相应的测试页面。

```
#mkdir  -p  /var/www/vhost1
#mkdir  -p  /var/www/vhost2
#vim  /var/www/vhost1/index.html
#vim  /var/www/vhost2/index.html
```

(4) 重启 Apache 服务器,然后在客户机上进行虚拟主机测试。在 Web 浏览器地址栏中分别输入 http://192.168.10.10 和 http://192.168.10.100,观察显示的页面内容,如图 9-5 和图 9-6 所示。至此,具有不同 IP 地址,但端口号相同的虚拟主机配置完成。

图 9-5　基于 IP 地址的虚拟主机(a)

**2. IP 地址相同,但端口号不同的虚拟主机配置**

在同一主机上针对一个 IP 地址和不同的端口号来建立虚拟主机,即每个端口对应一个虚拟主机,这种虚拟主机有时也称为基于端口的虚拟主机。其配置过程如下。

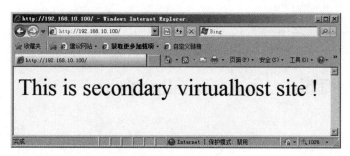

图 9-6　基于 IP 地址的虚拟主机(b)

(1) 为物理网卡配置一个 IP 地址。

```
#ifconfig eth0 192.168.10.10 netmask 255.255.255.0
```

(2) 编辑/etc/httpd/conf/httpd.conf 文件,在虚拟主机配置段修改或添加如下语句。

```
Listen 8080
Listen 8118                    //增加监听的端口号 8080 和 8118
<VirtualHost 192.168.10.10:8080>
    ServerAdmin webmaster@linux.net
    DocumentRoot /var/www/vhost1
    ServerName host.linux.net
    ErrorLog logs/vhost1-error_log
    CustomLog logs/vhost1-access_log common
</VirtualHost>

<VirtualHost 192.168.10.10:8118>
  ServerAdmin webmaster@linux.net
  DocumentRoot /var/www/vhost2
  ServerName host.linux.net
  ErrorLog logs/vhost2-error_log
  CustomLog logs/vhost2-access_log common
</VirtualHost>
```

在上述配置语句中,利用"VirtualHost 192.168.10.10:端口号"来定义两个自定义端口的虚拟主机,它们的管理员邮箱、文档根目录、错误日志文件名均不相同,但其 IP 地址相同,都是 192.168.10.10。

(3) 为两个虚拟主机建立文档根目录及测试页面。

```
#mkdir  -p  /var/www/vhost1
#mkdir  -p  /var/www/vhost2
#vi  /var/www/vhost1/index.html
#vi  /var/www/vhost2/index.html
```

(4) 重启 Apache 服务器,然后在客户机上进行虚拟主机测试。在 Web 浏览器地址栏中分别输入 http://192.168.10.10:8080 和 http://192.168.10.10:8118,观察显示的页面内容,如图 9-7 和图 9-8 所示。至此,具有相同 IP 地址,但端口号不同的虚拟主机配置完成。

图 9-7　基于端口的虚拟主机(a)

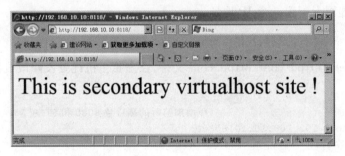

图 9-8　基于端口的虚拟主机(b)

## 9.5.2　基于名称的虚拟主机配置

使用基于 IP 地址的虚拟主机,用户被限制在数目固定的 IP 地址中,而使用基于名称的虚拟主机,用户可以设置支持任意数目的虚拟主机,而不需要额外的 IP 地址。当用户的机器仅仅使用一个 IP 地址时,仍然可以设置支持无限多数目的虚拟主机。

基于名称的虚拟主机就是在同一台主机上针对相同的 IP 地址和端口号来建立不同的虚拟主机。为了实现基于名称的虚拟主机,必须对每台主机执行 VirtualHost 指令和 NameVirtualHost 指令,以向虚拟主机指定用户要分配的 IP 地址。在 VirtualHost 指令中使用 ServerName 选项为主机指定用户使用的域名。每个 VirtualHost 指令都将 NameVirtualHost 中指定的 IP 地址作为参数,用户也可以在 VirtualHost 指令块中使用 Apache 指令独立地配置每一台主机。

下面以一个实例介绍基于名称的虚拟主机的配置过程。

(1) 配置 DNS 服务器,在区域数据库文件中增加两条 A 记录和两条 PTR 记录,实现对不同的域名的解析。

在 DNS 正向区域数据库文件/var/named/linux. net. zone 中增加的记录如下。

```
www     A 192.168.10.10
mmm     A 192.168.10.10
```

在 DNS 反向区域数据库文件/var/named/10. 10. 168. 192. zone 中增加的记录如下。

```
10      PTR    www.linux.net.
10      PTR    mmm.linux.net.
```

保存配置后,重启 DNS 服务器。

（2）编辑/etc/httpd/conf/httpd.conf 文件,在虚拟主机配置段修改或添加 "NameVirtualHost 192.168.10.10:80" 语句。此语句是针对 192.168.10.10:80 配置 基于名称的虚拟主机,并激活了基于名称的虚拟主机的功能。

```
<VirtualHost www.linux.net:80>
    ServerAdmin webmaster@linux.net
    DocumentRoot /var/www/vhost1
    ServerName www.linux.net
    ErrorLog logs/vhost1-error_log
    CustomLog logs/vhost1-access_log common
</VirtualHost>

<VirtualHost mmm.linux.net:80>
    ServerAdmin webmaster@linux.net
    DocumentRoot /var/www/vhost2
    ServerName mmm.linux.net
    ErrorLog logs/vhost2-error_log
    CustomLog logs/vhost2-access_log common
</VirtualHost>
```

上述两个基于名称的配置段与前面两种虚拟主机的主要区别在于 ServerName 的 值,前两种采用的是 IP 地址,而基于名称的虚拟主机采用的是域名。从上述两个配置段 可以看出,实际上这两个虚拟主机的 IP 地址和端口号是完全相同的,区分二者的是不同 的域名。

（3）为两个虚拟主机建立文档根目录及测试页面。

```
#mkdir -p  /var/www/vhost1
#mkdir -p  /var/www/vhost2
#vim  /var/www/vhost1/index.html
#vim  /var/www/vhost2/index.html
```

（4）重启 Apache 服务器,然后在客户机上进行虚拟主机测试。在 Web 浏览器地址 栏中分别输入 www.linux.net 和 mmm.linux.net,观察显示的页面内容,如图 9-9 和 图 9-10 所示。至此,具有相同 IP 地址和端口号,但域名不同的虚拟主机配置完成。

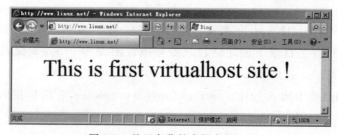

图 9-9　基于名称的虚拟主机(a)

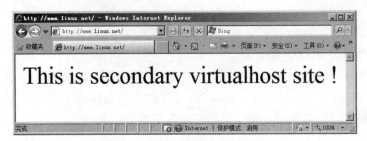

图 9-10　基于名称的虚拟主机(b)

# 本 章 实 训

**实训目的**

掌握 Apache 服务器的配置与应用方法。

**实训内容**

1. 配置 Apache 建立普通的 Web 站点

（1）备份配置文件/etc/httpd/conf/httpd.conf。

（2）编辑该配置文件,作如下设置。

① ServerAdmin　shixun. com

② ServerName　域名或 IP 地址。

（3）启动 Apache。

（4）启动客户端浏览器,在地址栏中输入服务器的域名或者 IP 地址,查看结果。

2. 设置用户主页

默认情况下,在用户主目录中创建目录 public_html,然后把所有的网页文件都放在该目录下即可。输入 http://servername/～username 访问。

（1）利用 root 用户登录系统,修改用户主目录权限(♯chmod 705 /home/～username),让其他人有权进入该目录浏览。

（2）以自己的用户名登录,创建 public_html 目录,保证该目录也有正确的权限让其他人进入。

（3）将 httpd. conf 中 Apache 默认的主页文件修改为 index. html。

（4）用户自己在主目录下创建的目录最好把权限设为 0700,确保其他人不能进入访问。

在客户端浏览器中输入 http://servername/～username,看所连接的页面是不是用户的主页。

3. 配置用户认证授权

在/var/www/html 目录下，创建一个 members 子目录。配置服务器，使用户 user1 可以通过密码访问此目录的文件，而其他用户不能访问。

（1）创建 members 子目录。

（2）利用 htpasswd 命令新建 passwords 密码文件，并将 user1 用户添加到该密码文件中。

（3）修改主配置文件/etc/httpd/conf/httpd.conf。

（4）重新启动 Apache。

（5）在 members 目录下创建.htaccess 文件。

（6）重新启动 Apache。

（7）在浏览器中测试配置的信息。

4. 配置基于主机的访问控制

（1）重新编辑".htaccess"文件，对此目录的访问再进行基于客户机 IP 地址的访问控制，禁止从前面测试使用的客户机 IP 地址访问服务器。

（2）在浏览器中再次连接服务器，如果配置正确则访问被拒绝。

（3）重新编辑".htaccess"文件，使局域网内的用户可以直接访问 members 目录，局域网外的用户可以通过用户认证方式访问 members 目录。

（4）在客户端浏览器再次连接服务器，观察结果。

**实训总结**

通过此次的上机实训，掌握在 Linux 上如何安装和配置 Apache 服务器。

# 本 章 习 题

## 一、选择题

1. 以下（　　）是 Apache 的基本配置文件。
   A. httpd.conf　　　　B. srm.conf　　　　C. mime.type　　　　D. apache.conf
2. 以下关于 Apache 的描述（　　）是错误的。
   A. 不能改变服务端口　　　　　　　　B. 只能为一个域名提供服务
   C. 可以给目录设定密码　　　　　　　D. 默认端口是 8080
3. 启动 Apache 服务器的命令是（　　）。
   A. service apache start　　　　　　　B. server http start
   C. service httpd start　　　　　　　D. service httpd reload
4. 若要设置 Web 站点根目录的位置，应在配置文件中通过（　　）配置语句来实现。
   A. ServerRoot　　　　　　　　　　B. ServerName
   C. DocumentRoot　　　　　　　　　D. DirectoryIndex

5. 若要设置站点的默认主页,可在配置文件中通过(      )配置项来实现。

    A. RootIndex                        B. ErrorDocument

    C. DocumentRoot                 D. DirectoryIndex

## 二、简答题

1. 试述启动和关闭 Apache 服务器的方法。

2. 简述 Apache 配置文件的结构及其关系。

3. Apache 服务器可架设哪几种类型的虚拟主机? 各有什么特点?

# 第 10 章　配置 FTP 服务器

FTP 服务是 Internet 上最早提供的服务之一,应用广泛,至今它仍是最基本的应用之一。FTP 可以在计算机网络上实现任意两台计算机相互传输文件的操作。FTP 操作简单,开放性好,在网络上的信息传递和共享非常方便,目前越来越多的 FTP 服务器已经连入网络,实现了资源共享。本章将介绍 FTP 的基本概念、VSFTP 服务器的实际架设及访问 FTP 服务器的方法等。

**本章要点:**

(1) 了解 FTP 服务。

(2) 掌握安装和启动 VSFTP 服务。

(3) 掌握配置文件的修改。

(4) 了解 VSFTP 的两种运行模式。

(5) 掌握各种 FTP 服务器的配置。

## 10.1　FTP 简介

### 1. FTP 协议

FTP 协议(File Transfer Protocol),即文件传输协议,主要功能是实现文件从一台计算机传送到另一台计算机的操作。该协议使用户可以在 Internet 上传输文件数据,即下载或者上传各种软件和文档等资料。FTP 是 TCP/IP 的一种具体应用,FTP 工作在 OSI 模型的应用层,FTP 使用传输层的 TCP 协议,这样保证客户与服务器之间的连接是可靠的、安全的,为数据的传输提供了可靠的保证。

### 2. FTP 工作原理

FTP 也是基于 C/S 模式而设计的。在进行 FTP 操作的时候,既需要客户应用程序,也需要服务器端程序。用户自己的计算机中执行 FTP 客户应用程序,而远程服务器中运行 FTP 服务器应用程序,这样,就可以通过 FTP 客户应用程序和 FTP 服务进行连接。连接成功后,可以进行各种操作。在 FTP 中,客户机只提出请求服务,服务器只接收请求和执行服务。

在利用 FTP 进行文件传输之前,用户必须先连入 Internet 中,在自己的计算机上启动 FTP 用户应用程序,并且利用 FTP 应用程序和远程服务器建立连接,激活远程服务器上的 FTP 服务器程序。准备就绪后,用户首先向 FTP 服务器提出文件传输申请,FTP 服务器找到用户所申请的文件后,利用 TCP/IP 将文件的副本传送到用户的计算机上,用户的 FTP 程序再将接收到的文件写入自己的硬盘。文件传输完后,用户计算机与服务器的连接自动断开。

与其他的 C/S 模式不同的是,FTP 协议的客户机与服务器之间需要建立双重连接:一个是控制连接,另一个是数据连接。这样,在建立连接时就需要占用两个通信信道。

### 3. FTP 传输模式

在 FTP 的数据传输中,传输模式将决定文件数据以什么方式被发送出去。一般情况下,网络传输模式有 3 种:将数据编码后传送、压缩后传送、不做任何处理进行传送。当然不论用什么模式进行传送,在数据的结尾处都以 EOF 结束。在 FTP 中定义的传输模式有以下几种。

(1) 二进制模式

二进制模式就是将发送数据的内容转换为二进制表示后再进行传送。这种传输模式下没有数据结构类型的限制。

在二进制结构中,发送方发送完数据后,会在关闭连接时标记 EOF。如果是文件结构,EOF 被表示为双字节。其中第一个字节为 0,而控制信息包含在后一个字节内。

(2) 文件模式

文件模式就是以文件结构的形式进行数据传输。文件结构是指用一些特定标记来描述文件的属性以及内容。一般情况下,文件结构都有自己的信息头,其中包括计数信息和描述信息。信息头大多以结构体的形式出现。

计数信息:计数指明了文件结构中的字节总数。

描述信息:描述信息负责对文件结构中的一些数据进行描述。例如,其中的数据校验标记是为了在不同主机间交换特定的数据时,不论本地文件是否发生错误都进行发送。但在发送时发送方需要给出校验码,以确定数据发送到接收方时的完整性、准确性。

(3) 压缩模式

在这种模式下,需要传送的信息包括普通数据、压缩数据和控制命令。

① 普通数据:以字节的形式进行传送。

② 压缩数据:包括数据副本和数据过滤器。

③ 控制命令:用两个转义字符进行传送。

在 FTP 数据传输时,发送方必须把数据转换为文件结构指定的形式再传送出去,而接收方则相反。因为进行这样的转换很慢,所以一般在相同的系统中传送文本文件时采用二进制流表示比较合适。

### 4. FTP 连接模式

FTP 使用 2 个 TCP 端口,首先建立一个命令端口(控制端口),然后再产生一个数据端口。FTP 分为主动模式和被动模式两种,FTP 工作在主动模式使用 TCP 21 和 20 两个端口,而工作在被动模式会工作在大于 1024 的随机端口。目前主流的 FTP Server 都同时支持 port 和 pasv 两种方式,为了方便管理防火墙和设置 ACL,了解 FTP Server 的 port 和 pasv 模式是很有必要的。

(1) ftp port 模式(主动模式)

主动方式的 FTP 是这样的:客户端从一个任意的非特权端口 N(N>1024)连接到 FTP 服务器的命令端口(即 TCP 21 端口)。紧接着客户端开始监听端口 N+1,并发送 FTP 命令"port N+1"到 FTP 服务器。最后服务器会从它自己的数据端口(20)连接到客户端指定的数据端口(N+1),这样客户端就可以和 ftp 服务器建立数据传输通道了。

针对 FTP 服务器前面的防火墙,必须允许以下通信才能支持主动方式 FTP。

① 客户端端口(>1024)到 FTP 服务器的 21 端口(入:客户端初始化的连接 C→S)。

② FTP 服务器的 21 端口到客户端端口(出:服务器响应客户端的控制端口 S→C)。

③ FTP 服务器的 20 端口到客户端端口(出:服务器端初始化数据连接到客户端的数据端口 S→C)。

④ 客户端端口到 FTP 服务器的 20 端口(入:客户端发送 ACK 响应到服务器的数据端口 C→S)。

(2) ftp pasv 模式(被动模式)

在被动方式 FTP 中,命令连接和数据连接都由客户端发起。当开启一个 FTP 连接时,客户端打开两个任意的非特权本地端口(N>1024 和 N+1)。第一个端口连接服务器的 21 端口,但与主动方式的 FTP 不同,客户端不会提交 port 命令并允许服务器来回连它的数据端口,而是提交 pasv 命令。这样做的结果是服务器会开启一个任意的非特权端口(P>1024),并发送 port P 命令给客户端。然后客户端发起从本地端口 N+1 到服务器的端口 P 的连接来传送数据。

对于服务器端的防火墙来说,必须允许下面的通信才能支持被动方式的 FTP。

① 客户端端口(>1024)到服务器的 21 端口(入:客户端初始化的连接 C→S)。

② 服务器的 21 端口到客户端端口(出:服务器响应到客户端的控制端口的连接 S→C)。

③ 客户端端口到服务器的大于 1024 的端口(入:客户端初始化数据连接到服务器指定的任意端口 C→S)。

④ 服务器的大于 1024 的端口到远程的大于 1024 的端口(出:服务器发送 ACK 响应和数据到客户端的数据端口 S→C)。

FTP 的 port 和 pasv 模式最主要的区别就是数据端口的连接方式不同,ftp port 模式只要开启服务器的 21 和 20 端口,而 ftp pasv 需要开启服务器大于 1024 的所有 tcp 端口和 21 端口。从网络安全的角度来看,似乎 ftp port 模式更安全,而 ftp pasv 更不安全,那么为什么 RFC 要在 ftp port 基础上再制定一个 ftp pasv 模式呢?其实 RFC 制定 ftp pasv 模式是从数据传输安全角度出发的,因为 ftp port 使用固定 20 端口进行传输数据,那么作为黑客很容易使用 sniffer 等探嗅器抓取 ftp 数据,这样一来通过 ftp port 模式传输数据很容易被黑客窃取,因此使用 pasv 方式来架设 ftp server 是较安全的方案。

# 10.2 架设 VSFTP 服务器

Linux 下的 FTP 服务器软件有很多,例如,Serv-U,WS-FTPServer(服务器端)和 WS-FTPPro(客户端),ArGoSoftFTP,TYPSoftFTPServer 和 VSFTP。这里将以 VSFTP 为例来配置 FTP 服务。

## 10.2.1 安装 VSFTP

在进行 VSFTP 服务的操作之前,首先可使用下面的命令验证是否已安装了 VSFTP 组件。

```
#rpm -qa|grep vsftpd
vsftpd-2.2.2-6.el6_0.1.x86_64
```

命令执行结果表明系统已安装了 VSFTP 服务器。如果未安装,超级用户(root)可以在图形界面下选择"系统"→"管理"→"添加/删除软件"选项,再在打开的窗口中选择需要的软件包就可以安装或卸载。当然,也可以用命令来安装或卸载 VSFTP 服务,具体步骤如下。

(1) 创建挂载目录

```
#mkdir /mnt/cdrom
```

(2) 把光盘挂载到/mnt/cdrom 目录下面

```
#mount /dev/cdrom /mnt/cdrom
```

(3) 进入 VSFTP 软件包所在的目录(注意大小写字母,否则会出错)

```
#cd /mnt/cdrom/Packages
```

(4) 安装 VSFTP 服务

```
#rpm -ivh vsftpd -2.2.2-6.el6_0.1.x86_64.rpm
```

如果出现如下提示,则证明安装正确。

```
warning: vsftpd-2.2.2-6.e16_0.1.x86_64.rpm: Header V3 RSA/SHA256 Signature,
key ID fd431d51: NOKEY
Preparing ...        #######################################[100%]
1: vsftpd           #######################################[100%]
```

## 10.2.2 启动和停止 VSFTP

使用命令对 VSFTP 服务器进行启动、停止或重新启动时,有两种命令可以使用。可在终端窗口或在字符界面下输入以下两个命令中的一个进行控制。

（1）启动

```
#/etc/init.d/vsftpd start
#service vsftpd start
```

（2）停止

```
#/etc/init.d/vsftpd stop
#service vsftpd stop
```

（3）重新启动

```
#/etc/init.d/vsftpd restart
#service vsftpd restart
```

## 10.2.3　测试 VSFTP

安装并启动了 VSFTP 服务后，用其默认配置就可以正常工作了。VSFTP 默认的匿名用户账号为 anonymous 和 ftp，密码可为空。默认允许匿名用户登录，登录后所在的根目录为/var/ftp 的目录。下例使用 FTP 匿名身份登录客户端登录到本地服务器上，测试下载/var/ftp/pub 目录下 test1.txt 文件的下载过程如下。

```
#ftp localhost
Connected to localhost (127.0.0.1).
220(vsFTPd 2.2.2)
Name(localhost: root): ftp                  //输入用户名
331 Please specify the password.
Password:                                   //输入密码,可为空
Remote system type is UNIX.
Using binary mode to transfer files.
ftp>cd pub                                  //切换到 pub 目录
250 Directory successfully changed.
ftp>ls                                      //显示 pub 目录列表
ftp>get test1.txt                           //下载 test1.txt 文件
ftp>!dir                                    //查看 test1.txt 文件是否下载到本地
ftp>!                                       //退出登录
```

## 10.2.4　VSFTP 服务配置文件

### 1. VSFTP 服务相关的配置文件

VSFTP 服务相关的配置文件包括以下几个。

（1）/etc/vsftpd/vsftpd.conf：VSFTP 服务器的主配置文件。

（2）/etc/vsftpd/ftpusers：在该文件中列出的用户清单将不能访问 FTP 服务器。

（3）/etc/vsftpd/user_list：当/etc/vsftpd/vsftpd.conf 文件中的 userlist_enable 和

userlist_deny 的值都为 YES 时,该文件中列出的用户不能访问 FTP 服务器。当/etc/vsftpd/vsftpd.conf 文件中的 userlist_enable 的取值为 YES,而 userlist_deny 的取值为 NO 时,只有/etc/vsftpd/user_list 文件中列出的用户才能访问 FTP 服务器。

**2. /etc/vsftpd/vsftpd.conf 文件的常用配置参数**

为了让 FTP 服务器能够更好地按照需求提供服务,需要对/etc/vsftpd/vsftpd.conf 文件进行合理有效的配置。VSFTPD 提供的配置命令较多,默认配置文件只列出了最基本的配置命令,很多配置命令在配置文件中并未列出。在该配置文件中,每个选项分行设置,指令行格式为:配置项=参数值。每个配置命令的"="两边不要留有空格。下面将详细介绍配置文件中的常用配置项,其给出的选项值是默认值。

(1)布尔选项

① allow_anon_ssl=NO:只有 ssl_enable 激活了才可以启用此项。如果设置为 YES,匿名用户将允许使用安全的 SSL 连接服务器。

② anon_mkdir_write_enable=NO:如果设为 YES,匿名用户将允许在指定的环境下创建新目录。如果此项要生效,那么配置 write_enable 必须被激活,并且匿名 ftp 用户必须在其父目录有写权限。

③ anon_other_write_enable=NO:如果设置为 YES,匿名用户将被授予较大的写权限,例如删除和改名。一般不建议这么做,除非想完全授权。也可以和 cmds_allowed 配合来实现控制,这样可以达到文件续传功能。

④ anon_upload_enable=NO:如果设为 YES,匿名用户就允许在指定的环境下上传文件。如果此项要生效,那么配置 write_enable 必须激活。并且匿名 ftp 用户必须在相应目录有写权限。

⑤ anon_world_readable_only=YES:启用的时候,匿名用户只允许下载完全可读的文件,这也就允许了 ftp 用户拥有对文件的所有权,尤其是在上传的情况下。

⑥ anonymous_enable=YES:控制是否允许匿名用户登录。如果允许,那么 ftp 和 anonymous 都将被视为 anonymous 账户而允许登录。

⑦ ascii_download_enable=NO:启用时,用户下载时将以 ASCII 模式传送文件。

⑧ ascii_upload_enable=NO:启用时,用户上传时将以 ASCII 模式传送文件。

⑨ async_abor_enable=NO:启用时,一个特殊的 FTP 命令"async ABOR"将允许被使用。只有不正常的 FTP 客户端要使用这一点。由于这个功能难以操作,默认它是被关闭的。但是,有些客户端在取消一个传送的时候会被挂死(客户端无响应了),只有启用这个功能才能避免这种情况。

⑩ background=YES:启用时,如果 VSFTPD 是 listen 模式启动的,VSFTPD 将把监听进程置于后台。但访问 VSFTPD 时,控制台将立即被返回到 shell。

⑪ check_shell=YES:这个选项只对非 PAM 结构的 VSFTPD 才有效。如果关闭,则 VSFTPD 将不检查/etc/shells 以判定本地登录的用户是否有一个可用的 shell。

⑫ chmod_enable=YES:该选项为 YES 时,允许本地用户使用 chmod 命令改变上传的文件的权限。注意,这只能用于本地用户,匿名用户不能使用。

⑬ chown_uploads＝NO：如果启用，所有匿名用户上传的文件的所有者将变成 chown_username 里指定的用户。这对管理 FTP 很有用，也对安全有益。

⑭ chroot_list_enable＝NO：如果激活，要提供一个用户列表，表内的用户将在登录后被放在其 home 目录，锁定在虚根下（进入 FTP 后，pwd 一下，可以看到当前目录是"/"，这就是虚根，是 FTP 的根目录，并非 FTP 服务器系统的根目录）。如果 chroot_local_user 设为 YES 后，其含义会发生变化，即这个列表内的用户将不被锁定在虚根下。默认情况下，这个列表文件是/etc/vsftpd/chroot_list，但也可以通过修改 chroot_list_file 来改变默认值。

⑮ chroot_local_user＝NO：如果设为 YES，本地用户登录后将被（默认地）锁定在虚根下，并被放在它的 home 目录下。

**警告**：这个配置项有安全的意味，特别是如果用户有上传权限或者可使用 shell 的话。在确认无误的前提下再启用它。注意，这种安全暗示并非只存在于 VSFTPD，其实广泛用于所有的希望把用户锁定在虚根下的 FTP 软件。

⑯ connect_from_port_20＝NO：这用来控制服务器是否使用 20 端口号来做数据传输。为安全起见，有些客户坚持启用。相反，关闭这一项可以让 VSFTPD 更加大众化。

⑰ debug_ssl＝NO：该选项为 YES 时，将会把 OpenSSL 连接的诊断信息存储在日志文件中。

⑱ delete_failed_uploads＝NO：当设置为 YES 时，在上传文件失败时删除该文件。

⑲ deny_email_enable＝NO：如果激活，要提供一个关于匿名用户的密码 E-mail 表（匿名用户是用邮件地址做密码的）以阻止以这些密码登录的匿名用户。默认情况下，这个列表文件是/etc/vsftpd/banned_emails，但也可以通过设置 banned_email_file 来改变默认值。

⑳ dirlist_enable＝YES：如果设置为 NO，则所有的列表命令（如 ls）都将返回"permission denied"提示。

㉑ dirmessage_enable＝NO：如果启用，FTP 服务器的用户在首次进入一个新目录的时候将显示一段信息。默认情况下，会在这个目录中查找".message"文件，但也可以通过更改 message_file 来改变默认值。

㉒ download_enable＝YES：如果设为 NO，下载请求将返回"permission denied"信息。

㉓ dual_log_enable＝NO：如果启用，会各自产生两个 log 文件，默认的是/var/log/xferlog 和/var/log/vsftpd.log。前一个是 wu-ftpd 格式的 log，能被通用工具分析，后一个是 VSFTPD 的专用 log 格式。

㉔ force_dot_files＝NO：如果激活，即使客户端没有使用"-a"选项，FTP 里以"."开始的文件和目录都会显示在目录资源列表里，但是不会显示"."和".."。（Linux 下的当前目录和上级目录不会以"."或".."方式显示）

㉕ force_anon_data_ssl＝NO：仅在 ssl_enable 为 YES 时可用，当该选项为 YES 时所有匿名用户登录时都要求使用 SSL 连接进行数据传输。

㉖ force_anon_logins_ssl＝NO：仅在 ssl_enable 为 YES 时可用，当为 YES 时，所有

匿名用户登录时都要求使用 SSL 连接进行密码传输。

㉗ force_local_data_ssl＝YES：只有在 ssl_enable 激活后才能启用。如果启用，所有的非匿名用户将被强迫使用安全的 SSL 连接以在数据链路上收发数据。

㉘ force_local_logins_ssl＝YES：只有在 ssl_enable 激活后才能启用。如果启用，所有的非匿名用户将被强迫使用安全的 SSL 登录以发送密码。

㉙ guest_enable＝NO：如果启用，所有的非匿名用户登录时将被视为"游客"，其名字将被映射为 guest_username 里所指定的名字。

㉚ hide_ids＝NO：如果启用，目录资源列表里所有用户和组的信息将显示为"ftp"。

㉛ implicit_ssl＝NO：当为 YES 时，所有 ftp 连接的第一件事就是 SSL 握手。

㉜ listen＝NO：如果启用，VSFTPD 将以独立模式（standalone）运行，也就是说可以不依赖于 inetd 或者类似的进程启动。直接运行 VSFTPD 的可执行文件一次，然后 VSFTPD 就自己去监听和处理连接请求了。

㉝ listen_ipv6＝NO：类似于 listen 参数的功能，但有一点不同，启用后 VSFTPD 会去监听 IPv6 的套接字而不是 IPv4 的。这个设置和 listen 的设置互相排斥。

㉞ local_enable＝NO：用来控制是否允许本地用户登录。如果启用，/etc/passwd 里面的正常用户的账号将被用来登录。

㉟ lock_upload_files＝YES：设置当用户上传文件时是否锁住上传的文件。

**警告**：这个可以被用来阻止恶意续传。

㊱ log_ftp_protocol＝NO：启用后，如果 xferlog_std_format 没有被激活，所有的 FTP 请求和反馈信息将被记录。这常用于调试（debugging）。

㊲ ls_recurse_enable＝NO：如果启用，ls -R 将被允许使用。这是为了避免一点安全风险。因为在一个大的站点内，在目录顶层使用这个命令将消耗大量资源。

㊳ mdtm_write＝YES：允许使用 MDTM 设置修改的时间。

㊴ no_anon_password＝NO：如果启用，VSFTPD 将不会向匿名用户询问密码。匿名用户将直接登录。

㊵ no_log_lock＝NO：启用时，VSFTPD 在写入 log 文件时将不会把文件锁住。这一项一般不启用。它对一些工作区操作系统问题，如 Solaris/Veritas 文件系统共存时有用。因为在试图锁定 log 文件时，有时候看上去像被挂死（无响应）了。

㊶ one_process_model＝NO：如果 Linux 核心是 2.4 的，那么也许能使用一种不同的安全模式，即一个连接是否只用一个进程。这能提高 FTP 的性能。

㊷ passwd_chroot_enable＝NO：如果启用，并同 chroot_local_user 一起使用，就会基于每个用户创建限制目录，每个用户限制的目录源于 /etc/passwd 中的主目录。

㊸ pasv_addr_resolve＝NO：若想使用主机名则设置为 YES。

㊹ pasv_enable＝YES：如果不想使用被动方式获得数据连接，则设置为 NO。

㊺ pasv_promiscuous＝NO：如果想关闭被动模式安全检查（这个安全检查能确保数据连接源于同一个 IP 地址），则设置为 YES。

㊻ port_enable＝YES：如果想关闭以端口方式获得数据连接时，则关闭它。

㊼ port_promiscuous＝NO：为 YES 时，将禁用 PORT 安全检查，这个检查将确保数

据传输到客户端。只有在清楚这是做什么的时候才启用。

㊽ require_cert＝NO：若设置为 YES,则所有的 SSL 客户端连接都需要提供证书,有效的证书在 validate_cert 中指定。

㊾ require_ssl_reuse＝YES 时：当设置为 YES,所有的 SSL 数据连接都需要检阅 SSL 会话安全,尽管该选项默认是安全的,但是它可能会破坏许多 FTP 客户端,所以用户可能会禁用它。

㊿ run_as_launching_user＝NO：如果想让一个用户能启动 VSFTPD,则可以设置为 YES。当 root 用户不能去启动 VSFTPD 的时候会很有用(应该说不是 root 用户没有权限启动 VSFTPD,而是因为别的原因,例如,因为安全限制而不能以 root 身份直接启动 VSFTPD)。

**警告**：最好别启用这一项,除非完全清楚在做什么! 随意地启动这一项会导致非常严重的安全问题,特别是 VSFTPD 没有或者不能使用虚根技术来限制文件访问的时候(甚至 VSFTPD 是被 root 启动的)。有一个不好的替代方案是启用 deny_file,将其设置为{/ * , *..* }等,但其可靠性却不能和虚根相比。如果启用这一项,其他配置项的限制也会生效。例如,非匿名登录请求、上传文件的所有权的转换、用于连接的 20 端口和低于 1024 的监听端口将不会工作。其他一些配置项也可能被影响。

51 secure_email_list_enable＝NO：如果只接受以指定 E-mail 地址登录的匿名用户,则启用它。这一般用来在不必要用虚拟用户的情况下,以较低的安全限制去访问较低安全级别的资源。如果启用它,匿名用户除非用 email_password_file 里指定的 E-mail 作为密码,否则不能登录。这个文件的格式是一行密码,而且没有额外的空格。默认的文件名是：/etc/vsftpd/email_passwords。

52 session_support＝NO：这将配置是否让 VSFTPD 去尝试管理登录会话。如果 VSFTPD 管理会话,它会尝试并更新 utmp 和 wtmp。如果使用 PAM 进行认证,它也会打开一个 pam 会话(pam_session),直到 logout 才会关闭它。如果不需要会话记录,或者要 VSFTPD 运行更少的进程,或者让它更大众化,可以关闭它。utmp 和 wtmp 只在有 PAM 的环境下才支持。

53 setproctitle_enable＝NO：如果启用,VSFTPD 将在系统进程列表中显示会话状态信息。换句话说,进程名字将变成 VSFTPD 会话当前正在执行的动作。为了安全目的,可以关闭这一项。

54 ssl_enable＝NO：如果启用,VSFTPD 将启用 openSSL,通过 SSL 支持安全连接。这个设置用来控制连接(包括登录)和数据线路。同时,客户端也要支持 SSL。

**注意**：小心启用此项。VSFTPD 不保证 OpenSSL 库的安全性。启用此项,必须确信安装的 OpenSSL 库是安全的。

55 ssl_request_cert＝YES：SSL 连接时是否需要认证。

56 ssl_sslv2＝NO：要激活 ssl_enable 才能启用它。如果启用,将允许 SSL v2 协议的连接。TLS v1 连接将是首选。

57 ssl_sslv3＝NO：要激活 ssl_enable 才能启用它。如果启用,将允许 SSL v3 协议

的连接。TLS v1 连接将是首选。

⑧ ssl_tlsv1＝YES：要激活 ssl_enable 才能启用它。如果启用,将允许 TLS v1 协议的连接。TLS v1 连接将是首选。

⑨ strict_ssl_read_eof＝NO：该选项为 YES 时,在上传数据时需要通过 SSL 连接的终端,而不是端口上的一个 EOF。

⑩ strict_ssl_write_shutdown＝NO：当设置为 YES 时,在下载数据时需要通过 SSL 连接的端口,而不是端口上的一个 EOF。

⑪ syslog_enable＝NO：如果启用,系统 log 将取代 VSFTPD 的 log 输出到/var/log/vsftpd.log。VSFTPD 的 log 工具将不再工作。

⑫ tcp_wrappers＝NO：如果启用,VSFTPD 将被 tcp_wrappers 所支持。进入的连接将被 tcp_wrappers 访问控制所反馈。如果 tcp_wrappers 设置了 VSFTPD_LOAD_CONF 环境变量,那么 VSFTPD 将尝试调用这个变量所指定的配置。

⑬ text_userdb_names＝NO：默认情况下,在文件列表中,数字 ID 将被显示在用户和组的区域。可以编辑这个参数使其使用数字 ID 变成文字。为了保证 FTP 性能,默认情况下此项被关闭。

⑭ tilde_user_enable＝NO：如果启用,VSFTPD 将试图解析类似于～chris/pics 的路径名(一个"～"后面跟一个用户名)。注意,VSFTPD 有时会一直解析路径名"～"和"～/"(在这里,"～"被解析成内部登录目录)。～用户路径(～user paths)只有在当前虚根下找到/etc/passwd 文件时才被解析。

⑮ use_localtime＝NO：如果启用,VSFTPD 在显示目录资源列表的时候,会显示本地时间。而默认的是显示 GMT(格林尼治时间)。

⑯ use_sendfile＝YES：一个内部设定,用来测试在平台上使用 sendfile()系统呼叫的相关好处。

⑰ userlist_deny＝YES：这个设置在 userlist_enable 被激活后才能被验证。如果设置为 NO,那么只有在 userlist_file 里明确列出的用户才能登录。如果是被拒绝登录,那么在被询问密码前,用户就被系统拒绝。

⑱ userlist_enable＝NO：如果启用,VSFTPD 将在 userlist_file 里读取用户列表。如果用户试图以文件里的用户名登录,那么在询问用户密码前,它们就被系统拒绝。这将防止明文密码被传送。

⑲ userlist_log＝NO：是否开启记录在 userlist_file 里面指定的用户登录失败的日志。

⑳ validate_cert＝NO：若设置为 YES,所有的 SSL 客户端都需要合法的认证书。

㉑ virtual_use_local_privs＝NO：如果启用,虚拟用户将拥有和本地用户一样的权限。默认情况下,虚拟用户就拥有和匿名用户一样的权限,而后者往往有更多的限制(特别是写权限)。

㉒ write_enable＝NO：这决定是否允许一些 FTP 命令去更改文件系统。这些命令是 STOR、DELE、RNFR、RNTO、MKD、RMD、APPE 和 SITE 等。

㉓ xferlog_enable＝NO：如果启用,一个 log 文件将详细记录上传和下载的信息。

默认情况下,这个文件是/var/log/vsftpd. log,但也可以通过更改 vsftpd_log_file 来指定其默认位置。

⑭ xferlog_std_format＝NO：如果启用,log 文件将以标准的 xferlog 格式记录(wuftpd 使用的格式),以便于用现有的统计分析工具进行分析。默认情况下,log 文件是/var/log/xferlog。可以通过修改 xferlog_file 来指定新路径。

(2) 数字选项

① accept_timeout＝60：超时,以秒为单位,设定远程用户以被动方式建立连接时最大尝试建立连接的时间。

② anon_max_rate＝0：对于匿名用户,设定允许的最大传送速率,单位：字节/秒。0 为无限制。

③ anon_umask＝077：为匿名用户创建的文件设定权限。

注意：如果想输入八进制的值,那么其中的 0 不同于十进制的 0。

④ chown_upload_mode＝0600：该选项用于设置匿名用户上传文件时使用 chown 强制改变文件的权限值。

⑤ connect_timeout＝60：超时,单位：秒。是设定远程用户必须回应 PORT 类型数据连接的最大时间。

⑥ data_connection_timeout＝300：超时,单位：秒。设定数据传输延迟的最大时间。时间一到,远程用户将被断开连接。

⑦ delay_failed_login＝1：设置登录失败时要延迟 1s 才可以再次连接。

⑧ delay_successful_logion＝0：设置登录成功后的延迟时间,单位是秒。

⑨ file_open_mode＝0666：对于上传的文件设定权限。如果想被上传的文件可执行,umask 要改成 0777。

⑩ ftp_data_port＝20：设定 PORT 模式下的连接端口(只要 connect_from_port_20 被激活)。

⑪ idle_session_timeout＝300：超时,单位：秒。设置远程客户端在两次输入 FTP 命令间的最大时间。时间一到,远程客户将被断开连接。

⑫ listen_port＝21：如果 VSFTPD 处于独立运行模式,这个端口设置将监听 FTP 的连接请求。

⑬ local_max_rate＝0：为本地认证用户设定最大传输速度,单位：字节/秒。0 为无限制。

⑭ local_umask＝077：设置本地用户创建的文件的权限。

注意：如果想输入八进制的值,那么其中的 0 不同于十进制的 0。

⑮ max_clients＝0：如果 VSFTPD 运行在独立运行模式,这里设置了允许并发连接的最大客户端数。再后来的用户端将得到一个错误信息。0 为无限制。

⑯ max_login_fails＝3：设置在 3 次连接失败后终止会话。

⑰ max_per_ip＝0：如果 VSFTPD 运行在独立运行模式,这里设置了每个 IP 地址的最大并发连接数目。如果超过了最大限制,将得到一个错误信息。0 为无限制。

⑱ pasv_max_port＝0：指定为被动模式数据连接分配的最大端口。可用来指定一个较小的范围以配合防火墙。0为可使用任何端口。

⑲ pasv_min_port＝0：指定为被动模式数据连接分配的最小端口。可用来指定一个较小的范围以配合防火墙。0为可使用任何端口。

⑳ trans_chunk_size＝0：一般不需要改这个设置。但也可以尝试改为如8192来减小带宽限制的影响。

（3）字符串选项

① anon_root＝：设置一个目录，在匿名用户登录后，VSFTPD会尝试进到这个目录下。如果失败则略过。

② banned_email_file＝/etc/vsftpd/banned_emails：deny_email_enable 启动后，匿名用户如果使用这个文件里指定的 E-mail 密码登录将被拒绝。

③ banner_file＝：设置一个文本，在用户登录后将显示文本内容。如果设置了 ftpd_banner，则 ftpd_banner 将无效。

④ ca_certs_file＝：设置加载认证证书的文件。

⑤ chown_username＝root：改变匿名用户上传的文件的所有者。须设定 chown_uploads。

⑥ chroot_list_file＝/etvsftpd.confc/vsftpd.chroot_list：这个项提供了一个本地用户列表，表内的用户登录后将被放在虚根下，并锁定在 home 目录。这需要 chroot_list_enable 项被启用。如果 chroot_local_user 项被启用，这个列表就变成一个不将列表里的用户锁定在虚根下的用户列表了。

⑦ cmds_allowed＝：以逗号分隔的方式指定可用的 FTP 命令（USER、PASS 和QUIT 是始终可用的命令），其他命令将被屏蔽。这是一个强有力的锁定 FTP 服务器的手段。例如，cmds_allowed＝PASV,RETR,QUIT（只允许检索文件）。

⑧ cmds_denied＝：指定一系列由","隔开的不允许使用的 FTP 命令。

⑨ deny_file＝：这可以设置一个文件名或者目录名式样以阻止在任何情况下访问它们。并不是隐藏它们，而是拒绝任何试图对它们进行的操作（下载、改变目录或其他有影响的操作）。这个设置很简单，而且不会用于严格的访问控制，文件系统权限将优先生效。然而，这个设置对确定的虚拟用户设置很有用。特别是如果一个文件能被多个用户名访问（可能是通过软连接或者硬连接），那就要拒绝所有的访问名。建议使用文件系统权限设置一些重要的安全策略以获取更高的安全性。如 deny_file＝{＊.mp3，＊.mov，.private}。

⑩ dsa_cert_file＝：指定加载 DSA 证书的文件名。

⑪ dsa_private_key_file＝：指定包含 DSA 私钥的文件。

⑫ email_password_file＝/etc/vsftpd/email_passwords：在设置了 secure_email_list_enable 后，这个设置可以用来提供一个备用文件。

⑬ ftp_username＝ftp：这是用来控制匿名 FTP 的用户名。这个用户的 home 目录是匿名 FTP 账户的根。

⑭ ftpd_banner＝：当一个连接首次接入时将显示一个欢迎界面。

⑮ guest_username＝ftp：设定了游客进入后，其将会被映射的名字。

⑯ hide_file＝：设置了一个文件名或者目录名列表，这个列表内的资源会被隐藏，不管是否有隐藏属性。但如果用户知道了它的存在，将能够对它进行完全的访问。hide_file 里的资源和符合 hide_file 指定的规则表达式的资源将被隐藏。VSFTPD 的规则表达式很简单，例如 hide_file＝{ ＊. mp3,. hidden, hide ＊, h?}。

⑰ listen_address＝：如果 VSFTPD 运行在独立模式下，本地接口的默认监听地址将被这个设置代替。需要提供一个 IPv4 地址。

⑱ listen_address6＝：如果 VSFTPD 运行在独立模式下，要为 IPv6 指定一个监听地址（如果 listen_ipv6 被启用的话）。需要提供一个 IPv6 格式的地址。

⑲ local_root＝：设置一个本地（非匿名）用户登录后，VSFTPD 试图让它进入到的一个目录。如果失败，则略过。

⑳ message_file＝. message：当进入一个新目录的时候，会查找这个文件并显示文件里的内容给远程用户。dirmessage_enable 须被启用。

㉑ nopriv_user＝nobody：设定服务执行者为 nobody。nobody 是 VSFTPD 推荐使用的一个权限很低的用户，没有家目录（/dev/null），没有登录 shell（/sbin/nologin），系统更安全。这是 VSFTPD 作为完全无特权的用户的名字。

㉒ pam_service_name＝ftp：设定 VSFTPD 将要用到的 PAM 服务的名字。

㉓ pasv_address＝：当使用 PASV 命令时，VSFTPD 会用这个地址进行反馈。需要提供一个数字化的 IP 地址。默认将取自进来（incoming）的连接的套接字。

㉔ rsa_cert_file＝/usr/share/ssl/certs/vsftpd. pem：这个设置指定了 SSL 加密连接需要的 RSA 证书的位置。

㉕ rsa_private_key_file＝：指出 FTP 的 RSA 私钥文件的所在的位置。

㉖ secure_chroot_dir＝/usr/share/empty：这个设置指定了一个空目录，这个目录不允许 ftp user 写入。在 VSFTPD 不希望文件系统被访问时，目录为安全的虚根所使用。

㉗ ssl_ciphers＝DES-CBC3-SHA：这个设置将选择 VSFTPD 为加密的 SSL 连接所用的 SSL 密码。

㉘ user_config_dir＝：这个强大的设置允许覆盖一些在手册中指定的配置项（基于单个用户的）。用法很简单，最好结合范例。如果把 user_config_dir 改为/etc/vsftpd_user_conf，那么以 chris 登录，VSFTPD 将调用配置文件/etc/vsftpd_user_conf/chris。

㉙ user_sub_token＝：这个设置将依据一个模板为每个虚拟用户创建 home 目录。例如，如果真实用户的 home 目录通过 guest_username 为/home/virtual/＄USER 指定，并且 user_sub_token 设置为＄USER，那么虚拟用户 fred 登录后将锁定在/home/virtual/fred 下。

㉚ userlist_file＝/etc/vsftpd/user_list：当 userlist_enable 被激活，系统将来这里调用文件。

㉛ vsftpd_log_file＝/var/log/vsftpd. log：只有 xferlog_enable 被设置，而 xferlog_std_format 没有被设置时，此项才生效。这是被生成的 VSFTPD 格式的 log 文件的名字。dual_log_enable 和这个设置不能同时启用。如果启用了 syslog_enable，那么这个文

件不会生成,而只产生一个系统 log。

㉜ xferlog_file＝/var/log/xferlog:这个设置设定生成 wu-ftpd 格式的 log 的文件名。只有启用了 xferlog_enable 和 xferlog_std_format 后才能生效。但不能和 dual_log_enable 同时启用。

# 10.3 配置 VSFTP 服务器

一般而言,用户必须经过身份验证才能登录 VSFTP 服务器,然后才能访问和传输 FTP 服务器上的文件,VSFTP 服务器分为:匿名账号 FTP 服务器、本地账号 FTP 服务器和虚拟账号 FTP 服务器。

(1) 匿名账号 FTP 服务器。使用匿名用户登录的服务器,这种服务器采用 anonymous 或 ftp 账户,以用户的 E-mail 地址作为口令或使用空口令登录,默认情况下,匿名用户对应的系统中的实际账号是 ftp,其主目录是/var/ftp,所以每个匿名用户登录上来后实际上都在/var/ftp 目录下。为了减轻 FTP 服务器的负载,一般情况下,应关闭匿名账号的上传功能。

(2) 本地账号 FTP 服务器。使用本地用户登录的服务器,这种服务器采用系统中的合法账号登录,一般情况下,合法用户都有自己的主目录,每次登录时默认都登录到各自的主目录中。本地用户可以访问整个目录结构,从而对系统安全构成极大威胁,所以除非特殊需要,应尽量避免用户使用真实账号访问 FTP 服务器。

(3) 虚拟账号 FTP 服务器。使用 guest 用户登录的服务器,这种服务器的登录用户一般不是系统中的合法用户,与匿名用户的相似之处是全部虚拟用户也仅对应着一个系统账号,即 guest。但与匿名用户不同之处是虚拟用户的登录名称可以任意,而且每个虚拟用户都可以有自己独立的配置文件。guest 登录 FTP 服务器后,不能访问除宿主目录以外的内容。

## 10.3.1 配置匿名账号 FTP 服务器

在 RHEL 6.2 中,利用默认的配置文件/etc/vsftpd/vsftpd.conf 启动 VSFTPD 服务后,允许匿名用户登录,但是功能并不完善。下面通过一个配置实例来进一步完善匿名 FTP 服务器的功能。

在主机(IP 为 192.168.10.10)上配置只允许匿名用户登录的 FTP 服务器,使匿名用户具有如下权限。

(1) 允许上传、下载文件(创建匿名用户使用的目录为/var/ftp/anonftp)。

(2) 将上传文件的所有者改为 wu。

(3) 允许创建子目录,改变文件名称或删除文件。

(4) 匿名用户最大传输速率设置为 50Kbit/s。

(5) 同时连接 FTP 服务器的并发用户数为 100。

（6）每个用户同一时段并发下载文件的最大线程数为 2。

（7）设置采用 ASCII 方式传送数据。

（8）设置欢迎信息："Welcome to FTP Service!"。

（9）禁止 192.168.1.0/24 网段上除 192.168.1.1 的主机访问该 FTP。

配置过程如下。

（1）编辑 VSFTPD 的主配置文件/etc/vsftpd/vsftpd.conf，对文件中相关的配置参数进行修改、添加，内容如下。

```
anonymous_enable=YES              //允许匿名用户(ftp 或 anonymous)登录
#local_enable=YES                 //不使用本地用户登录,所以把它注释掉
write_enable=YES                   //允许本地用户的写权限,因为本地用户的登录已经被注
                                    释了,所以该值是 YES 或 NO 都不会起作用
anon_umask=022                    //匿名用户新增文件的 umask 值。默认值为 022
anon_upload_enable=YES            //允许匿名用户上传文件
anon_mkdir_write_enable=YES       //允许匿名用户创建目录
anon_other_write_enable=YES       //允许匿名用户改名、删除文件。须手动添加本行
anon_world_readable_only=NO       //若此值为 YES 表示仅当所有用户对该文件都拥有读权限
                                    时,才允许匿名用户下载该文件;此值为 NO,则允许匿名
                                    用户下载不具有全部读权限的文件。须手动添加本行
max_per_ip=2                      //设置每个 IP 同一时段并发下载线程数为 2 或同时只能
                                    下载两个文件
max_clients=100                   //设置同时连接 FTP 服务器的并发用户数为 100
anon_max_rate=50000               //设置匿名用户最大传输率为 50Kbit/s
dirmessage_enable=YES             //是否启用目录提示信息功能,YES 为启用,NO 为不启用。
                                    默认为 YES
xferlog_enable=YES                //是否启用一个日志文件,用于详细记录上传和下载。该
                                    日志文件由 xferlog_file 选项指定
xferlog_file=/var/log/vsftpd.log  //设定记录传输日志的文件名。/var/log/
                                    vsftpd.log 为默认值
xferlog_std_format=YES            //日志文件是否使用 xferlog 标准格式,使用 xferlog
                                    标准格式可以重新使用已经存在的传输统计生成器。但
                                    默认的日志格式更有可读性
#log_ftp_protocol=NO              //当此选项激活后,所有的 FTP 请示和响应都被记录到日
                                    志中,有助于调试,但值得注意的是当提供此选项时,
                                    xferlog_std_format 不能被激活。默认为 NO
connect_from_port_20=YES          //控制连接以 PORT 模式进行数据传输时使用 20 端口
                                    (ftp-data)
chown_uploads=YES                 //允许匿名用户修改上传文件所有权
chown_username=wu                 //将匿名用户上传文件的所有者改为 wu
#ascii_upload_enable=YES          //是否允许使用 ASCII 格式上传文件,默认值是 YES,但该
                                    指令是注释掉的,所以默认是没有启用的
#ascii_download_enable=YES        //是否允许使用 ASCII 格式下载文件
ftpd_banner=Welcome to FTP Service!   //设置欢迎信息
listen=YES
pam_service_name=VSFTP
userlist_enable=YES
```

```
tcp_wrapppers=YES                    //采用 tcp_wrappers 来实现对主机的访问控制,具体控
                                       制功能由/etc/hosts.allow 文件来实现
```

（2）编辑/etc/hosts.allow 文件。在该文件添加如下内容（注意顺序）。

```
vsftpd:192.168.1.1
vsftpd:192.168.1.:DENY
```

说明：/etc/hosts.allow 文件以行为单位,每行为 3 个字段,每个字段中间用冒号分开,其格式为"服务名：主机列表：ALLOW｜DENY",第三字段不写的话默认为 ALLOW。其中主机列表的格式较为灵活,可以是一个 IP 地址、一个网段（以"."结尾,如 192.168.表示 192.168.0.0）,还可以是一个 FQDN 或一个域名后缀（以"."开头,如 ".wu.net"）。另外需要说明/etc/hosts.deny 文件实际上是不用的,也就是说,这两个文件只要用一个就可以对主机的访问进行控制,一般都用/etc/hosts.allow 文件。

（3）创建用户 wu 和匿名上传目录,并修改上传目录属性。

```
#useradd wu
#passwd wu
#mkdir -p /var/ftp/anonftp
#chown ftp:ftp /var/ftp/anonftp    //将上传目录/var/ftp/anonftp 的所有者和组改为 ftp
```

（4）测试 VSFTPD 服务。

当 FTP 服务器配置完成后,利用 service vsftpd restart 命令重启服务后就可以通过客户端进行访问了。无论是 Linux 环境还是 Windows 环境都有 3 种访问 FTP 服务器的方法：一是通过浏览器,二是通过专门的 FTP 客户端软件,三是通过命令行的方式。关于它的测试很简单,只需对照要求验证即可,在此就不再说明了。

## 10.3.2  配置本地账号 FTP 服务器

默认情况下 VSFTP 服务器允许本地用户登录,并直接进入该用户的主目录,但此时用户可以访问 FTP 服务器的整个目录结构,这对系统的安全来说是一个很大的威胁,同时本地用户数量有时很大,其性质也不相同,所以为了安全起见,应进一步完善本地账号 FTP 服务器的功能。下面来介绍常用的两种访问控制。

### 1. 用户访问控制

VSFTP 具有灵活的用户访问控制功能。在具体实现中,VSFTP 的用户访问控制分为两类：一类是传统用户列表文件,在 VSFTP 中其文件名是/etc/vsftpd/ftpusers,凡是列在此文件中的用户都没有登录此 FTP 服务器的权限；第二类是改进的用户列表文件/etc/vsftpd/user_list,该文件中的用户能否登录 FTP 服务器由/etc/vsftpd/vsftpd.conf 中的参数 userlist_deny 来决定,这样做更加灵活。

现要求在主机（IP 为 192.168.10.10）上配置 FTP 服务器,实现如下功能。

（1）在主机（IP 为 192.168.10.10）上配置 VSFTP 服务器。

（2）只允许本地用户 wu、jack 和 root 登录。

（3）登录端口号更改为 80021，把每个本地用户的最大传输速率设为 1Mbit/s。

配置过程如下。

（1）编辑/etc/vsftpd/ftpusers 文件

这个文件被称为 ftp 用户的黑名单文件，即在该文件中的本地用户都是不能登录 FTP 服务器的，所以应确认 wu、jack 和 root 这 3 个用户名不要出现在该文件中。

（2）编辑/etc/vsftpd/vsftpd.conf

确认在该文件中存在以下几条指令。

```
local_max_rate=1000000    //设置本地用户的最大传输速率为 1Mbit/s
listen_port=80021         //FTP 登录端口号更改为 80021
userlist_enable=YES       //启用用户列表文件
userlist_deny=NO          //当为 NO 时，则只允许该文件中的用户登录 FTP 服务器；为
                            YES，则不允许该文件中的用户登录 FTP 服务器。本行需要
                            手动添加
userlist_file=/etc/vsftpd/user_list
                          //指定用户列表文件名称和路径。本行需要手动添加
```

（3）编辑/etc/vsftpd/user_list 文件

由于在/etc/vsftpd/vsftpd.conf 中 userlist_deny＝NO，所以只允许在/etc/vsftpd/user_list 中的用户登录 FTP 服务器。此文件中包含以下 3 行：

```
root
wu
jack
```

（4）测试

利用 service vsftpd restart 命令重启服务后，可在文本模式中输入如下命令：

```
#ftp 192.168.10.10 80021
```

然后分别用 root、wu、jack 用户登录，逐一测试。

说明：如果在 ftpusers 和 user_list 文件中同时出现某个用户名，当 vsftpd.conf 文件中 userlist_deny＝NO 时，是不会允许这个用户登录的，即只要在 ftpusers 出现就是被禁止的。当 userlist_deny＝YES 时，只要在 user_list 文件中的用户都是被拒绝的，而其他的用户如果不在该文件中，并且也不在 ftpusrs 中，都是被允许的。

当禁止某些用户时，可以只启用 ftpusers 文件，即在此文件中的用户都是被拒绝的。当只允许某些用户时，首先保证这些用户在 ftpusers 中没有出现，然后设置 userlist_deny＝NO，并在 user_list 中添加允许的用户名即可（此时将体会到 userlist_deny＝YES 时，user_list 文件的作用和 ftpusers 文件的作用一样）。

以上的配置针对用户访问进行了控制，但它仍然是不安全的，因为只对用户的访问进行了控制，而只要用户能登录上 FTP，这个用户便可以从自己的主目录切换到其他任何目录中，所以 FTP 服务器的配置虽然对用户的访问进行了控制，但在这点上也产生了一定的安全隐患。为了解决这个问题，下面介绍目录访问控制。

**2. 目录访问控制**

VSFTPD 提供了 chroot 指令，可以将用户访问的范围限制在各自的主目录中。在具体实现时，针对本地用户进行目录访问控制可以分为两种情况：一种是针对所有的本地用户都进行目录访问控制；另一种是针对指定的用户列表进行目录访问控制。下面通过实例说明。

要求如下：除本地用户 wu 外，所有的本地用户在登录后都被限制在各自的主目录中，不能切换到其他目录。

（1）编辑/etc/vsftpd/vsftpd.conf 文件，包含如下指令：

```
chroot_local_user=YES        //先对所有的用户执行 chroot，即把所有的本地用户限制在各
                               自的主目录中
chroot_list_enable=YES       //因为要求 wu 用户可以访问任何目录，所以还要激活用户列表
                               文件 chroot_list
chroot_list_file=/etc/vsftpd/chroot_list              //指定用户列表文件的路径
```

（2）创建/etc/vsftpd/chroot_list 文件，在该文件中添加上用户名 wu。

```
#vim /etc/vsftpd/chroot_list
wu
```

（3）测试。利用 service vsftpd restart 命令重启后进行测试。

由测试结果可以发现，除 wu 用户外，其他的所有用户登录 VSFTP 服务器后，执行 pwd 命令发现返回的目录是"/"。很明显，chroot 功能起作用了，虽然用户仍然登录到自己的主目录，但此时的主目录都已经临时改变为"/"目录，若再改变目录，则命令执行失败，即无法访问主目录之外的地方，被限制在了自己的主目录中，这时也就消除了上面所讲的安全隐患。

## 10.3.3　配置虚拟账号 FTP 服务器

VSFTP 服务器提供了对虚拟用户的支持，它采用 PAM 认证机制实现了虚拟用户的功能。很多人对虚拟账号 FTP 的定义有些模糊，其实可以把虚拟账号 FTP 看作是一种特殊的匿名 FTP，这个特殊的匿名 FTP 拥有登录 FTP 的用户名和密码，但是它所使用的用户名又不是本地用户（它的用户名只能用来登录 FTP，而不能用来登录系统），并且所有的虚拟用户名在登录 FTP 时，都是在映射为一个真实的账号之后才登录到 FTP 上的。需要说明的是这个真实账号是可以登录系统的，即它和本地用户在这一点上性质是一样的。下面通过实例来介绍虚拟账号 FTP 的配置。

要求：创建 3 个虚拟用户用于登录 FTP 服务器，其用户名为 user1、user2、user3。为简单起见口令分别为：1、2、3。

配置过程如下。

（1）创建虚拟用户数据库文件。

首先创建一个存放虚拟用户的用户名及口令的文本文件/etc/1.txt(这个文本文件的命名是任意的),其内容如下。

```
user1
1
user2
2
user3
3                        //奇数行为虚拟用户名,偶数行为相应的口令
```

然后,执行如下命令生成虚拟用户的数据库文件,并改变数据库文件的权限。

```
#db_load -T -t hash -f /etc/1.txt /etc/vsftpd/vsftpd.db
#chmod 600 /etc/vsftpd/vsftpd.db
```

(2) 创建 PAM 认证文件。创建虚拟用户使用的 PAM 认证文件/etc/pam.d/vsftpd.virtual,内容如下。

```
auth required /lib/security/pam_userdb.so    db=/etc/vsftpd/vsftpd
account required /lib/security/pam_userdb.so    db=/etc/vsftpd/vsftpd
```

该 PAM 认证配置文件中共有两条规则:第一条的功能是利用 pam_userdb.so 模块来进行身份认证,主要是接受用户名和口令,进而对该用户的口令进行认证,并负责设置用户的一些秘密信息。第二条是检查账号是否被允许登录系统,账号是否过期,是否有时间段的限制。这两条规则都是采用的数据库/etc/vsftpd/vsftpd.db(只是每一条规则的最后的 VSFTPD 省略了".db"后缀)。

(3) 创建虚拟用户所对应的真实账号及其所登录的目录,并设置权限。

```
#useradd -d /var/virftp vftp          //这里的目录与账号的命名都是任意的
#chmod 744 /var/virftp
```

(4) 编辑/etc/vsftpd/vsftpd.conf 文件,其中包含以下内容。

```
anon_upload_enable=YES                //允许虚拟用户上传文件
guest_enable=YES                      //激活虚拟用户的登录功能
guest_username=vftp                   //指定虚拟用户所对应的真实用户,这个真实的
                                        用户名就是在第(3)项中添加的用户名
pam_service_name=vsftpd.virtual       //设置 PAM 认证时所采用的文件,它的值和第
                                        (2)项中创建 PAM 认证文件的名字是相同的
```

(5) 保存配置,重启服务后进行测试。

```
#service vsftpd restart
#ftp 192.168.10.10
Conneted to 192.168.10.10.
220 Welcome to FTP Service!
530 Please login with USER and PASS.
name(192.168.10.10:root):user1       //使用虚拟用户 user1 登录
331 Please specity the passwd.
Passwd:                              //输入用户 user1 的密码
```

267

```
230 Logion successful.
Using binary mode to transfer files.
ftp>pwd
257 "/"
```

由上可以看到,虚拟用户 user1 登录成功。需要说明的是:

① VSFTP 指定虚拟用户登录后,本地用户就不能登录了。

② 虚拟用户在某种程度中更接近于匿名用户,包括上传、下载、修改文件名、删除文件等配置所使用的指令与匿名用户的指令是相同的。例如,如果要允许虚拟用户上传文件,则需要采用指令:annon_upload_enable=YES。

# 本 章 实 训

### 实训目的

掌握 Linux 下 VSFTP 服务器的架设办法。

### 实训内容

练习 VSFTP 服务器的安装和各种配置。

(1) 配置一个允许匿名用户上传的 FTP 服务器,在客户机验证 FTP 服务。

① 确保安装了 VSFTPD 软件包。

② 设置匿名账号具有上传、创建目录权限。

③ 重新启动服务进行测试。

(2) 配置一个允许指定的本地用户(用户名为 user1)访问,而其他本地用户不可访问的 FTP 服务器,在客户机验证 FTP 服务。

(3) 配置服务器日志和欢迎信息为"Welcome!!!"。

(4) 设置匿名用户的最大传输速率为 2Mbps。

### 实训总结

通过此次的上机实训,掌握在 Linux 上如何安装与配置 FTP 服务器。

# 本 章 习 题

## 一、选择题

1. 以下文件中,不属于 VSFTP 配置文件的是(　　)。

A. /etc/vsftpd/vsftp. conf

B. /etc/vsftpd/vsftpd. conf

C. /etc/vsftpd/ftpusers

D. /etc/vsftpd/user_list

2. 安装 VSFTP 服务器后,若要启动该服务,则正确的命令是(　　)。

    A. server vsftpd start             B. service vsftpd restart

    C. service vsftpd start             D. /etc/rc. d/init. d/vsftpd restart

3. 若使用 VSFTPD 的默认配置,使用匿名账户登录 FTP 服务器所处的目录是(　　)。

    A. /home/ftp                    B. /var/ftp

    C. /home                      D. /home/vsftpd

4. 在 vsftpd. conf 配置文件中,用于设置不允许匿名用户登录 FTP 服务器的配置命令是(　　)。

    A. anonymou_enable＝NO        B. no_anonymous_login＝YES

    C. local_enable＝NO            D. anonymous_enable＝YES

5. 若要禁止所有 FTP 用户登录 FTP 服务器后,切换到 FTP 站点根目录的上级目录,则相关的配置应是(　　)。

    A. chroot_local_user＝NO        B. chroot_local_user＝YES

       chroot_list_enable＝NO           chroot_list_enable＝NO

    C. chroot_local_user＝YES      D. chroot_local_user＝NO

       chroot_list_enable＝YES        chroot_list_enable＝YES

## 二、简答题

1. FTP 协议的工作模式有哪几种? 它们有何区别?

2. 如何测试 FTP 服务?

# 第 11 章　配置 DHCP 服务器

动态主机配置协议(DHCP)是一种用于简化主机 IP 配置管理的 IP 标准。通过采用 DHCP 标准,可以使用 DHCP 服务器为网络上启用了 DHCP 的客户端分配动态 IP 地址和管理相关配置。

TCP/IP 网络上的每台计算机都必须有唯一的 IP 地址,用于标识主机及其连接的子网。将计算机移动到不同的子网时,必须更改 IP 地址才能正确联网。DHCP 允许通过本地网络上的 DHCP 服务器 IP 地址数据库为客户端动态指派 IP 地址;对于基于 TCP/IP 的网络,DHCP 降低了重新配置计算机的难度,减少了涉及的管理工作量。

**本章要点:**

(1) 了解 DHCP 协议的基本概念。

(2) 熟悉 DHCP 的配置文件。

(3) 掌握 DHCP 服务器的配置过程。

## 11.1　DHCP 协 议

DHCP(Dynamic Host Configuration Protocol)动态主机配置协议,是一个局域网的网络协议,使用 UDP 协议工作,主要有两个用途。

(1) 集中管理网络中的 TCP/IP 配置,从而减少管理员的工作量。

(2) DHCP 服务器不会把同一个 IP 地址分配给不同的客户机,因此,可以减少由于 TCP/IP 配置错误而引起的网络地址冲突。

### 1. DHCP 服务简介

DHCP 前身是 BOOTP,属于 TCP/IP 的应用层协议。DHCP 在管理网络配置方面很有作用,特别是当一个网络的规模较大时,使用 DHCP 可极大地减轻网络管理员的工作量。另外,对于移动 PC(如笔记本电脑和其他手持设备),由于使用的环境经常变动,所处内网的 IP 地址也就可能需要经常变动,若每次都需要手工修改移动 PC 的 IP 地址,使用起来就很麻烦。这时,若客户端设置使用 DHCP,则当移动 PC 接入不同环境的内网时,只要该内网有 DHCP 服务器,就可获取一个该内网的 IP 地址,自动接入该内网环境。

DHCP 分为两部分:一个是服务器端,一个是客户端。服务器端负责集中管理可动态分配的 IP 地址集,并负责处理客户端的 DHCP 请求,给客户端分配 IP 地址。而客户端负责向服务器端发出请求 IP 地址的数据包,并获取服务器分配的 IP 地址,为客户端设置分配的 IP 地址。

因此,使用 DHCP 需要对服务器端和客户端分别进行设置。服务器端的设置比较简单,Windows Server 和 Linux 都提供了 DHCP 服务器程序,当然,大多数操作系统也都提供了 DHCP 客户端程序。

### 2. DHCP 服务的工作原理

DHCP 客户端为了获取合法的动态 IP 地址,在不同阶段与服务器之间交互不同的信息。客户端是否第一次登录网络,DHCP 的工作形式会有所不同。

(1) 寻找 Server。当 DHCP 客户端第一次登录网络的时候,也就是客户端发现本机上没有任何 IP 资料设定,它会向网络发出一个 DHCPdiscover 封包。因为客户端还不知道自己属于哪一个网络,所以封包的来源地址为 0.0.0.0,而目的地址则为 255.255.255.255,然后再附上 DHCPdiscover 的信息,向网络进行广播。网络上每一台安装了 TCP/IP 协议的主机都会接收到这种广播信息,但只有 DHCP 服务器才会做出响应。

DHCPdiscover 的等待时间预设为 1 秒,也就是当客户端将第一个 DHCPdiscover 封包送出去之后在 1 秒之内没有得到回应的话就会进行第二次 DHCPdiscover 广播。在得不到回应的情况下客户端一共会有 4 次 DHCPdiscover 广播(包括第一次在内),除了第一次会等待 1 秒之外其余三次的等待时间分别是 9、13、16 秒。如果都没有得到 DHCP 服务器的回应,客户端则会显示错误信息宣告 DHCPdiscover 的失败。之后基于使用者的操作系统会继续在 5 分钟之后重发一次 DHCPdiscover 的要求。

(2) 提供 IP 租用地址。当 DHCP 服务器监听到客户端发出的 DHCPdiscover 广播后,它会从那些还没有租出的地址范围内选择最前面的空置 IP,连同其他 TCP/IP 设定,回应给客户端一个 DHCPoffer 封包。由于客户端在开始的时候还没有 IP 地址,所以在其 DHCPdiscover 封包内会带有其 MAC 地址信息,并且有一个 XID 编号来辨别该封包,DHCP 服务器回应的 DHCPoffer 封包则会根据这些资料传递给要求租约的客户。根据服务器端的设定,DHCPoffer 封包会包含一个租约期限的信息。

(3) 接受 IP 租约。如果客户端收到网络上多台 DHCP 服务器的回应,只会挑选其中一个 DHCPoffer(通常是最先抵达的那个),并且会向网络发送一个 DHCPrequest 广播封包,告诉所有 DHCP 服务器它将指定接受哪一台服务器提供的 IP 位址。之所以要以广播方式回答,是为了通知所有的 DHCP 服务器,它将选择某台 DHCP 服务器所提供的 IP 地址,同时客户端还会向网络发送一个 ARP 封包,查询网络上面有没有其他机器使用该 IP 地址;如果发现该 IP 已经被占用,客户端则会送出一个 DHCPdecline 封包给 DHCP 服务器,拒绝接受其 DHCPoffer,并重新发送 DHCPdiscover 信息。事实上,并不是所有 DHCP 客户端都会无条件接受 DHCP 服务器的 offer,尤其当这些主机安装有其他 TCP/IP 相关的客户软件时。客户端也可以用 DHCPrequest 向服务器提出 DHCP 选择,而这些选择会以不同的号码填写在 DHCPOptionField 里面。换句话说,在 DHCP 服务器上面的设定,客户端未必全都接受,客户端可以保留自己的一些 TCP/IP 设定,而主动权永远在客户端这边。

（4）确认阶段。即 DHCP 服务器确认所提供的 IP 地址的阶段。当 DHCP 服务器收到 DHCP 客户机回答的 DHCPrequest 请求信息之后，它便向 DHCP 客户机发送一个包含它所提供的 IP 地址和其他设置的 DHCPack 确认信息，告诉 DHCP 客户机可以使用它所提供的 IP 地址。然后 DHCP 客户机便将其 TCP/IP 协议与网卡绑定，另外，除 DHCP 客户机选中的服务器外，其他的 DHCP 服务器都将收回曾提供的 IP 地址。

（5）重新登录。以后 DHCP 客户机每次重新登录网络时，就不需要再发送 DHCPdiscover 发现信息了，而是直接发送包含前一次所分配的 IP 地址的 DHCPrequest 请求信息。当 DHCP 服务器收到这一信息后，它会尝试让 DHCP 客户机继续使用原来的 IP 地址，并回答一个 DHCPack 确认信息。如果此 IP 地址已无法再分配给原来的 DHCP 客户机使用时（比如此 IP 地址已分配给其他 DHCP 客户机使用），则 DHCP 服务器给 DHCP 客户机回答一个 DHCPnack 否认信息。当原来的 DHCP 客户机收到此 DHCPnack 否认信息后，它就必须重新发送 DHCPdiscover 发现信息来请求新的 IP 地址。

（6）更新租约。DHCP 服务器向 DHCP 客户机出租的 IP 地址一般都有一个租借期限，期满后 DHCP 服务器便会收回出租的 IP 地址。如果 DHCP 客户机要延长其 IP 租约，则必须更新其 IP 租约。DHCP 客户机启动时和 IP 租约期限过一半时，DHCP 客户机都会自动向 DHCP 服务器发送更新其 IP 租约的信息。至于 IP 的租约期限却是非常考究的，并非如租房子那样简单，DHCP 客户机除了在开机的时候发出 DHCPrequest 请求之外，在租约期限一半的时候也会发出 DHCPrequest，如果此时得不到 DHCP 服务器的确认的话，工作站还可以继续使用该 IP；然后在剩下的租约期限的再一半的时候（租约的 75%），还得不到确认的话，那么工作站就不能拥有这个 IP 了。

# 11.2　DHCP 服务器的安装与配置

## 11.2.1　DHCP 服务器的安装

在进行 DHCP 服务的配置之前，首先可使用下面的命令验证是否已安装了 DHCP 组件。

```
#rpm -qa|grep dhcp
dhcp-4.1.1-25.p1.el6.x86_64          //DHCP 服务器软件包
dhclient-4.1.1-25.p1.el6.x86_64      //dhclient 客户端软件包
```

命令执行结果表明系统已安装了 DHCP 服务器。如果未安装，超级用户（root）在图形界面下选择"系统"→"管理"→"添加/删除软件"选项，再在打开的窗口中选择需要的软件包就可以安装或卸载 DHCP 相关的软件包。当然，也可以用命令来安装或卸载 DHCP 服务，具体步骤如下。

(1) 创建挂载目录

```
#mkdir /mnt/cdrom
```

(2) 把光盘挂载到/mnt/cdrom 目录下面

```
#mount /dev/cdrom /mnt/cdrom
```

(3) 进入 DHCP 软件包所在的目录(注意大小写字母,否则会出错)

```
#cd /mnt/cdrom/Packages
```

(4) 安装 DHCP 服务

```
#rpm -ivh dhcp-4.1.1-25.p1.el6.x86_64.rpm
```

如果出现如下提示,则证明安装正确。

```
warning: dhcp-4.1.1-25.p1.el6.x86_64.rpm: Header V3 RSA/SHA256 Signature,key
ID fd431d51: NOKEY
Preparing ...          ####################################[100%]
1:dhcp                 ####################################[100%]
```

## 11.2.2　启动、停止 DHCP 服务器

服务的启动、停止或重启可以使用命令行和图形界面两种方式。

使用命令行对 DHCP 服务器进行启动、停止或重新启动时,有两种命令可以使用。可在终端窗口或在字符界面下输入以下两个命令中的一个进行控制。

(1) 启动

```
#/etc/init.d/dhcpd start
#service dhcpd start
```

(2) 停止

```
#/etc/init.d/dhcpd stop
#service dhcpd stop
```

(3) 重新启动

```
#/etc/init.d/dhcpd restart
#service dhcpd restart
```

## 11.2.3　DHCP 服务配置

在 RHEL 6.2 中,DHCP 服务的配置文件是/etc/dhcp/dhcpd. conf。默认情况下此文件是一个空文件。不过在安装 DHCP 服务时都会安装一个范本文件,该文件的路径是/usr/share/doc/dhcp-4.1.1/dhcpd. conf. sample。在具体的 DHCP 服务的配置中,可将该文件复制到/etc/dhcp/dhcpd. conf,然后根据需要进行编辑,这样设置比较方便。下面

列出此文件及其内容说明。

```
#cat /usr/share/doc/dhcp-4.1.1/dhcpd.conf.sample        //查看模板配置文件
option domain-name "example.org";                        //为 DHCP 客户设置 DNS 域
option domain-name-servers ns1.example.org, ns2.example.org;
                                                    //为 DHCP 客户设置 DNS 服务器地址
default-lease-time 600;              //为 DHCP 客户设置默认地址租期,单位为秒
max-lease-time 7200;                 //为 DHCP 客户设置最长地址租期
ddns-update-style none;              //定义所支持的 DNS 动态更新类型
authoritative;                       //设置为授权的服务器
log-facility local7;                 //DHCP 日志信息

subnet 10.152.187.0 netmask 255.255.255.0 {      //不提供服务的子网
}
subnet 10.254.239.0 netmask 255.255.255.224 {    //定义作用域网段
  range 10.254.239.10 10.254.239.20;             //设置 IP 地址段范围
  option routers rtr-239-0-1.example.org, rtr-239-0-2.example.org;
                                                 //设置网关地址

}

subnet 10.254.239.32 netmask 255.255.255.224 {   //定义自举客户得到动态地址的子网
  range dynamic-bootp 10.254.239.40 10.254.239.60;        //设置 IP 地址作用域
  option broadcast-address 10.254.239.31;                 //指出本网段的广播地址
  option routers rtr-239-32-1.example.org;
}

subnet 10.5.5.0 netmask 255.255.255.224 {
  range 10.5.5.26 10.5.5.30;
  option domain-name-servers ns1.internal.example.org; //定义 DNS 服务器地址
  option domain-name "internal.example.org";
  option broadcast-address 10.5.5.31;
  default-lease-time 600;
  max-lease-time 7200;
}

host passacaglia {                       //定义主机"passacaglia"的保留地址
  hardware ethernet 0:0:c0:5d:bd:95; //绑定主机 MAC 地址
  filename "UNIX.passacaglia";
  server-name "toccata.fugue.com";
}

host fantasia {                          //定义主机"fantasia"的固定 IP 地址
  hardware ethernet 08:00:07:26:c0:a5;
  fixed-address fantasia.fugue.com;
}

class "foo" {                            //定义一个类,按设备标识下发 IP 地址
```

```
    match if substring (option vendor-class-identifiler, 0, 4)="SUNW";
}


shared-network 224-29 {                        //定义超级作用域
    subnet 10.17.224.0 netmask 255.255.255.0 {
        option routers rtr-224.example.org;
    }
    subnet 10.0.0.29.0 netmask 255.255.255.0 {
        option routers rtr-29.example.org;
    }
    pool {          //定义可分配的 IP 地址池,允许属于 class "foo"这个类的设备获取 range
                    10.17.24.10 10.17.224.250 的地址
    allow members of "foo";
    range 10.17.224.10 10.17.224.250;
    }
    pool {          //定义一个池,禁止设备属于 class "foo"这个类的设备获取 range
                    10.0.29.10 10.0.29.230 里的地址
    deny members of "foo";
    range 10.0.29.10 10.0.29.230;
    }
}
```

通过上面的内容可以看出,DHCP 配置文件/etc/dhcp/dhcpd.conf 由声明、参数和选项 3 大类语句构成,格式如下:

```
选项/参数                           //这些选项/参数全局有效
声明 {
    选项/参数                       //这些选项/参数局部有效
}
```

（1）声明。描述网络的布局与客户;提供客户端的地址;或者把一组参数应用到一组声明中去。常见的声明语句及功能如表 11-1 所示。

表 11-1　dhcpd.conf 配置文件中的声明

| 声　　明 | 功　　能 |
|---|---|
| shared－network 名称｛...｝ | 定义超级作用域 |
| subnet 网络号 netmask 子网掩码 ｛...｝ | 定义子网（定义作用域） |
| range 起始 IP 地址 终止 IP 地址 | 定义作用域（或子网）范围 |
| host 主机名｛...｝ | 定义主机信息 |
| group ｛...｝ | 定义一组参数 |

**注意**：如果要给一个子网里的客户动态分配 IP 地址,那么在 subnet 声明里必须有一个 range 声明,用于说明地址范围。如果有多个 range,必须保证多个 range 所定义的 IP 范围不能重复。

（2）参数。表明是否要执行任务,如何执行任务,或者需要把哪些网络配置选项发送给客户端。常见的参数语句及功能如表 11-2 所示。

表 11-2  dhcpd. conf 配置文件中的参数

| 参　数 | 功　能 |
|---|---|
| ddns-update-style 类型 | 定义所支持的 DNS 动态更新类型 |
| allow/ignore client-updates | 允许/忽略客户端更新 DNS 记录 |
| default-lease-time 数字 | 指定默认地址租期 |
| max-lease-time 数字 | 指定最长地址租期 |
| hardware 硬件类型 MAC 地址 | 指定硬件接口类型和硬件接口地址 |
| fixed-address IP 地址 | 为 DHCP 客户指定一个固定 IP 地址 |
| server-name 主机名 | 通知 DHCP 客户服务器的主机名 |

（3）选项。选项是配置 DHCP 的可选选项，以 option 关键字开头；而参数配置的是必选的或控制 DHCP 服务器行为的值。表 11-3 列出 DHCP 配置文件的参数语句及功能。

表 11-3  dhcpd. conf 配置文件中的选项

| 选　项 | 功　能 |
|---|---|
| subnet-mask 子网掩码 | 为客户端指定子网掩码 |
| domain-name 域名 | 为客户指明 DNS 域名 |
| domain-name-servers IP 地址 | 为客户指明 DNS 服务器的地址 |
| host-name 主机名 | 为客户指明主机名字 |
| routers IP 地址 | 为客户设置默认网关 |
| broadcast-address 广播地址 | 为客户设置广播地址 |
| netbios-name-servcers IP 地址 | 为客户设置 WINS 服务器的 IP 地址 |
| netbios-node-type 节点类型 | 为客户设置节点类型 |
| ntp-server IP 地址 | 为客户设置网络时间服务器的 IP 地址 |
| nis-servers IP 地址 | 为客户设置 NIS 服务器的 IP 地址 |
| nis-domain 名称 | 为客户设置所属的 NIS 域的名称 |
| time-offset 偏移差 | 为客户设置与格林尼治时间的偏移差 |

## 11.2.4　配置实例

下面通过一些具体的应用来说明如何配置/etc/dhcp. conf 文件。

例 1：DHCP 服务器给子网 192.168.1.0 提供 192.168.1.10 到 192.168.1.50 的 IP 地址。

```
subnet 192.168.1.0 netmask 255.255.255.0 {
    range 192.168.1.10  192.168.1.50;                    //IP 地址的范围
}
```

例 2：要求 DHCP 服务器给子网 192.168.1.0 提供多个地址范围。

```
subnet 192.168.1.0 netmask 255.255.255.0 {
    range 192.168.1.10  192.168.1.50;                    //多个 IP 地址范围
```

```
        range 192.168.1.100   192.168.1.150;
}
```

例 3：要求 DHCP 服务器给子网 192.168.1.0 租用的时间做一个限制。

```
subnet 192.168.1.0 netmask 255.255.255.0 {
    default-lease-time 600;                     //设置默认租用时间为 10 分钟
    max-lease-time 3600;                        //设置最大租用时间 1 小时
    range 192.168.1.10   192.168.1.50;          //IP 地址范围
}
```

例 4：要求 DHCP 服务器提供的 IP 地址范围是 192.168.1.100 到 192.168.1.150，子网掩码是 255.255.255.0，默认网关是 192.168.1.4，DNS 域名服务器的地址是 192.168.1.1。

```
subnet 192.168.1.0 netmask 255.255.255.0 {
    option routers   192.168.1.4;               //指定网关
    option subnetmask   255.255.255.0;          //指定子网信息
    option domain-name-servers 192.168.1.1;     //指定 DNS
    option domain-name   "shixun.com";          //指定主机所在的域
    range 192.168.1.100   192.168.1.199;
    default-lease-time 600;
    max-lease-time 3600;
}
```

# 11.3　分配多网段的 IP 地址

同一个网段设置一个作用域就可以了，但是如果有多域，且是跨网段的，为了实现 DHCP 服务器的 IP 地址分配问题，可以使用中继代理。中继代理配合超级作用域实现 DHCP 服务器跨网段的 IP 地址的分配工作。

（1）中继代理：设置一台 PC 机使其成为中继代理器，转发不同网段的 DHCP 数据流量，有几个网段就增添几块网卡，来转发数据。

（2）超级作用域：将多个作用域组成单个实体实现统一管理和操作。只需一块网卡就可以实现（若是多作用域就需多块网卡）。

现在通过一个例子来说明 DHCP 如何分配多网段的 IP 地址，在 DHCP 服务器上设置超级作用域，在连接多个子网的主机上设置 DHCP 中继代理。有 3 个子网分别为 192.168.1.0、192.168.2.0、192.168.3.0，它们的默认网关分别是 192.168.1.4、192.168.2.4、192.168.3.4，并且 DHCP 服务器放在 192.168.1.0 网段。

## 1. 设置超级作用域

修改 DHCP 服务器上的 dhcpd.conf 配置文件，加入如下格式的配置，共享一个物理网络。

```
shared-network  名称 {
    subnet  子网 1  ID  netmask  子网掩码 {
      ⋮
    }
    subnet  子网 2  ID  netmask  子网掩码 {
      ⋮
    }
}
```

配置过程如下。

```
subnet 192.168.1.0  netmask 255.255.255.0 {
    range 192.168.1.10   192.168.1.100;
    option routers 192.168.1.4;
    host pc1{
        hardware ethernet 00:11:51:A3:23:15
        fixed-address 192.168.1.10;
    }
    host pc2{
        hardware ethernet 12:34:56:78:AB:CD
        fixed-address 192.168.1.20;
    }
}
subnet 192.168.2.0 netmask 255.255.255.0 {
    range 192.168.2.10   192.168.2.100;
    option routers 192.168.2.4;
}

subnet 192.168.3.0 netmask 255.255.255.0 {
    range 192.168.3.10   192.168.3.100;
    option routers 192.168.3.4;
}
```

### 2. 设置 DHCP 中继代理

DHCP 的中继代理由连接多个子网的那台计算机实现,只要该主机安装了 DHCP 服务就可进行 DHCP 代理的配置,因为安装 DHCP 服务时它会自动安装 DHCP 中继代理 dhcrelay。

上例中 DHCP 服务器位于网络接口 eth0 的子网 192.168.1.0 中,可以用 DHCP 中继代理向 eth1 和 eth2 的连接子网 192.168.2.0、192.168.3.0 提供服务,具体配置的方法是修改/etc/sysconfig/dhcrelay 配置文件。

```
INTERFACES="eth1 eth2"          //为 eth1 和 eth2 连接的子网提供 DHCP 服务
DHCPSERVERS="192.168.1.200"     //指定 DHCP 服务器的 IP 地址(与 eth0 同一子网)
```

使用如下命令实现 DHCP 中继代理:

```
#dhcrelay -i eth1 -i eth2 192.168.1.200
```

参数"-i"表示 DHCP 中继代理通过指定的网络接口向指定的子网提供 DHCP 服务。如果没有参数 i,则表示向所有子网提供服务。

# 11.4　配置 DHCP 客户端

DHCP 的客户端既可以是 Windows 系统也可以是 Linux 系统,Windows 系统作为客户端可以使用图形界面配置,较为简单,在此不再赘述。下面介绍 Linux 客户端的配置方法。

Linux 下的客户端的配置方法有两种,一种是在图形界面下利用 Linux 自带的图形配置工具配置,另一种方法是采用文本方式配置。

图形界面的配置方法和在 Windows 下类似,不同的是运行图形配置工具的方法。在 RHEL 6 中,可以在桌面环境下选择"系统"→"首选项"→"网络连接"选项,打开"网络连接"对话框,如图 11-1 所示。选择对话框中需要配置的网卡,如"有线"选项卡中的 System eth0 选项,然后单击"编辑"按钮,打开图 11-2 所示的"正在编辑 System eth0"对话框,"IPv4 设置"选项卡中的"方法"选项设置为:自动(DHCP),即可完成配置。

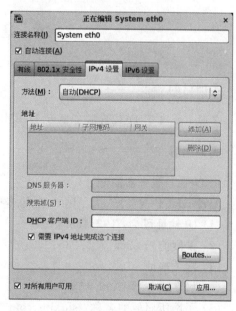

图 11-1　"网络连接"对话框　　　　　图 11-2　"正在编辑 System eth0"对话框

在 RHEL 6 文本状态下,可以输入"system-config-network"或"setup"命令选择网卡设备进行配置,也可以直接编辑网卡的配置文件/etc/sysconfig/network-scripts/ifcfg-eth0,如:

```
#vim /etc/sysconfig/network-scripts/ifcfg-eth0
DEVICE=eth0              //指定网卡的名称
BOOTPROTO=dhcp          //设置采用动态 IP 地址分配
ONBOOT=yes              //设置在开机引导时激活该设备
  ⋮
```

修改完文件后,可以执行如下命令使配置生效。

```
#service network restart
```

在使用过程中,可以执行如下命令刷新(renew)IP 地址。

```
#dhclient
```

为了测试 Linux 下的 DHCP 客户端是否已经获取 IP 地址,可以使用 ifconfig 命令进行测试。命令如下。

```
#ifconfig eth0
eth0     Link encap:Ethernet Hwaddr 00:0c:29:b4:72:B2
         inet addr:192.168.1.80 Bcast:192.168.1.255 Mask:255.255.255.0
  ⋮
```

如果在网卡的 inet addr 后看到分配的 IP 地址,则表示 DHCP 客户端已经设置好了。如果要释放(release)获得的 IP 地址,可以执行如下命令。

```
#dhclient - r
```

# 本 章 实 训

## 实训目的

掌握 Linux 下 DHCP 服务器及 DHCP 中继代理的安装和配置方法。

## 实训内容

1. DHCP 服务器的配置

配置 DHCP 服务器,为子网 A 内的客户机提供 DHCP 服务。具体参数如下。

(1) IP 地址段为:192.168.11.10~192.168.11.100。

(2) 子网掩码:255.255.255.0。

(3) 网关地址:192.168.10.4。

(4) 域名服务器:192.168.0.1。

(5) 子网所属域的名称:shixun.com。

(6) 默认租约有效期:1 天。

(7) 最大租约有效期:3 天。

2. DHCP 中继代理的配置

配置 DHCP 服务器和中继代理,使子网 A 内的 DHCP 服务器能够同时为子网 A 和 B 提供 DHCP 服务。子网 A 参数同上,子网 B 参数如下。

(1) IP 地址段为:192.168.10.10~192.168.10.100。

(2) 子网掩码为:255.255.255.0。

(3) 网关地址:192.168.10.4。

（4）域名服务器：192.168.0.2。

（5）子网所属域的名称：daili.com。

（6）默认租约有效期：1 天。

（7）最大租约有效期：3 天。

**实训总结**

通过此次的上机实训，掌握在 Linux 上如何安装与配置 DHCP 服务器及其客户端。

# 本 章 习 题

## 一、选择题

1．DHCP 是动态主机配置协议的简称，其作用是可以使网络管理员通过一台服务器来管理一个网络系统，自动地为一个网络中的主机分配（　　）地址。

　　A．网络　　　　　B．MAC　　　　C．TCP　　　　　　D．IP

2．若需要检查当前 Linux 系统是否已安装了 DHCP 服务器，以下命令正确的是（　　）。

　　A．rpm -q dhcp　　　　　　　B．rpm -ql dhcp

　　C．rpm -q dhcpd　　　　　　 D．rpm -ql

3．DHCP 服务器的主配置文件是（　　）。

　　A．/etc/dhcp.conf　　　　　　B．/etc/dhcpd.conf

　　C．/etc/dhcp　　　　　　　　D．/usr/share/doc/dhcp-4.1.1/dhcpd.conf.sample

4．启动 DHCP 服务器的命令有（　　）。

　　A．service dhcp start　　　　　B．service dhcp restart

　　C．service dhcpd start　　　　　D．service dhcpd restart

5．以下对 DHCP 服务器的描述中，错误的是（　　）。

　　A．启动 DHCP 服务的命令是 service dhcpd start

　　B．对 DHCP 服务器的配置，均可通过配置/etc/dhcp.conf 来完成

　　C．在定义作用域时，一个网段通常定义一个作用域，可通过 range 语句指定可分配的 IP 地址范围，使用 option routers 语句指定默认网关

　　D．DHCP 服务器必须指定一个固定的 IP 地址

## 二、简答题

1．说明 DHCP 服务的工作过程。

2．如何在 DHCP 服务器中为某一计算机分配固定的 IP 地址？

3．如何将 Windows 和 Linux 机器配置为 DHCP 客户端？

# 第 12 章  配置 E-mail 服务器

电子邮件是 Internet 中最基本、最普及的服务之一,在 Internet 上超过 30％的业务量来自电子邮件,仅次于 WWW 服务。利用 E-mail 服务,用户可以方便地通过网络撰写、收发各类信件,订阅电子杂志,参加学术讨论或查询信息。本章首先介绍电子邮件服务器的基本知识,然后介绍以 Sendmail、Dovecot 服务为中心的电子邮件系统的安装、配置。

**本章要点:**

(1) 了解电子邮件系统的组成及协议。

(2) 掌握配置 Sendmail 服务器的方法。

(3) 掌握配置 POP 服务器的方法。

## 12.1  电子邮件服务概述

电子邮件服务与传统的邮政信件服务类似,而电子邮件可以用来在 Internet 或 Intranet 上进行信息的传递和交流,具有方便、快速、经济的特点。发一封电子邮件给远方的用户,通常几分钟之内就能送到。如果选用传统邮件,发一封特快专递也需要至少一天的时间,而且电子邮件的费用低廉。与实时信息交流(如电话通话)相比,电子邮件采用存储转发的方式,因此发送邮件时并不需要收件人处于实时在线状态,收件人可以根据实际需要随时上网从邮件服务器上收取邮件,信息的交流十分方便。

**1. 电子邮件系统的简介**

与其他 Internet 服务相同,电子邮件服务是基于 C/S 模式的。对于一个完整的电子邮件系统而言,它主要由邮件用户代理(Mail User Agent,MUA)、邮件传送代理(Mail Transport Agent,MTA)、邮件分发代理(Mail Delivery Agent,MDA)这 3 部分构件组成。

(1) 邮件用户代理

邮件用户代理(MUA)就是用户与电子邮件系统的接口,大多数情况下它就是在邮件客户端上运行的程序,主要负责将邮件发送到邮件服务器和从邮件服务器上接收邮件。目前主流的用户代理程序有 Microsoft 公司的 Outlook 和国产的 Foxmail 等。

(2) 邮件服务器

邮件服务器是电子邮件系统的核心构件,它的主要功能是发送和接收邮件,同时向发件人报告邮件的传送情况,即包含了邮件传送代理(MTA)和邮件分发代理(MDA)的功能。根据用途的不同,可以将邮件服务器分为发送邮件服务器(SMTP 服务器)和接收邮件服务器(POP3 服务器或 IMAP4 服务器)。

（3）电子邮件协议

要实现电子邮件服务还必须借助于专用的协议。目前,应用于电子邮件服务的协议主要有 SMTP、POP3 和 IMAP4 等协议。

① SMTP 协议即简单邮件传输协议,它是一组用于由源地址到目的地址传送邮件的规则,由它来控制信件的中转方式。SMTP 协议属于 TCP/IP 协议簇,它帮助每台计算机在发送或中转信件时找到下一个目的地。通过 SMTP 协议所指定的服务器,就可以把E-mail 寄到收件人的服务器上了。SMTP 服务器则是遵循 SMTP 协议的发送邮件服务器,用来发送或中转发出的电子邮件。

② POP3 协议即邮局协议的第 3 个版本,它规定怎样将个人计算机连接到 Internet的邮件服务器和下载电子邮件的协议。它是 Internet 电子邮件的第一个离线协议标准,POP3 允许从服务器上把邮件存储到本地主机即自己的计算机上,同时删除保存在邮件服务器上的邮件。遵循 POP3 协议来接收电子邮件的服务器是 POP3 服务器。

③ IMAP4 协议即 Internet 信息访问协议的第 4 个版本,是用于从本地服务器上访问电子邮件的协议,它是一个 C/S 模型协议,用户的电子邮件由服务器负责接收保存,用户可以通过浏览信件头来决定是否要下载此信件。用户也可以在服务器上创建或更改文件夹或邮箱,删除信件或检索信件的特定部分。

注意：虽然 POP 和 IMAP 都是处理接收邮件的,但两者在机制上却有所不同。在用户访问电子邮件时,IMAP4 需要持续访问服务器,POP3 则是将信件保存在服务器上,当用户阅读信件时,所有内容都会被立即下载到用户的机器上。因此,可以把 IMAP4看成是一个远程文件服务器,而把 POP3 看成是一个存储转发服务器。就目前情况看,POP3 的应用要远比 IMAP4 广泛得多。

**2. 电子邮件服务的工作原理**

用户使用 E-mail 服务之前需要在各自的 POP 服务器注册登记,由网络管理员设置为授权用户,由此取得一个 POP 信箱,并获得 POP 和 SMTP 服务器的地址信息。假设两个服务器的域名分别为 example.com 和 163.com,注册用户分别为 liu 和 chen,E-mail地址分别为 liu@example.com 和 chen@163.com。如图 12-1 所示,其 E-mail 的传输过程如下。

① 当 example.com 服务器上的用户 liu 向 chen@163.com 发送 E-mail 时,E-mail 首先从客户端被发送至 example.com 的 SMTP 服务器。

② example.com 的 SMTP 服务器根据目的 E-mail 地址查询 163.com 的 SMTP 服务器,并转发该 E-mail。

③ 163.com 的 SMTP 服务器收到转发的 E-mail 并保存。

④ 163.com 的 chen 用户利用客户端登录至 163.com 的 POP 服务器,从其信箱中下

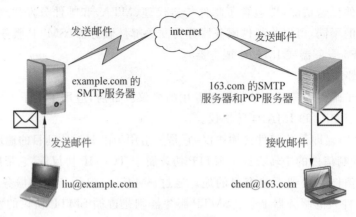

图 12-1 邮件传输过程

载并浏览 E-mail。

**注意**：服务器上有众多用户的电子信箱，即在计算机外部存储器（硬盘）上划出一块区域，相当于邮局，这块存储区又分成许多小区，每个小区就是信箱。

### 3. 主流电子邮件服务器软件

在 Linux 平台中，有许多邮件服务器可供选择，但目前使用较多的是 Sendmail 服务器、Postfix 服务器和 Qmail 服务器。

（1）Sendmail 服务器

从使用的广泛程度和代码的复杂程度来讲，Sendmail 是一个很优秀的邮件服务软件。几乎所有 Linux 的默认配置中都内置了这个软件，只需要设置好操作系统，它就能立即运转起来。但它的安全性较差，Sendmail 在大多数系统中都是以 root 身份运行的，一旦邮件服务发生安全问题，就会对整个系统造成严重影响。同时在 Sendmail 开放之初，Internet 用户数量及邮件数量都较少，使 Sendmail 的系统结构并不适合较大的负载，对于高负载的邮件系统，需要对 Sendmail 进行复杂的调整。

（2）Postfix 服务器

Postfix 是一个由 IBM 资助、由 Wietse Venema 负责开发的自由软件工程产物，它的目的就是为用户提供除 Sendmail 之外的邮件服务器选择。Postfix 在快速、易于管理和提供尽可能的安全性方面都进行了较好的考虑。Postfix 是基于半驻留、互操作的进程的体系结构，每个进程完成特定的任务，没有任何特定的进程衍生关系，使整个系统进程得到很好的保护。同时 Postfix 也可以和 Sendmail 邮件服务器保持兼容性以满足用户的使用习惯。

（3）Qmail 服务器

Qmail 是由 Dan Bernstein 开发的可以自由下载的邮件服务器软件，其第一个 beta 版本 0.70.7 发布于 1996 年 1 月 24 日，当前版本是 1.03。Qmail 是按照将系统划分为不同的模块的原则进行设计的，在系统中有负责接收外部邮件的模块，有管理缓冲目录中待发送的邮件队列的模块，也有将邮件发送到远程服务器或本地用户的模块。同时只有必要的程序才是 setuid 程序（以 root 用户权限执行），这样就减少了安全隐患，并且由于这些程序都比较简单，因此就可以达到较高的安全性。

## 12.2　Postfix 邮件服务的安装

RHEL 6.2 自带 Sendmail 和 Postfix 两种 MTA 软件，一般情况下，默认安装了 Postfix 服务并自动运行。由于 Postfix 具有众多的优势，以下将介绍 Postfix 服务器的安装配置。在进行 Postfix 邮件服务的操作之前，首先可使用下面的命令验证是否已安装了 Postfix 组件。

```
#rpm -qa|grep postfix
postfix-2.6.6-2.2.el6_1.x86_64
```

命令执行结果表明系统已安装了 64 位的 Postfix 服务器。如果未安装，在安装 Postfix 之前应该首先确认是否安装了 Sendmail 服务，如安装了 Sendmail 服务应首先将其卸载再安装 Postfix 服务。超级用户（root）可在图形界面下选择"系统"→"管理"→"添加/删除软件"选项，再在打开的窗口中选择需要的软件包就可以安装或卸载 Postfix 软件包。当然，也可以用命令来安装或卸载 Postfix 邮件服务，具体步骤如下。

（1）创建挂载目录

```
#mkdir /mnt/cdrom
```

（2）把光盘挂载到/mnt/cdrom 目录下面

```
#mount /dev/cdrom /mnt/cdrom
```

（3）进入 Postfix 软件包所在的目录（注意大小写字母，否则会出错）

```
#cd /mnt/cdrom/Packages
```

（4）安装 Postfix 服务

```
#rpm -ivh postfix-2.6.6-2.2.el6_1.x86_64.rpm
```

如果出现如下提示，则证明安装正确。

```
warning: postfix-2.6.6-2.2.el6_1.x86_64.rpm: Header V3 RSA/SHA256 Signature,
key ID fd431d51: NOKEY
Preparing ...          ###########################################[100%]
1:postfix              ###########################################[100%]
```

安装了 Postfix 服务器软件之后，用户就可以登录到服务器上读信或写信，而且信件也保留在该服务器中。如果需要将电子邮件从服务器下载到本地计算机进行阅读或保存，还必须安装 POP 或 IMAP 服务器软件。

RHEL 6.2 系统提供了两种 IMAP 服务器软件包：一种是 cyrus-imapd 软件包，另一种是 dovecot 软件。这两种软件包都可以同时提供 POP 服务，两者各有特点，用户可以任选一种进行安装和使用。可以使用下列命令查看系统安装上述软件包的情况。

```
#rpm -qa|grep dovecot
dovecot-2.0.9-2.el6_1.1.x86_64
#rpm -qa|grep cyrus-imapd
cyrus-imapd-2.3.16-6.el6_1.3.x86_64
cyrus-imapd-utils-2.3.16-6.el6_1.3.x86_64
```

如果系统还没有安装上述软件包,超级用户可以使用上述安装 Postfix 软件包的方式之一安装与 IMAP、POP 相关的软件包。

# 12.3  启动、停止 E-mail 服务器

### 1. 启动、停止 Postfix 服务器

使用命令对 Postfix 服务器进行启动、停止或重新启动时,有两种命令可以使用。可在终端窗口或在字符界面下输入以下两个命令中的一个进行控制。

(1) 启动

```
#/etc/init.d/postfix start
#service postfix start
```

(2) 停止

```
#/etc/init.d/postfix stop
#service postfix stop
```

(3) 重新启动

```
#/etc/init.d/postfix restart
#service postfix restart
```

### 2. 启动、停止 IMAP 和 POP 服务

与 Postfix 服务类似,可以在图形模式或命令模式下启动和关闭 IMAP 和 POP 服务。使用时命令与 Postfix 服务也类似。

(1) 启动

```
#/etc/init.d/dovecot start    或   #/etc/init.d/cyrus-imapd start
#service dovecot start        或   #service cyrus-imapd start
```

(2) 停止

```
#/etc/init.d/dovecot stop     或   #/etc/init.d/cyrus-imapd stop
#service dovecot stop         或   #service cyrus-imapd stop
```

（3）重新启动

```
#/etc/init.d/dovecot restart    或  #/etc/init.d/cyrus-imapd restart
#service dovecot restart        或  #service cyrus-imapd restart
```

# 12.4　Postfix 的配置文件

Postfix 服务器的配置文件位于/etc/postfix 目录下，重要的文件有 main. cf 和 master. cf 等。

## 12.4.1　main. cf 文件

postfix 大约有 50 个配置参数，这些参数都可以通过 main. cf 指定。但其中大部分内容都是注释（"♯"号开头的行），真正需要自行定义的参数并不多，而且这些参数就算不去定义，按照默认值也可以运行，只不过它只监听 127.0.0.1 这个接口的邮件收发。如果要使它能够支持客户端完成最基本的邮件收发任务，通常还需要进行必要的设置。需要注意的是，一旦更改了 main. cf 文件的内容，则必须运行 postfix reload 命令使其生效。

在 main. cf 文件中，参数都是以类似变量的设置方法来设置的，例如，要设置 Postfix 主机名称，可使用下面的语句：

```
myhostname=mail.gdvcp.net
```

等号左边是变量的名称，等号右边是变量的值。当然，也可以在变量的前面加上符号 "＄"来引用该变量，如：

```
myorigin=$myhostname(相当于 myorigin=mail.gdvcp.net)
```

需要注意的是，等号两边需要有空格字符。此外，如果变量有两个以上的设置值，就必须用逗号","或者空格符" "将它们分开，如：

```
mydestination=$mydomain,$myhostname,localhost.$mydomain
```

Postfix 基本配置如下所示。

（1）myhostname

myhostname 参数指定运行 Postfix 邮件系统的主机的主机名。默认地，该值被设定为本地机器名。管理员也可以指定该值，需要注意的是，必须指定完整的主机名。如：

```
myhostname=mail.domain.com
```

（2）mydomain

mydomain 参数指定用户的域名，默认地，Postfix 将 myhostname 的第一部分删除而作为 mydomain 的值。管理员也可以自己指定该值，如：

```
mydomain=domain.com
```

（3）myorigin

myorigin 参数实际上是设置由本台邮件主机寄出的每封邮件的邮件头中 mail from 的地址。由于 Postfix 默认使用本地主机名作为 myorigin 参数的值，因此一封由本地邮件主机寄出的邮件的邮件头中就会含有如"From：'wu'<wu@mail. domain. com>"的内容，它表明这封邮件是从 mail. domain. com 主机发来的。不过，建议读者将 myorigin 参数设置为本地邮件主机的域名（myorigin＝domain. com 或 $ mydomain），这样一封由本地邮件主机寄出的邮件的邮件头中就会含有如"From：'wu' <wu@domain. com>"的内容，显然更具有可读性。比如：安装 Postfix 的主机为 mail. domain. com，则可以这样指定 myorigin：

```
myorigin=domain.com
```

当然也可以引用其他参数，如：myorigin＝$ mydomain。

（4）inet_interfaces

默认情况下，inet_interfaces 参数的值被设置为 localhost，这表明只能在本地邮件主机上寄信。如果邮件主机上有多个网络接口，而又不想使全部的网络接口都开放 Postfix 服务，就可以用主机名指定需要开放的网络接口。不过，通常是将所有的网络接口都开放，以便接收从任何网络接口来的邮件，即将 inet_interfaces 参数的值设置为"all"。如果 Postfix 运行在一个虚拟的 IP 地址上，则必须指定其监听的地址。如：

```
inet_interfaces=all
inet_interfaces=192.168.1.1
```

（5）mydestination

mydestination 参数非常重要，因为只有当发来的邮件的收件人地址与该参数值相匹配时，Postfix 才会将该邮件接收下来。例如，这里将该参数值设置为 $ mydomain 和 $ myhostname，表明无论来信的收件人地址是×××@domain. com（其中×××表示某用户的邮件账户名），还是×××@mail. domain. com，Postfix 都会接收这些邮件。与 myorigin 一样，默认地，Postfix 使用本地主机名作为 mydestination。如：

```
mydestination=$mydomain, domain.com,localhost
```

（6）mynetworks

可以使用 mynetworks 参数来设置转发（Relay）哪些网络的邮件。可将该参数值设置为所信任的某台主机的 IP 地址，也可设置为所信任的某个 IP 子网或多个 IP 子网（用","或者" "分隔）。这里将 mynetworks 的参数值设置为 192.168.16.0/24，表示这台邮件主机只转发子网 192.168.16.0/24 中的客户端所发来的邮件，而拒绝为其他子网转发邮件。

```
mynetworks=192.168.16.0/24
```

（7）mynetworks_style

除了 mynetworks 参数外，mynetworks_style 参数用于控制网络邮件转发，它主要用来设置可转发邮件网络的方式。通常有以下 3 种方式。

① class：在这种方式下，Postfix 会自动根据邮件主机的 IP 地址得知它所在的 IP 网络类型（A 类、B 类或是 C 类），从而开放它所在的 IP 网段，例如，如果邮件主机的 IP 地址为 168.100.192.10，这是一个 B 类网络的 IP 地址，则 Postfix 会自动开放 168.100.0.0/16 整个 IP 网络。

② subnet：这是 Postfix 的默认值，Postfix 会根据邮件主机的网络接口上所设置的 IP 地址、子网掩码来得知所要开放的 IP 网段，例如，如果邮件主机的 IP 地址为 192.168.16.177，子网掩码为 255.255.255.192，则 Postfix 会开放 192.168.16.128/30 子网。

③ host：在这种方式下，Postfix 只会开放本机。

通常，用户不设置 mynetworks_style 参数，而直接设置 mynetworks 参数。如果这两个参数都进行了设置，那么 mynetworks 参数的设置有效。

（8）relay_domains

mynetworks 参数是针对邮件来源的 IP 来设置的，而 relay_domains 参数则是针对邮件来源的域名或主机名来设置的。例如，将该参数值设置为 domian.com，则表示任何由域 domain.com 发来的邮件都会被认为是信任的，Postfix 会自动对这些邮件进行转发。

```
relay_domains=domain.com
```

（9）header_checks

通过 header_checks 参数限制接收邮件的信头的格式，如果符合指定的格式，则拒绝接收该邮件。可以指定一个或多个查询列表，如果新邮件的信头符合列表中的某一项则拒绝接收该邮件。如：

```
header_checks=regexp:/etc/postfix/header_checks
```

完成了上面的基本设置后，重新启动 Postfix 服务，这台 Postfix 邮件主机就基本准备好了。但是目前它仅支持客户端发信，还不支持收信。

## 12.4.2　master.cf 文件

/etc/postfix/master.cf 也是配置 Postfix 服务器的重要文件，用于配置 Postfix 的组件进程的运行方式。master.cf 格式跟 Postfix 其他配置文件一样，"＃"代表注释，空白行与注释行没有作用，开头为空格的文字行被视为前一列的延续。下面是/etc/postfix/master.cf 文件的部分内容。

```
#========================================================
#service  type  private  unpriv  chroot  wakeup   maxproc  command +args
#               (yes)    (yes)   (yes)   (never)  (100)
#========================================================
smtp     inet  n  -  n  -  -  smtpd
⋮
pickup   fifo  n  -  n  60  1  pickup
cleanup  UNIX  n  -  n  -   0  cleanup
```

```
qmgr      fifo  n  -  n  300    1  qmgr
tlsmgr    UNIX  -  -  n  1000?  1  tlsmgr
rewrite   UNIX  -  -  n  -      -  trivival-rewriter
  ⋮
```

在上述 master.cf 文件中,除了注释与空白之外的每一行,各描述一种服务的工作参数。参数行的每一栏,代表一个配置选项。"-"符号代表该栏为默认值。某些默认值是由 main.cf 配置文件里的参数决定的。以下按顺序分别说明各栏的意义以及它们的默认值。

### 1. 服务名称(server name)

服务器组件的名称。实际的命名规则随该服务的传送类型(第二栏)而定。

### 2. 传送方式(transport type)

传送服务所用的通信方法。有效的传送方式包括与 inet、UNIX 与 fifo。inet 方法表示服务可通过网络套接字(network socket)来访问,这类服务的对象可以是同系统上的其他进程,或是网络上其他主机的客户端进程。网络套接字服务的名称(第一栏)是用服务方的 IP 地址(主机名称也可以)与通信端口(数值或/etc/service 定义的端口的符号名称)的组合来表示,例如:192.168.1.2:25、localhost:smtp。如果服务方恰好位于本地主机上,则 IP 地址与冒号都可以省略。

UNIX 代表 UNIX domain socket,而 fifo 代表命名管道(named pipe)。两者都是同机器不同进程之间的通信机制,而且同样使用特殊文件为通信中介。UNIX 与 fifo 服务的名称与 UNIX 标准文件名的命名规则相同,但是不包含目录路径的部分。Postfix 使用服务名称来创建通信中介用的特殊文件。UNIX domain socket 与命名管道两者都是 UNIX 的标准进程间通信机制(interprocess communications,IPC)。更详尽的信息,可参阅有关 UNIX 程序设计的书籍。

各种服务的可能名称范例如表 12-1 所示。

表 12-1　服务名称范例

| 服 务 名 称 | 传送方式 | 说　　明 |
|---|---|---|
| smtp | inet | smtpd daemon 的服务名称。此为/etc/service 定义的 SMTP 通信端口代表的名称 |
| 127.0.0.1:10025 | inet | 位于 loopback 接口的 10025 通信端口的服务器组件 |
| 465 | inet | 位于本地主机的 465 通信端口的服务器组件 |
| maildrop | UNIX | 一个必须通过 Postfix pipe daemon 才能访问的服务器组件 |
| pickup | fifo | 一个必须通过 FIFO 机制才能访问的 Postfix 组件 |

### 3. 私有的(private)

某些服务组件仅供 Postfix 系统自己使用,不开放给 Postfix 之外的其他软件使用。如果本栏标识为 y,表示私有访问(默认值);n 代表开放公共访问。inet 类型的组件必须标识为 n，否则外界就无法访问该服务，毕竟网络套接字本身的用意，就是要开放给其他进程访问。

### 4. 非特权的（unpriv）

是否使用非特权账户。默认值为 y，表示服务组件运行时只需使用 mail_owner 参数指定的非特权账户（默认值为 postfix），即以完成任务所需的最低限度权限来提供服务。大部分 Postfix 组件都可以使用非特权账户。对于需要 root 特权的服务组件，此栏必须设定为 n。

### 5. 改变根目录（chroot）

是否要改变组件的工作根目录，借此提升额外的安全性。工作根目录的位置由 main.cf 的 queue_directory 参数决定。此栏的默认值为 y（表示要改变工作根目录），大部分的 Postfix 组件也都可以在 chroot 环境下运作。不过，标准的安装方式是让所有组件都在正常环境下运行。将服务组件放在 chroot 环境下，添加了许多额外的复杂事情，应该先了解 chroot 所带来的保障，然后再决定这样的额外安全性是否值得多费一番设定与维护的工夫。

### 6. 唤醒间隔（wakeup）

某些组件必须每隔一段时间被唤醒一次，以定期执行它们的任务。Pickup daemon 就是这样的一个例子。其默认休眠间隔是 60 秒，master daemon 每隔一分钟就唤醒 pickup 一次，要求它检查 maildrop 队列是否收到新邮件。qmgr 和 flush daemon 也是需要被定期唤醒的服务组件。在时间值之后尾随一个问号（?），表示只有在需要该组件时才予以唤醒，0 表示不必唤醒。此栏的默认值为 0，因为目前只有 3 个组件需要被定期唤醒。Postfix 包预先为这 3 个组件设定的唤醒间隔时间，应该足以应付大部分情况，其他服务组件都不需要 master 的定期唤醒。

### 7. 进程数上限（maxproc）

可以同时运行的进程个数的上限。如果没有指定，则以 main.cf 的 default_process_limit 参数为准（其默认值为 100）。如果设定为 0，表示没有任何限制。如果服务器系统的资源有限，或是想让系统在某方面的表现特别好，可以调整 maxproc 的值。

### 8. 命令（command）

最后一栏是运行服务的实际命令。命令中的"程序文件名"部分不必包含路径信息，因为 master daemon 假设所有程序文件都放在 daemon_directory 参数所指定的目录下（默认目录为/usr/libexec/postfix/）。Postfix 的所有程序皆提供-V 选项，可用来提高日志信息的详细程度，当需要解决问题时，经常利用这种方法来获得更多、更有用的调试信息。此外，可以使用-D 选项，让 Postfix 程序产生调试信息给调试程序。

每一个 Postfix daemon 都有自己的命令行选项。关于各个服务组件的选项，可以参阅它们的在线说明书。

🔥**注意**：只有 Postfix 提供的服务器程序才可以放在命令栏，如果想要运行自己的命令，可以使用 Postfix 提供的 pipe daemon。

**9. 时间单位**

Postfix 有一些与时间相关的参数，为了方便描述其值，Postfix 提供了一组简写代号来表示时间单位：s(秒)、m(分)、h(时)、d(天)、w(周)。如果没明确注明时间单位，各时间参数以自己的默认时间单位来解读用户给的值。虽然从在线说明书可查到所有时间参数的默认单位，但是谨慎的管理员不应该贸然留下模糊的解释空间，而应该明确标识给定时间值的单位。

某些服务器组件会参考 main.cf 提供的参数值，但同时也提供了-o 命令行选项，让用户可以在 master.cf 中强制设定参数值。举例来说，若要创建一个特殊的 SMTP 服务，可将下面内容加入 master.cf 配置文件：

```
smtp-quick  UNIX  -  -  n  -  -  smtp
  -o smtp_connect_timeout=5s
```

参数名称、等号与设定值可以紧接在一起，不必留空格。在加入本例这样的设定之后，系统就多了一个特殊的 smtp-quick 服务，当它寄信时，如果对方服务器 5 秒内没有响应，就会自动断线。但是，遵照 main.cf 设定值的 SMTP 服务，则使用不同的 smtp_connect_timeout 参数值。

# 12.5 配置 E-mail 服务器

下面结合一个具体的案例介绍基本 Postfix 邮件服务的实现方法。在本案例中，需要搭建 DNS 服务做 MX 解析；使用 Postfix 实现 SMTP 功能；使用 cyrus-sasl 实现 SMTP 认证功能；使用 dovecot 或 cyrus-imapd 提供 POP3 与 IMAP 服务。

例如，某局域网内要求配置一台邮件服务器。该邮件服务器的 IP 地址为 192.168.1.10，负责投递的域为 wl.net。该局域网内部的 DNS 服务器的 IP 地址为 192.168.1.100，负责解析 wl.net 域的域名解析工作。要求通过配置该邮件服务器实现用户 wu 利用邮件账号 wu@wl.net 给邮箱账号为 user@wl.net 的用户 user 发送邮件。

## 12.5.1 Postfix 的基本配置

**1. 安装并配置 DNS 服务器**

在 IP 地址为 192.168.1.100 的机器上安装 DNS 服务后，利用 vi 编辑器编辑修改相关配置文件，使得能够正确解析相关的域。具体操作如下。

(1) 编辑主配置文件

```
#vim /etc/named.conf
```

找到"listen-on 53 {127.0.0.1;};"后将其修改为"listen-on 53 {any;};",找到"allow-query {localhost;};"后将其修改为"allow-query {any;};",在最后增加如下字段：

```
zone "wl.net" IN {
    type master;
    file "wl.net.zone";
};
```

（2）编辑区域配置文件

```
#vim /var/name/wl.net.zone
$TTL 3H
@   IN  SOA  @  rname.invalid. (
                    0       ; serial
                    1D      ; refresh
                    1H      ; retry
                    1W      ; expire
                    3H )    ; minimum
        NS      @
        A       127.0.0.1
mail    A       192.168.1.10
        MX  10  mail.wl.net.
```

### 2. 安装并配置 Postfix 服务

在 IP 地址为 192.168.1.10 的机器上安装 Postfix 服务后，需要做好几项准备工作。

（1）将安装 Postfix 的机器的 DNS 指向 192.168.1.100DNS 服务器。编辑解析文件或配置网卡后需要重启网络服务。

```
#vim /etc/resolv.conf
nameserver 192.168.1.100
#service network restart
```

（2）备份 Postfix 的配置文件，防止操作失误。

```
#cp main.cf main.cf.bak
#cp master.cf master.cf.bak
```

（3）选择正确的 MTA。如果同时运行着其他邮件服务程序（如 sendmail），就需要确定并选择为 Postfix。

```
#alternatives -config mta
there id 2 program that provides 'mta'.
   Selection    command
-----------------------------------------------------------
*  1          /usr/sbin/sendmail.sendmail
   +2         /usr/sbin/sendmail.postfix
Enter to keep the current selection[+],or type selection number:2
```

📎 **注意**：alternatives 命令用于管理系统一些默认打开程序的信息和配置，比如默认的编辑器、网络浏览器、图形登录器、鼠标指针等。

（4）设置 Postfix 的监听。由于 Postfix 默认只监听本机接口，可以修改配置文件，使其监听所有接口。在修改配置文件时，可以使用 vi 编辑器来修改，也可以使用 postconf 工具。

```
#vim /etc/postfix/main.cf
```

找到"inet_interfaces＝localhost"将其改为"inet_interfaces＝all"即可，或者采用如下命令。

```
#postconf -e "inet_interfaces=all"
```

注意：Postconf 是 Postfix 自带的配置工具，它通过带不同的选项可以显示或改变 Postfix 的配置参数。不带选项运行该工具，它会显示出所有当前配置好的参数。如果把一个特定参数作为 Postconf 的命令选项，那么它就会显示出那个参数的值。-d 选项查看 Postfix 的默认设置，-n 选项查看当前配置值和默认值不同的设置（用户自定义的值），-e选项修改指定的设置。

（5）添加邮件账号。在系统中利用 useradd 命令添加 wu 和 user 账号。具体操作如下。

```
#useradd wu
#passwd 123456
#useradd user
#passwd 123456
```

（6）重新启动 Postfix 服务使刚才修改的配置文件生效。

```
#service postfix restart
```

（7）测试。

① 使用 netstat 命令查看监听情况

```
#netstat -antulp | grep 25
tcp  0  0  0.0.0.0:25  0.0.0.0:*   LISTEN  1877/master    //已在侦听所有接口
```

② 使用 postconf 命令查看当前用户设置

```
#postconf -n
alias_database=hash:/etc/aliases
alias_maps=hash:/etc/aliases
command_directory=/usr/sbin
config_directory=/etc/postfix
daemon_directory=/usr/libexec/postfix
data_directory=/var/lib/postfix
debug_peer_level=2
html_directory=no
inet_interfaces=all                    //已监听了所有接口
inet_protocols=all
```

```
mail_owner=postfix
mailq_path=/usr/bin/mailq.postfix
manpage_directory=/usr/share/man
mydestination=$myhostname, localhost.$mydomain, localhost
newaliases_path=/usr/bin/newaliases.postfix
queue_directory=/var/spool/postfix
readme_directory=/usr/share/doc/postfix-2.6.6/README_FILES
sample_directory=/usr/share/doc/postfix-2.6.6/samples
sendmail_path=/usr/sbin/sendmail.postfix
setgid_group=postdrop
unknown_local_recipient_reject_code=550
```

### ③ 使用 telnet 工具测试

```
#telnet mail.wl.net 25
Trying 192.168.1.10...
Connected to mail.wl.net.
Escape character is '^]'.
220 mail.wl.net ESMTP Postfix
mail from:wu                //寄件人地址 wu@wl.net
250 2.1.0 ok
rcpt to:user                //发件人地址 user@wl.net
250 2.1.5 ok
data                        //信件正文
354 End data with <CR><LF>.<CR><LF>
This is user from wu
bye!
250 2.0.0 ok: queued as E7BF6A09FD
quit
221 2.0.0 Bye
Connection closed by foreign host.
#su –user
$mail
Heirloom Mail version 12.4 7/29/08. Type ? for help.
"/var/spool/mail/user": 1 messages 1 new
>N 1 wu@mail.wl.net    Sun Jan 28 01:21 15/453
&1
Message 1:
From wu@mail.wl.net Sun Jan 27 01:21:33 2013
Return-Path:<wu@mail.wl.net>
X-Original-To:user
Delivered-To:user@mail.wl.net
Date:sun, 27 Jan 2013 01:20:05 -0800 (PST)
From: wu@mail.wl.net
To: undisclosed-recipients:;
Status:R
This is user from wu
bye!
```

## 12.5.2 配置 SMTP 认证

如果任何人都可以通过一台邮件服务器来转发邮件，很可能这台邮件服务器就成为各类广告与垃圾信件的集结地或中转站，网络带宽也会很快被耗尽。为了避免这种情况的出现，Postfix 默认不会对外开放转发功能，而仅对本机（localhost）开放转发功能。但是在实际应用中，必须在 Postfix 主配置文件中通过设置 mynetworks、relay_domains 参数来开放一些所信任的网段或网域，否则该邮件服务器几乎没有什么用处。在开放了这些所信任的网段或网域后，还可以通过设置 SMTP 认证对要求转发邮件的客户端进行用户身份（用户账户名与密码）验证。只有通过了验证，才能接收该用户寄来的邮件并帮助转发。

目前，比较常用的 SMTP 认证机制是通过 Cyrus SASL 包来实现的。默认情况下，Postfix 邮件主机可以接收和转发符合以下条件的邮件。

（1）默认情况下，Postfix 接收符合以下条件的邮件：目的地为 $inet_interfaces 的邮件，目的地为 $mydestination的邮件，目的地为 $virtual_alias_maps 的邮件。

（2）默认情况下，Postfix 转发符合以下条件的邮件：来自客户端的 IP 地址符合 $ mynetworks 的邮件，来自客户端的主机名称符合 $ relay_domains 及其子域的邮件，目的地为 $ relay_domains 及其子域的邮件。此外，还可以通过其他方式来实现更强大的控制，如 STMP 认证就是其中的一种方式。

Cyrus SASL 是 Cyrus Simple Authentication and Security Layer 的简写，它最大的功能是为应用程序提供认证函数库。应用程序可以通过函数库所提供的功能定义认证方式，并让 SASL 通过与邮件服务器主机的沟通从而提供认证的功能。

下面介绍使用 Cyrus SASL 包实现 SMTP 认证的具体方法。

### 1. Cyrus SASL 认证包的安装

默认情况下，RHEL 安装程序会自动安装 Cyrus SASL 认证包。读者可使用下面的命令检查系统是否已经安装了 Cyrus SASL 认证包或查看已经安装了何种版本。

```
#rpm -qa | grep sasl
cyrus-sasl-2.1.23-13.el6.x86_64
cyrus-sasl-lib-2.1.23-13.el6.x86_64
cyrus-sasl-plain-2.1.23-13.el6.x86_64
```

命令执行结果表示 Cyrus SASL 已安装，它的版本为 2.1.23-13（V2 版）。

如果系统还没有安装 Cyrus SASL 认证包，应将 RHEL 6.2 安装光盘放入光驱，加载光驱后在光盘的 Packages 目录下找到与 Cyrus SASL 认证包相关的 RPM 包文件，然后分别使用 rpm -ivh 命令安装。例如，要安装光盘上的 cyrus-sasl-2.1.23-13.el6.x86_64.rpm 包文件，可使用下面的命令。

```
#rpm -ivh cyrus-sasl-2.1.23-13.el6.x86_64.rpm
```

**2. Cyrus SASL V2 的密码验证机制**

默认情况下,Cyrus SASL V2 版使用 saslauthd 这个守护进程进行密码认证,而密码认证的方法有多种,使用下面的命令可查看当前系统中 Cyrus SASL V2 所支持的密码验证机制。

```
#saslauthd -v
saslauthd 2.1.23
authentication mechanisms: getpwent kerberos5 pam rimap shadow ldap
```

从命令的执行情况可以看到,当前可使用的密码验证方法有 getpwent、kerberos5、pam、rimap、shadow 和 ldap。为简单起见,这里准备采用 shadow 验证方法,也就是直接用/etc/shadow 文件中的用户账户及密码进行验证。因此,在配置文件/etc/sysconfig/saslauthd 中,应将当前系统所采用的密码验证机制修改为 shadow,即:

```
MECH=shadow
```

**3. 测试 Cyrus SASL V2 的认证功能**

由于 Cyrus SASL V2 版默认使用 saslauthd 这个守护进程进行密码认证,因此需要使用下面的命令来查看 saslauthd 进程是否已经运行。

```
#ps aux | grep saslauthd
```

如果没有发现 saslauthd 进程,则可用下面的命令启动该进程并设置它为开机自启动。

```
#/etc/init.d/saslauthd start
#chkconfig saslauthd on
```

然后,可用下面的命令测试 saslauthd 进程的认证功能。

```
#/usr/sbin/testsaslauthd -u wu -p '123456'      //wu 为 Linux 系统中的用户账户名,
                                                 123456 为用户 wu 的密码
0: OK "Success."
```

该命令执行如果出现"0: OK "Success.""字样,则表示 saslauthd 进程的认证功能启动成功。

**4. 设置 Postfix 启用 SMTP 认证**

默认情况下,Postfix 并没有启用 SMTP 认证机制。要让 Postfix 启用 SMTP 认证,就必须对 Postfix 的主配置文件/etc/postfix/main.cf 进行修改。

下面先给出 main.cf 文件中有关 SMTP 认证的设置部分(添加于文件的最后面),然后对这部分内容进行说明。

```
smtpd_sasl_auth_enable=yes
smtpd_sasl_local_domain=''  ''
```

```
smtpd_recipient_restrictions=permit_mynetworks,permit_sasl_authenticated,
reject_unauth_destination
smtpd_client_restrictions=permit_sasl_authenticated
smtpd_sasl_security_options=noanonymous
broken_sasl_auth_clients=yes
```

（1）smtpd_sasl_auth_enable：指定是否要启用 SASL 作为 SMTP 认证方式。默认不启用，这里必须将它启用，所以要将该参数值设置为"yes"。

（2）smtpd_sasl_local_domain：如果采用 Cyrus SASL V2 版进行认证，那么这里不做设置。

（3）smtpd_recipient_restrictions：表示通过收件人地址对客户端发来的邮件进行过滤。通常有以下几种限制规则。

① permit_mynetworks：表示只要收件人地址位于 mynetworks 参数中指定的网段就可以转发邮件。

② permit_sasl_authenticated：表示允许转发通过 SASL 认证的邮件。

③ reject_unauth_destination：表示拒绝转发含未信任的目标地址的邮件。

（4）broken_sasl_auth_clients：表示是否兼容非标准的 SMTP 认证。有一些 Microsoft 的 SMTP 客户端（如 Outlook Express）采用非标准的 SMTP 认证协议，只需将该参数设置为"yes"就可解决这类不兼容问题。

（5）smtpd_client_restrictions：表示限制可以向 Postfix 发起 SMTP 连接的客户端。如果要禁止未经过认证的客户端向 Postfix 发起 SMTP 连接，则可将该参数值设置为"permit_sasl_authenticated"。

（6）smtpd_sasl_security_options：用来限制某些登录的方式。如果将该参数值设置为"noanonymous"，则表示禁止采用匿名登录方式。

在完成上述设置后，必须使用命令"/etc/init.d/postfix reload"重新载入配置文件，或使用命令"/etc/init.d/postfix restart"重新启动 Postfix 服务。

此外，由于当 Postfix 要使用 SMTP 认证时，会读取/etc/sasl2/smtpd.conf 文件中的内容，以确定所采用的认证方式，因此如果要使用 saslauthd 这个守护进程来进行密码认证，就必须确保/etc/sasl2/smtpd.conf 文件中的内容为：

```
pwcheck_method: saslauthd
```

### 5. 测试 Postfix 是否启用了 SMTP 认证

经过上面的设置，Postfix 邮件服务器应该已具备了 SMTP 认证功能。可采用 Telnet 命令连接到 Postfix 服务器端口 25 来进行测试，测试过程如下。

```
#telnet mail.wl.net 25
Trying 192.168.1.10...
Connected to mail.wl.net.
Escape character is '^]'.
220 mail.wl.net ESMTP Postfix
EHLO 163.com
```

```
250-mail.wl.net
250-PIPELINING
250-SIZE 10240000
250-VRFY
250-ETRN
250-AUTH LOGIN PLAIN
250-AUTH=LOGIN PLAIN
250-ENHANCEDSTATUSCODES
250-8BITMIME
250 DSN
AUTH LOGIN                              //该命令表示要开始认证用户身份了
334 VXNlcm5hbWU6Y2xpbnV4ZXI=           //输入用户名
334 UGFzc3dvcmQ6MTIzNDU2               //输入密码
235 2.0.0 Authentication successful    //登录成功,身份认证配置是正确的
quit                                   //退出
221 2.0.0 Bye
```

第 6 行输入 EHLO 命令向远程 163.com 域发出消息,在随后得到的本地 Postfix 响应信息中,如果出现第 12、13 行信息(显示当前 Postfix 所支持的认证方式),则表明 Postfix 已启用了 SMTP 认证功能。

如果没有安装 Cyrus SASL 认证包的相关程序,如 cyrus-sasl-md5-2.1.23-13.x86_64.rpm、cyrus-sasl-gssapi-2.1.23-13.x86_64.rpm 等,第 12、13 行信息就显示为:

```
250-AUTH LOGIN PLAIN
250-AUTH=LOGIN PLAIN
```

每当修改了 Postfix 主配置文件/etc/postfix/main.cf 后,想要使新的配置生效,虽然可以通过重新启动服务来实现,但是如果当前 Postfix 服务正在运行,重新启动服务就会花费不少的时间。最好的方法就是让 Postfix 重新载入主配置文件的内容,并使新的配置立即生效。

**6. 自动启动 Postfix 服务**

如果需要让 Postfix 服务随系统启动而自动加载,可以执行 ntsysv 命令启动服务配置程序,找到 postfix 服务,在其前面加上星号(＊),然后选择"确定"选项即可。

注意:Postfix 服务使用 TCP 协议的 25 端口,如果 Linux 服务器开启了防火墙功能,就应关闭防火墙功能或设置允许 TCP 协议的 25 端口通过。可以使用以下命令开放 TCP 协议的 25 端口。

```
#iptables -I INPUT -p tcp --dport 25 -j ACCEPT
```

## 12.5.3　配置虚拟别名域

使用虚拟别名域可以将发给虚拟域的邮件实际投递到真实域的用户邮箱中,可以实现群组邮递的功能,即指定一个虚拟邮件地址,任何人发给这个邮件地址的邮件都将由邮

件服务器自动转发到真实域中的一组用户的邮箱中。

这里的虚拟域可以是实际并不存在的域，而真实域既可以是本地域（main. cf 文件中的 mydestination 参数值中列出的域），也可以是远程域或 Internet 中的域。虚拟域是真实域的一个别名。实际上，通过一个虚拟别名表（virtual）可以实现虚拟域的邮件地址到真实域的邮件地址的重定向。虚拟用户表/etc/mail/virtusertable. db 文件是通过/etc/mail/virtusertable 文件生成的。该文件的格式类似于 aliases 文件，如下所示：

虚拟域地址　　真实域地址

虚拟域地址和真实域地址之间用 Tab 键或者空格键分隔。该文件中虚拟域地址和真实域地址可以写完整的邮件地址格式，也可以只有域名或者只有用户名。如下所示的几种格式都是正确的。

```
@ml.com        @wl.net
user@ml.com    user
user@wl.net    user2,ml,wl
```

如果要实现邮件列表功能，则各个真实域地址之间用逗号分隔。

下面通过一些例子来说明虚拟别名域的设置方法。

例 1：如果要将发送给虚拟域@dzx. cn 的邮件实际投递到真实的本地域@wl. net，那么可在虚拟别名表中进行如下定义：

```
@dzx.cn  @wl.net
```

例 2：如果要将发送给虚拟域的某个虚拟用户（或组）的邮件实际投递到本地 Linux 系统中某个用户账户的邮箱中，那么可在虚拟别名表中进行如下定义：

```
admin@example.com  wu
st@example.com  st001,st002,st003
```

例 3：如果要将发送给虚拟域中的某个虚拟用户（或组）的邮件实际投递到本地 Linux 系统中和 Internet 中某个用户账户的邮箱中，那么可在虚拟别名表中进行如下定义：

```
daliu@example.com  wu,liu8612@163.com
```

在实际应用中，要实现上述虚拟别名域，必须按以下步骤进行。

编辑 Postfix 主配置文件/etc/postfix/main. cf，进行如下定义：

```
virtual_alias_domains=dzx.cn,example.com
virtual_alias_maps=hash:/etc/postfix/virtual
```

这里，参数 virtual_alias_domains 用来指定虚拟别名域的名称，参数 virtual_alias_maps 用来指定含有虚拟别名域定义的文件路径。

编辑配置文件/etc/postfix/virtual，进行如下定义：

```
@dzx.cn  @wl.net
admin@example.com  wu
```

```
st@example.com    st001,st0002
daliu@example.com   wu,liu8612@163.com
```

在修改配置文件 main. cf 和 virtual 后,要使更改立即生效,应分别执行/usr/sbin 目录下如下的两条命令:

```
#postmap /etc/postfix/virtual
#postfix reload
```

其中,第 1 条命令用来将文件/etc/postfix/virtual 生成 Postfix 可以读取的数据库文件/etc/postfix/virtual. db;第 2 条命令用于重新加载 Postfix 主配置文件 main. cf 文件。

## 12.5.4　配置用户别名

使用用户别名最重要的功能是实现群组邮递(也称邮件列表)的功能,通过它可以将发送给某个别名邮件地址的邮件转发到多个真实用户的邮箱中。与虚拟别名域不同的是,用户别名机制是通过别名表(aliases)在系统范围内实现别名邮件地址到真实用户邮件地址的重定向的。下面通过一些例子来说明用户别名的设置方法。

例 1:假设一个班级中的每位同学都在本地 Linux 系统中拥有真实的电子邮件账户,现在要发信给班上的每一位同学,那么可以在别名表中进行如下定义:

```
st:   st001,st002,st003,st004
```

这里的 st 是用户别名,它并不是一个 Linux 系统中的真正用户或组。当发信给 st@wl. net 这个邮件地址时,这封邮件就会自动发送给 st001@wl. net、st002@wl. net、st003@wl. net 和 st004@wl. net。

此外,当真正用户人数比较多时,还可以将这些用户定义到一个文件中,然后用include 参数来引用该文件。例如,先用 vi 编辑器生成一个/etc/mail/st 文件,其内容为:

```
st001,st002,st003,…,st050
```

然后,在别名表中进行如下定义:

```
st:   :include: /etc/mail/st
```

如果 Linux 系统中的用户账户名太长或者不希望让其他人知道它,那么可以为它设置一个或多个用户别名,平时发邮件时只需使用别名邮件地址,邮件服务器就会自动将邮件转发给真实用户,甚至还可以将邮件转发到该用户在 Internet 中的邮件信箱中。

例 2:某用户在本地 Linux 系统中的用户账户名为 jczliuming,并且他在 Internet 中拥有一个电子邮件地址为 liuming86@163. com 的邮箱。如果为它设置多个用户别名(如jcz01、lm01 等),那么在别名表中可进行如下定义:

```
jcz01:  jczliuming
lm01:   jczliuming,liuming86@163.com
```

在实际应用中,要实现上述用户别名,还必须按以下步骤进行。

打开 Postfix 主配置文件/etc/postfix/main.cf,应确认文件中包含以下两条默认语句:

```
alias_maps=hash:/etc/aliases
alias_database=hash:/etc/aliases
```

这里,参数 alias_maps 用来指定含有用户别名定义的文件路径,alias_database 用来指定别名表数据库文件路径。编辑配置文件/etc/aliases,进行如下定义:

```
st:   st001,st002,st003,st004
st:   :include: /etc/mail/st
jcz01:  jczliuming
lm01:  jczliuming,liuming86@163.com
```

**注意**:要编辑生成文件/etc/mail/st。

在修改配置文件 main.cf 和 aliases 后,要使更改立即生效,应分别执行/usr/sbin 目录中的以下两条命令:

```
#postalias /etc/aliases
#postfix reload
```

其中,第 1 条语句用来将文件/etc/aliases 生成 Postfix 可以读取的数据库文件/etc/aliases.db。

**注意**:用户别名可以实现邮件列表的功能,但是只有 root 用户才能修改 aliases 文件,普通用户要实现自己的邮件列表功能需要通过在该用户账户的主目录下建立".forward"文件来实现,具体实现方法可以参考有关书籍。

## 12.5.5 dovecot 服务的实现

### 1. dovecot 服务的安装

RHEL 6.2 安装程序默认没有安装 dovecot 服务,可使用下面的命令检查系统是否已经安装了 dovecot 服务。

```
#rpm -q dovecot
```

如果没有安装,可将 RHEL 6.2 的安装光盘放入光驱,加载光驱后在光盘的 Packages 目录下找到 dovecot 服务的 RPM 安装包文件 dovecot-2.0.9-2.el6_1.1.x86_64.rpm 和相关程序,然后使用下面的命令安装 dovecot 服务和相关程序。

```
#rpm -ivh perl-DBI-1.609-4.el6.x86_64.rpm
#rpm -ivh mysql-5.1.52-1.el6_0.1.x86_64.rpm
#rpm -ivh dovecot-2.0.9-2.el6_1.1.x86_64.rpm
```

### 2. dovecot 服务的基本配置

dovecot 服务的配置文件是/etc/dovecot.conf。要启用最基本的 dovecot 服务,只需要修改该配置文件中的以下内容：

```
protocols=pop3
pop3_listen= *
```

其中，第 1 条语句用于指定本邮件主机所运行的服务协议，如 POP3；第 2 条语句用来指定 POP3 服务所监听的网络接口，"＊"表示要监听本机上的所有网络接口。

### 3. 启动 dovecot 服务并设置为自启动

相关的命令为：

```
#/etc/rc.d/init.d/dovecot start
#chkconfig --level 345 dovecot on
```

在完成了 dovecot 服务和 Postfix 服务的安装配置后，电子邮件客户端就可以利用这台电子邮件服务器进行邮件的收发了。

注意：POP3 使用 TCP 协议的 110 端口。如果 Linux 服务器开启了防火墙功能，就应关闭防火墙功能或设置允许 TCP 协议的 110 端口通过。可以使用以下命令开放 TCP 协议的 110 端口。

```
#iptables -I INPUT -p tcp --dport 110 -j ACCEPT
```

## 12.5.6　cyrus-imapd 服务的实现

### 1. cyrus-imapd 服务的安装

RHEL 6.2 安装程序默认没有安装 cyrus-imapd 服务。可使用下面的命令检查系统是否已经安装了 cyrus-imapd 服务。

```
#rpm -qa | grep cyrus-imapd
```

如果系统还没有安装 cyrus-imapd 服务。可将 RHEL 6.2 的安装光盘放入光驱，加载光驱后在光盘的 Packages 目录下找到以下与 cyrus-imapd 服务相关的 RPM 包文件：

```
cyrus-imapd-2.3.16-6.el6_1.3.x86_64.rpm
cyrus-imapd-utils-2.3.16-6.el6_1.3.x86_64.rpm
cyrus-sasl-devel-2.1.23-13.el6.x86_64.rpm
db4-utils-4.7.25-16.el6.x86_64.rpm
```

然后，可使用 rpm -ivh 命令分别进行安装。例如，要安装 cyrus-imapd 服务包，可使用下面的命令：

```
rpm -ivh cyrus-imapd-2.3.16-6.el6_1.3.x86_64.rpm
```

### 2. cyrus-imapd 服务的基本配置

cyrus-imapd 服务的配置文件有以下 3 个。

① /etc/sysconfig/cyrus-imapd：用于启动 cyrus-imapd 服务的配置文件。

② /etc/cyrus.conf：是 cyrus-imapd 服务的主要配置文件，其中包含该服务中各个组件（IMAP、POP3、sieve 和 NNTP 等）的设置参数。

③ /etc/imapd.conf：是 cyrus-imapd 服务中的 IMAP 服务的配置文件。

默认情况下，这些配置文件已经基本设置好，只要启动 cyrus-imapd 服务，就可以同时提供 POP 和 IMAP 服务。但是，由于 Postfix 默认并不支持 Cyrus-IMAP 信箱，因此为了使 Postfix 与 cyrus-imapd 整合在一起，必须在 Postfix 的主配置文件/etc/postfix/main.cf 中加入以下内容。

```
mailbox_transport=lmtp:UNIX:/var/lib/imap/socket/lmtp
```

### 3. 启动 cyrus-imapd 服务并设置自动运行

默认情况下，利用 RPM 包文件安装 cyrus-imapd 服务后，该服务是被停用的，所以用户必须手动启动它。如果需要开机自动运行，也必须手动启用。使用下面的命令可启动 cyrus-imapd 服务并设置其为开机时自动运行。

```
#service cyrus-imapd start
#chkconfig cyrus-imapd on
```

注意：如果已经安装了 dovecot 服务，则应该先关掉 dovecot 服务及开机时自启动，或者将 dovecot 服务卸载掉，然后启动 cyrus-imapd 服务并设置其开机时自启动。

### 4. 用户邮件信箱的管理

Cyrus-IMAP 的一个优点就是它可以为每个用户创建一个邮件信箱，而且这种信箱可具有层次结构。默认情况下，Cyrus-IMAP 的邮件信箱位于/var/spool/imap 目录下。创建邮件信箱时，每一个邮件信箱命名的格式为：

信箱类型.名称[.文件夹名称[.文件夹名称]]...

例如，用户 wu 的主要邮件信箱（收件箱）的命名为 user.wu，其中关键字 user 表示信箱类型为用户信箱，wu 是 Linux 系统中的用户账户名。如果需要为用户 wu 创建发件箱、垃圾箱和草稿箱，则可以分别用名称 user.wu.Sent（发件箱）、user.wu.Trash（垃圾箱）和 user.wu.Drafts（草稿箱）。

值得注意的是，用户 wu 的收件箱为 user.wu，用户 wu 的其他所有文件夹都必须以 user.wu 为基础来创建。

下面介绍创建和管理用户邮件信箱的具体方法。

（1）为 Cyrus-IMAP 管理员账户 cyrus 设置密码。

```
#passwd cyrus
```

Cyrus-IMAP 管理员账户 cyrus 是安装 cyrus-imapd 服务时自动创建的。在第一次为用户创建邮件信箱前，必须为该账户设置一个密码，供以后管理用户信箱时验证用户身份。

（2）使用 cyradm 管理工具为用户创建邮件信箱。

cyradm 管理工具位于/usr/bin/目录中，使用下面的命令可运行该管理工具：

```
#/usr/bin/cyradm -u cyrus
```

命令中必须用参数-u 指定运行该管理工具的用户账户，通常为管理员账户 cyrus。命令执行时，会提示输入用户密码，确认无误后就可以进入管理命令行状态。

```
cyradm>
```

然后使用下面的命令就可为用户 wu 创建一个邮件信箱。

```
createmailbox user.wu
```

为用户创建邮件信箱后，可以使用 listmailbox 命令列出 Cyrus-IMAP 系统中已有的用户邮件信箱。

（3）在用户邮件信箱下添加其他文件夹。

在 cyradm 管理命令行状态下，可以使用下面的命令为用户 wu 在其邮件信箱下创建发件箱、垃圾箱和草稿箱等其他文件夹。

```
createmailbox user.wu.Send
createmailbox user.wu.Trash
createmailbox user.wu.Drafts
```

（4）为用户邮件信箱设置配额。

为用户信箱设置配额，可以限制用户信箱使用磁盘空间的容量。例如，在 cyradm 管理命令行状态下，如果要为用户 wu 的信箱 user.wu 设置 5MB 的配额，可使用下面的命令。

```
setquota user.wu 5120
```

其中，5120 的单位为 KB，设置后可用 listquota 命令查看该邮件信箱的使用情况。此外，在 Linux 系统提示符状态下，还可以用下面的命令查看用户邮箱的使用情况。

```
#su -l cyrus -c /usr/lib/cyrus-imapd/quota
```

（5）为用户邮件信箱设置权限。

默认情况下，当 Cyrus-IMAP 管理员为用户创建了一个邮件信箱时，只有该用户对该邮件信箱具有完全控制的权限。在 Cyrus-IMAP 中，要为用户信箱设置访问权限，通常可采用表 12-2 所示的 6 种缩写形式。

例如，在创建了用户信箱 user.wu 后，想直接用 deletemailbox 命令来删除该邮箱，即使是管理员 cyrus 也无此权限（Permission denied）。要想删除它，必须先用下面的命令为管理员 cyrus 自己授予完全控制的权限（all）。

```
setacl user.wu cyrus all
```

表 12-2　Cyrus-IMAP 中设置用户信箱权限的 6 种缩写形式

| 权限缩写 | 描　　述 |
|---|---|
| none | 无任何权限 |
| read | 允许读取信箱的内容 |
| post | 允许读取和向信箱中张贴信息（如发邮件） |
| append | 允许读取和向信箱中张贴与插入信息 |
| write | 除具有 append 权限外，还具有在信箱中删除邮件的权限，但不具有变更信箱的权限 |
| all | 具有所有权限 |

然后，可用 listacl 命令查看用户对该信箱所拥有的访问权限。用户 wu 和管理员 cyrus 都具有所有权限，即 lrswipcda（实际上信箱的访问权限是由 l、r、s、w、i、p、c、d 和 a 共 9 种权限组合而成的）。

当用户 cyrus 取得了对信箱 user. wu 的所有权限后，就可以用 deletemailbox 命令来删除该邮箱了。

最后还需要说明的是，在 cyradm 管理命令行状态下，由于各条管理命令比较长，因此在实际使用时通常采用这些命令的缩写形式，如 listmailbox 可缩写为 lm。常用的 cyradm 管理命令及其缩写形式如表 12-3 所示。

表 12-3　常用的 cyradm 管理命令及其缩写形式

| 命　　令 | 缩　　写 | 描　　述 |
|---|---|---|
| listmailbox | lm | 列出与给定字符串相匹配的所有邮件信箱的名称 |
| createmailbox | cm | 创建一个新的邮件信箱 |
| deletemailbox | dm | 删除一个邮件信箱及其下层的所有文件夹 |
| renamemailbox | renm | 为邮件信箱更名 |
| setaclmailbox | sam | 为邮件信箱设置用户的访问权限 |
| deleteaclmailbox | dam | 删除用户访问邮件信箱的部分或全部权限 |
| listaclmailbox | lam | 列出邮件信箱的访问权限列表 |
| setquota | sq | 为邮件信箱设置配额 |
| listquota | lq | 列出邮件信箱的配额 |

# 本 章 实 训

**实训目的**

练习 Postfix 的安装、配置与管理。

**实训内容**

（1）架设一台电子邮件服务器，并按照下面的要求进行配置。

① 只为子网 192.168.1.0/24 提供邮件转发功能。

② 允许用户使用多个电子邮件地址,如用户 tom 的电子邮件地址可有 tom@example.com 和 gdxs_tom@example.com。

③ 设置邮件群发功能。

④ 设置 SMTP 认证功能。

(2) 试用 Outlook Express、Evolution 等客户端软件收发电子邮件。

**实训总结**

通过此次的上机实训,掌握在 Linux 上如何安装与配置邮件服务器。

# 本 章 习 题

**一、选择题**

1. Postfix 的主配置文件是(　　)。

    A. /etc/postfix/sendmail. mc　　　　B. /etc/postfix/main. cf

    C. /etc/postfix/sendmail. conf　　　　D. /etc/postfix/sendmail

2. 能实现邮件的接收和发送的协议是(　　)。

    A. POP3　　　　B. MAT　　　　C. SMTP　　　　D. 无

3. 安装 Postfix 服务器后,若要启动该服务,则正确的命令是(　　)。

    A. server postfix start　　　　B. service sendmaild restart

    C. service postfix start　　　　D. /etc/rc. d/init. d/sendmail restart

4. Postfix 日志功能可以用来记录该服务的事件,其日志保存在(　　)目录下。

    A. /var/log/message　　　　B. /var/log/maillog

    C. /var/mail/maillog　　　　D. /var/mail/message

5. 为了转发邮件下面(　　)是必需的。

    A. POP　　　　B. IMAP　　　　C. BIND　　　　D. Sendmail

**二、简答题**

1. 简述 MUA 和 MTA 的功能。

2. 简述邮件系统的配置过程。

# 第 13 章　配置 Linux 防火墙

随着 Internet 规模的迅速扩大,安全问题也越来越重要,而构建防火墙是保护系统免受侵害的最基本的一种手段。虽然防火墙并不能保证系统绝对的安全,但由于它简单易行、工作可靠、适应性强,还是得到了广泛的应用。本章主要介绍与 Linux 系统紧密集成的 iptables 防火墙的工作原理、命令格式,以及一些应用实例。

**本章要点:**

(1) 了解 Linux 防火墙的基本概念和功能。

(2) 了解 iptables 配置规则。

(3) 了解 iptables 配置 NAT 服务的方法。

## 13.1　iptables 防火墙概述

从 1.1 内核开始,Linux 就已经具有包过滤功能了,在 2.0 的内核中采用了 ipfwadm 操作内核包过滤规则。在 2.2 内核中,采用了 ipchains 来控制内核包过滤规则。现在最新 Linux 内核版本是 2.6.32,在 2.6 内核中不再使用 ipchains,而是采用一个全新的内核包过滤管理工具——iptables。这个全新的内核包过滤工具将使用户更易于理解其工作原理,更容易被使用,当然也具有更为强大的功能。

iptables 只是一个管理内核包过滤的工具,iptables 可以新增、插入或删除核心包过滤表格(链)中的规则。实际上真正来执行这些过滤规则的是 netfilter,netfilter 是 Linux 核心中一个通用架构,它提供了一系列的表(tables),每个表由若干链(chains)组成,而每条链中可以有一条或数条规则(rule)组成。iptables 包含 4 个表、5 个链。其中表是按照对数据包的操作区分的,链是按照不同的 Hook 点来区分的,表和链实际上是 netfilter 的两个维度。

其中,4 个表为:filter、nat、mangle、raw。默认表是 filter(没有指定表的时候就是 filter 表)。表的处理优先级:raw＞mangle＞nat＞filter。

(1) filter:一般的过滤功能。

(2) nat:用于 nat 功能(端口映射,地址映射等)。

(3) mangle:用于对特定数据包的修改。

(4) raw:优先级最高,设置 raw 时一般是为了不再让 iptables 做数据包的链接跟踪处理,提高性能。

5 个链为：PREROUTING、INPUT、FORWARD、OUTPUT、POSTROUTING。

（1）PREROUTING：数据包进入路由表之前。

（2）INPUT：通过路由表后目的地为本机。

（3）FORWARD：通过路由表后，目的地不为
本机。

（4）OUTPUT：由本机产生，向外转发。

（5）POSTROUTIONG：发送到网卡接口
之前。

可以这样来理解，netfilter 是表的容器，表是
链的容器，而链又是规则的容器，如图 13-1 所示。

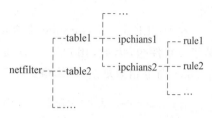

图 13-1　netfilter 框架

系统默认的表为 filter，该表中包含了 INPUT、FORWARD 和 OUTPUT 3 个链。每
一条链中可以有一条或数条规则，每一条规则都是这样定义的："如果数据包头符合这样
的条件，就这样处理这个数据包"。当一个数据包到达一个链时，系统就会从第一条规则
开始检查，看是否符合该规则所定义的条件，如果满足，系统将根据该条规则所定义的方
法处理该数据包；如果不满足则继续检查下一条规则。最后，如果该数据包不符合该链中
任一条规则的话，系统就会根据该链预先定义的策略（policy）来处理该数据包。

数据包在 filter 表中的流程如图 13-2 所示。有数据包进入系统时，系统首先根据路
由表决定将数据包发给哪一条链，则可能有 3 种情况。

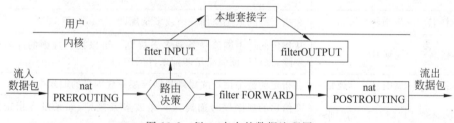

图 13-2　filter 表中的数据流程图

（1）如果数据包的目的地址是本机，则系统将数据包送往 INPUT 链，如果通过规则
检查，则该包被发给相应的本地进程处理；如果没通过规则检查，系统就会将这个包丢掉。

（2）如果数据包的目的地址不是本机，也就是说，这个包将被转发，则系统将数据包
送往 FORWARD 链，如果通过规则检查，则该包被发给相应的本地进程处理；如果没通
过规则检查，系统就会将这个包丢掉。

（3）如果数据包是由本地系统进程产生的，则系统将其送往 OUTPUT 链，如果通过
规则检查，则该包被发给相应的本地进程处理；如果没通过规则检查，系统就会将这个包
丢掉。

从以上可以看出，netfilter 比起以前的 ipfwadm 和 ipchains，思路上清晰了好多，也好
理解了好多，这对于原先对 ipfwadm 和 ipchains 总是感到一头雾水的用户来说无疑是一
个进步。

# 13.2   iptables 命令格式

在 RHEL 6.2 中,iptables 命令由 iptables-1.4.7-4 软件包提供,默认时,系统已经安装了该软件包,因此,用户可以直接输入 iptables 命令对防火墙中的规则进行管理。iptables 命令相当复杂,具体格式如下所示。

```
iptables [-t 表名] <命令> [链名] [规则号] [规则] [-j 目标]
```

-t 选项用于指定所使用的表,iptables 防火墙默认有 filter、nat 和 mangle 这 3 张表,也可以是用户自定义的表。表中包含了分布在各个位置的链,iptables 命令所管理的规则就是存在于各种链中的。该选项不是必需的,如果未指定一个具体的表,则默认使用的是 filter 表。

"命令"选项是必须要有的,它告诉 iptables 要做什么事情,是添加规则、修改规则还是删除规则。有些命令选项后面要指定具体的链名称,而有些可以省略,此时,是对所有的链进行操作。还有一些命令要指定规则号。具体的命令选项名称及其与后续选项的搭配形式如表 13-1 所示。

表 13-1   iptables 选项及含义

| 选　　项 | 功　　能 |
|---|---|
| -A ＜链名＞ ＜规则＞ | 在指定链的末尾添加一条或多条规则 |
| -D ＜链名＞ ＜规则号＞ | 从指定的链中删除一条或多条规则。可以按照规则的序号进行删除,也可以删除满足匹配条件的规则 |
| -R ＜链名＞ ＜规则号＞ ＜规则＞ | 在指定的链中用新的规则替换掉某一规则号的旧规则 |
| -I ＜链名＞ ［规则号］ ＜规则＞ | 在给出的规则序号前插入一条或多条规则,如果没有指定规则号,则默认是 1 |
| -L ［链名］ | 列出指定链中的所有规则,如果没有指定链,则所有链中的规则都将被列出 |
| -F ［链名］ | 删除指定链中的所有规则,如果没有指定链,则所有链中的规则都将被删除 |
| -N ＜链名＞ | 建立一个新的用户自定义链 |
| -X ［链名］ | 删除指定的用户自定义链,这个链必须没有被引用,而且里面也不包含任何规则。如果没有给出链名,这条命令将试着删除每个非内建的链 |
| -P ＜链名＞ ＜目标＞ | 为指定的链设置默认处理策略,当一个数据包与所有的规则都不匹配时,将采用这个默认的目标动作 |
| -Z ［链名］ ＜规则号＞ | 将指定链中的所有规则的包字节计数器清零 |
| -E ＜旧链名＞ ＜新链名＞ | 重新命名链名,对链的功能没有影响 |

以上是有关 iptables 命令格式中相关命令选项部分的解释。iptables 命令格式中的规则部分由很多选项构成，主要指定一些 IP 数据包的特征。例如，上一层的协议名称、源 IP 地址、目的 IP 地址、进出的网络接口名称等，表 13-2 列出构成规则的常见选项。

表 13-2　规则选项及含义

| 选　　项 | 功　　能 |
| --- | --- |
| -p　<协议类型> | 指定上一层协议，可以是 icmp、tcp、udp 或 all |
| -s　<IP 地址/掩码> | 指定源 IP 地址或子网 |
| --sport　<端口号> | 指定匹配的源端口号或范围 |
| -d　<IP 地址/掩码> | 指定目的 IP 地址或子网 |
| --dport　<端口号> | 指定匹配的目的端口号或范围 |
| -i　<网络接口> | 指定数据包进入的网络接口名称 |
| -o　<网络接口> | 指定数据包出去的网络接口名称 |
| --icmp-type　<类型号/类型名> | 指定 icmp 包的类型(8 表示 request，0 表示 relay) |

注意：上述选项可以进行组合，每一种选项后面的参数前可以加"!"，表示取反。

对于-p 选项来说，确定了协议名称后，还可以有进一步的子选项，以指定更细的数据包特征。常见的子选项如表 13-3 所示。

表 13-3　子选项及含义

| 子　选　项 | 功　　能 |
| --- | --- |
| -p tcp --sport < port > | 指定 TCP 数据包的源端口 |
| -p tcp --dport < port > | 指定 TCP 数据包的目的端口 |
| -p tcp --syn | 具有 SYN 标志的 TCP 数据包，该数据包要发起一个新的 TCP 连接 |
| -p udp --sport < port > | 指定 UDP 数据包的源端口 |
| -p udp --dport < port > | 指定 UDP 数据包的目的端口 |
| -p icmp --icmp-type < type > | 指定 icmp 数据包的类型，可以是 echo-reply、echo-request 等 |

上述选项中，port 可以是单个端口号，也可以是以 port1：port2 表示的端口范围。每一选项后的参数可以加"!"，表示取反。

上面介绍的这些规则选项都是 iptables 内置的，iptables 软件包还提供了一套扩展的规则选项。使用时需要通过-m 选项指定模块的名称，再使用该模块提供的选项。表 13-4 列出了几个模块名称和其中的选项，大部分的选项也可以通过"!"取反。

-m 选项可以提供的模块名和子选项内容非常多，为 iptables 提供了非常强大、细致的功能，所有的模块名和子选项可以通过 man iptables 命令查看 iptables 命令。

表 13-4　模块及选项功能

| 模块及选项 | 功　　能 |
| --- | --- |
| -m multiport --sports < port，port，...> | 指定数据包的多个源端口，也可以以 port1：port2 的形式指定一个端口范围 |
| -m multiport --dports < port，port，...> | 指定数据包的多个目的端口，也可以以 port1：port2 的形式指定一个端口范围 |
| -m multiport --ports < port，port，...> | 指定数据包的多个端口，包括源端口和目的端口，也可以以 port1：port2 的形式指定一个端口范围 |
| -m state --state < state > | 指定满足某一种状态的数据包，state 可以是 INVALID、ESTABLISHED、NEW 和 RELATED 等，也可以是它们的组合，用 "，" 分隔 |
| -m connlimit --connlimit-above < n > | 用于限制客户端到一台主机的 TCP 并发连接总数，n 是一个数值 |
| -m mac --mac-source < address > | 指定数据包的源 MAC 地址，address 是××：××：××：××：××：×× 形式的 48 位数 |

最后，iptables 命令中的-j 选项可以对满足规则的数据包执行指定的操作，其后的目标处理动作如表 13-5 所示。

表 13-5　动作选项及含义

| -j 选项 | 含　　义 |
| --- | --- |
| ACCEPT | 将与规则匹配的数据包放行，并且该数据包将不再与其他规则匹配，而是跳向下一条链继续处理 |
| REJECT | 拒绝所匹配的数据包，并向该数据包的发送者回复一个 ICMP 错误通知。该动作处理完成后，数据包将不再与其他规则匹配，而且也不跳向下一条链 |
| DROP | 丢弃所匹配的数据包，不回复错误通知。该动作处理完成后，数据包将不再与其他规则匹配，而且也不跳向下一条链 |
| REDIRECT | 将匹配的数据包重定向到另一个位置，该动作完成后，会继续与其他规则进行匹配 |
| MASQUERADE | 伪装数据包的源地址，即使用 NAT 技术。MASQUERADE 只能用于 ADSL 等拨号上网的 IP 伪装，也就是主机的 IP 地址是由 ISP 动态分配的 |
| SNAT | 伪装数据包的源地址。用于主机采用静态 IP 地址的情况 |
| DNAT | 伪装数据包的目标地址 |
| LOG | 将与规则匹配的数据包的相关信息记录在日志（/var/log/message）中，并继续与其他规则匹配 |
| 规则链名称 | 数据包将会传递到另一规则链，并与该链中的规则进行匹配 |

# 13.3　iptables 主机防火墙

主机防火墙主要用于保护防火墙所在的主机免受外界的攻击,当一台服务器为外界提供比较重要的服务,或者一台客户机在不安全的网络环境中使用时,都需要在计算机上安装防火墙。本节主要介绍 iptables 主机防火墙规则的配置,包括 iptables 防火墙的运行与管理、RHEL 6.2 默认防火墙规则的解释、用户根据需要添加自己的防火墙规则等内容。

## 13.3.1　iptables 防火墙的运行与管理

RHEL 6.2 默认安装时,已经在系统中安装了 iptables 软件包,可以用以下命令查看:

```
#rpm -qa | grep iptables
iptables-1.4.7-4.el6.x86_64
iptables-ipv6-1.4.7-4.el6.x86_64
```

一般情况下,iptables 开机时都已经默认运行,但与其他一些服务不同,iptables 的功能是管理内核中的防火墙规则,不需要常驻内存的进程。如果对防火墙的配置做了修改,并且想保存已经配置的 iptables 规则,可以使用以下命令:

```
#/etc/init.d/iptables save
```

此时,所有正在使用的防火墙规则将保存到/etc/sysconfig/iptables 文件中,可以用以下命令查看该文件的内容:

```
#more /etc/sysconfig/iptables
#Firewall configuration written by system-config-firewall
#Manual Customization of this file is not recommended.
*filter
:INPUT ACCEPT [0:0]
:FORWARD ACCEPT [0:0]
:OUTPUT ACCEPT [0:0]
-A INPUT  -m state --state ESTABLISHED,RELATED  -j ACCEPT
-A INPUT  -p icmp  -j ACCEPT
-A INPUT  -I lo  -j ACCEPT
-A INPUT  -m state --state NEW  -m tcp  -p tcp --dport 22  -j ACCEPT
-A INPUT -j REPET --rejet-with icmp-host-prohibited
-A FORWARD -j REPET --rejet-with icmp-host-prohibited
COMMIT
```

以上看到的是默认安装 RHEL 6.2 时,/etc/sysconfig/iptables 文件中的内容,其中包含了一些 iptables 规则,这些规则的形式与 iptables 命令类似,但也有区别。一般不建议用户手工修改这个文件的内容,这个文件只用于保存启动 iptables 时,需要自动应用的防火墙规则。还有一种保存 iptables 规则的方法是使用 iptables-save 命令,格式如下:

```
#iptables-save> abc
```

此时,正在使用的防火墙规则将保存到 abc 文件中。如果希望再次运行 iptables,可以使用以下命令:

```
#/etc/init.d/iptables restart
```

上述命令实际上是清空防火墙所有规则后,再按/etc/sysconfig/iptables 文件的内容重新设定防火墙规则。还有一种复原防火墙规则的命令如下:

```
#iptables-restore< abc
```

此时,由 iptables-save 命令保存在 abc 文件中的规则将重新载入到防火墙中。如果要停止 iptables 的运行,可使用以下命令:

```
#/etc/init.d/iptables stop
```

上述命令实际上是清空防火墙中的规则,与 iptables -F 命令类似。此外,/etc/sysconfig/iptables-config 文件是 iptables 防火墙的配置文件,去掉注释后的初始内容和解释如下。

(1) IPTABLES_MODULES=""

功能:当 iptables 启动时,载入引号中的一个或多个模块。

(2) IPTABLES_MODULES_UNLOAD="yes"

功能:当 iptables 重启或停止时,是否卸载所载入的模块,yes 表示是。

(3) IPTABLES_SAVE_ON_STOP="no"

功能:当停止 iptables 时,是否把规则和链保存到/etc/sysconfig/iptables 文件中,no 表示否。

(4) IPTABLES_SAVE_ON_RESTART="no"

功能:当重启 iptables 时,是否把规则和链保存到/etc/sysconfig/iptables 文件中,no 表示否。

(5) IPTABLES_SAVE_COUNTER="no"

功能:当保存规则和链时,是否同时保存计数值,no 表示否。

(6) IPTABLES_STATUS_NUMERIC="yes"

功能:输出 iptables 状态时,是否以数字形式输出 IP 地址和端口号,yes 表示是。

(7) IPTABLES_STATUS_VERBOSE="no"

功能:输出 iptables 状态时,是否包含输入输出设备,no 表示否。

(8) IPTABLES_STATUS_LINENUMBERS="yes"

功能:输出 iptables 状态时,是否同时输出每条规则的匹配数,yes 表示是。

## 13.3.2　RHEL 6.2 开机时默认的防火墙规则

在 Linux 系统中,可以通过 iptables 命令构建各种类型的防火墙。RHEL 6.2 操作系统默认安装时,iptables 防火墙已经安装,并且开机后会自动添加一些规则,这些规则是由/etc/sysconfig/iptables 文件决定的。可以通过 iptables -L 命令查看这些默认添加的规则。

```
#iptables -L
Chain INPUT (policy ACCEPT)                     //INPUT 链中的规则
target      prot  opt  source    destination
ACCEPT      all   --   anywhere  anywhere  state RELATED,RETABLISHED
ACCEPT      icmp  --   anywhere  anywhere
ACCEPT      all   --   anywhere  anywhere
ACCEPT      tcp   --   anywhere  anywhere  state NEW tcp dpt:ssh
REJECT      all   --   anywhere  anywhere  reject-with icmp-host-prohibited

Chain FORWARD (policy ACCEPT)                   //FORWARD 链中的规则
target      prot  opt  source    destination
REJECT      all   --   anywhere  anywhere  reject-with icmp-host-prohibited

Chain OUTPUT (policy ACCEPT)                     //OUTPUT 链中的规则
target      prot  opt  source    destination
```

由于上面的 iptables 命令没有用-t 选项指明哪一张表,也没有指明是哪一条链,因此默认列出的是 filter 表中的规则链。由以上结果可以看出,filter 表中总共有 3 条链。其中,INPUT、FORWARD 和 OUTPUT 链是内置的,如果需要,用户自己还可以添加链。

**1. 规则列**

在前面列出的防火墙规则中,每一条规则列出了 5 项内容。target 列表示规则的动作目标。prot 列表示该规则指定的上层协议名称,all 表示所有的协议。opt 列出了规则的一些选项。source 列表示数据包的源 IP 地址或子网,而 destination 列表示数据包的目的 IP 地址或子网,anywhere 表示所有的地址。除了上述 5 列以外,如果存在,每一条规则的最后还要列出一些子选项。

如果执行 iptables 命令时加了-v 选项,则还可以列出每一条规则当前匹配的数据包数、字节数,以及要求数据包进来和出去的网络接口。如果加上-n 选项,则不对显示结果中的 IP 地址和端口做名称解析,直接以数字的形式显示。还有,如果加上"--line-number"选项,则可以在第一列显示每条规则的规则号。

**2. 规则解释**

INPUT 链中的规则 1 中 target 列的内容是 ACCEPT,opt 列是 all,source 和 destination 列均为 anywhere,表示所有状态是 RELATED 和 ESTABLISHED 的数据包

通过,RELATED 状态表示数据包要新建一个连接,而且这个要新建的连接与现存的连接是相关的,如 FTP 的数据连接。ESTABLISHED 表示本机与对方建立连接时,对方回应的数据包。

INPUT 链中的规则 2 表示所有 icmp 数据包都接收,即其他计算机 ping 本机时,予以接收,而且在 OUTPUT 链中没有规则,因此本机的 ICMP 回复数据包也能顺利地进入网络,被对方收到。

INPUT 链中的规则 3 表示接收所有的数据包。

规则 4 表示允许目的端口是 ssh、状态是 NEW 的 TCP 数据包通过,状态为 NEW 即意味着这个 TCP 数据包将与主机发起一个 TCP 连接。最后一条规则表示拒绝所有的数据包,并向对方回应 icmp-host-prohibited 数据包。

**3. 补充解释**

需要再次提醒的是,这些规则是有次序的。当一个数据包进入 INPUT 链后,将依次与规则 1 至规则 5 进行比较。按照这些规则的目标设置,如果数据包能与规则 1 至规则 4 中的任一条匹配,则该数据包将被接收。如果都不能匹配,则肯定能和规则 5 匹配,于是数据包被拒绝。

## 13.3.3　管理主机防火墙规则

可以有很多功能种类的防火墙,有些是安装在某一台主机上,主要用于保护主机本身的安全;有些是安装在网络中的某一节点,专门用于保护网络中其他计算机的安全;也有一些可以为内网的客户机提供 NAT 服务,使内网的客户机共用一个公网 IP,以便节省 IP 地址资源。下面首先介绍主机防火墙的应用示例。

例如,为了使主机能为外界提供 telnet 服务,除了配置好 telnet 服务器外,还需要开放 TCP 23 号端口。因为在默认的防火墙配置中,并不允许目的端口为 23 的 TCP 数据包进入主机。为了开放 TCP 23 号端口,可以有两种办法,一种是在自定义链中加入相应的规则,还有一种是把规则加到 INPUT 链中。但需要注意的是,规则是有次序的,如果使用以下命令,则是没有效果的。

```
#iptables -A INPUT -p tcp --dport 23 -j ACCEPT
```

上述命令执行后,可以再次查看规则情况。

```
#iptables -L --line-number
Chain INPUT (policy ACCEPT)                      //INPUT 链中的规则
num   target   prot  opt  source      destination
1     ACCEPT   all   --   anywhere    anywhere state RELATED,RETABLISHED
2     ACCEPT   icmp  --   anywhere    anywhere
3     ACCEPT   all   --   anywhere    anywhere
4     ACCEPT   tcp   --   anywhere    anywhere state NEW tcp dpt:ssh
5     REJECT   all   --   anywhere    anywhere reject-with icmp-host-prohibited
6     ACCEPT   all   --   anywhere    anywhere tcp dpt:telnet
```

```
Chain FORWARD (policy ACCEPT)                    //FORWARD 链中的规则
num  target  prot  opt  source    destination
1    REJECT  all   --   anywhere  anywhere reject-with icmp-host-prohibited

Chain OUTPUT (policy ACCEPT)                     //OUTPUT 链中的规则
num  target  prot  opt  source    destination
```

可以看到,新添加的规则位于最后的位置。由于所有的数据包都可以与目标动作为 REJECT 的规则号为 5 的规则匹配,而 REJECT 代表的是拒绝,因此数据包到达新添加的规则前肯定已被丢弃,这条规则是不会被使用的。为了解决这个问题,需要把上述规则插入到现有的规则中,要位于规则 5 的前面。下面是正确的开放 TCP 23 号端口的命令。

```
#iptables -I INPUT 5 -p tcp --dport 23 -j ACCEPT
```

以上命令中,"-I INPUT 5"表示在 INPUT 链原来的规则 5 前面插入一条新规则,规则内容是接受目的端口为 23 的 TCP 数据包。为了删除前面添加的无效规则,可以执行以下命令:

```
#iptables -D INPUT 6
```

6 是第一次添加的那条无效规则此时的规则号,也可能是其他的数值,可根据具体显示结果加以改变。如果希望新加的规则与原来的规则 4、5 等类似,可以执行以下命令:

```
#iptables -I INPUT 5 -m state --state NEW -p tcp --dport 23 -j ACCEPT
```

以上是在 INPUT 链中添加规则,以开放 TCP 23 号端口的方法。还有一种开放 TCP 23 号端口的方法是在自定义链中添加规则,在此不再赘述。

前面介绍的是在 RHEL 6.2 默认防火墙规则的基础上添加用户自己的防火墙规则,以开放 TCP 23 号端口。在很多时候,用户可能希望从最初的状态开始,构建自己的防火墙。为了从零开始设置 iptables 防火墙,可以用以下命令清空防火墙中所有的规则:

```
#iptables -F
```

然后再根据要求,添加自己的防火墙规则。一般情况下,保护防火墙所在主机的规则都添加在 INPUT 内置链中,以挡住外界访问本机的部分数据包。本机向外发送的数据包只经过 OUTPUT 链,一般不予限制。如果不希望本机为外界数据包提供路由转发功能,可以在 FORWARD 链中添加一条拒绝一切数据包通过的规则,或者在内核中设置为不转发任何数据包。

## 13.3.4　常用的主机防火墙规则

当设置主机防火墙时,一般采取先放行,最后全部禁止的方法。也就是说,根据主机的特点,规划出允许进入主机的外界数据包,然后设计规则放行这些数据包。如果某一数据包与放行数据包的规则都不匹配,则与最后一条禁止访问的规则匹配,被拒绝进入主机。下面列出一些主机防火墙中常用的 iptables 命令及其解释,这些命令添加的规则都放在 filter 表的 INPUT 链中。

（1）iptables -A INPUT -p tcp --dport 80 -j ACCEPT

功能：允许目的端口为 80 的 TCP 数据包通过 INPUT 链。

说明：这种数据包一般是用来访问主机的 Web 服务，如果主机以默认的端口提供 Web 服务，应该用这条规则开放 TCP 80 端口。

（2）iptables -A INPUT -s 192.168.1.0/24 -i eth0 -j DROP

功能：将从接口 eth0 进来的、源 IP 地址的前 3 字节为 192.168.1 的数据包予以丢弃。

说明：需要注意这条规则的位置，如果匹配这条规则的数据包同时也匹配前面的规则，而且前面的规则是放行的，则这条规则对匹配的数据包将不起作用。

（3）iptables -A INPUT -p udp --sport 53 --dport 1024：65535 -j ACCEPT

功能：在 INPUT 链中允许源端口号为 53，目标端口号为 1024 至 65535 的 UDP 数据包通过。

说明：这种特点的数据包是本机查询 DNS 时，DNS 服务器回复的数据包。

（4）iptables -A INPUT -p tcp --tcp-flags SYN,RST,ACK SYN -j ACCEPT

功能：将 SYN、RST、ACK 这 3 个标志位中 SYN 位为 1，其余两个为 0 的 TCP 数据包予以放行。符合这种特征的数据包是发起 TCP 连接的数据包。

说明："--tcp-flags"子选项用于指定 TCP 数据包的标志位，可以有 SYN、ACK、FIN、RST、URG 和 PSH 共 6 种。当这些标志位作为"--tcp-flags"的参数时，用空格分成两部分。前一部分列出有要求的标志位，用","分隔；后一部分列出要求值为 1 的标志位，如果有多个，也用","分隔，未在后一部分列出的标志位其值要求为 0。

🔥 **注意**：这条命令因为经常使用，可以用"--syn"代替"--tcp-flags SYN,RST,ACK SYN"。

（5）iptables -A INPUT -p tcp -m multiport --dport 20：23,53,80,110 -j ACCEPT

功能：接收目的端口为 20 至 23、53、80 和 110 号的 TCP 数据包。

说明："-m multiport"用于指定多个端口，最多可以有 15 项，用","分隔。

（6）iptables -A INPUT -p icmp -m limit --limit 6/m --limit-burst 8 -j ACCEPT

功能：限制 ICMP 数据包的通过率，当一分钟内通过的数据包达到 8 个时，触发每分钟通过 6 个数据包的限制条件。

说明：以上命令中，除了 m 表示分以外，还可以用 s(秒)、h(小时)和 d(天)。这个规则主要用于防止 DoS 攻击。

（7）iptables -A INPUT -p udp -m mac --mac-source ！00：0C：6E：AB：AB：CC -j DROP

功能：拒绝源 MAC 地址不是 00：0C：6E：AB：AB：CC 的 UDP 数据包。

说明：该规则不应该放在前面，否则，大部分的 UDP 数据包都将被拒绝，随后的规则将不会使用。

# 13.4　配置 iptables 网络防火墙

与主机防火墙不一样,网络防火墙主要用于保护内部网络的安全,此时,一般由一台专门的主机承担防火墙角色,有时还要承担网络地址转换(NAT)的功能,其配置要比主机防火墙复杂。本节主要讲述有关网络防火墙的过滤配置,以及通过给数据包做标志的方法进行策略路由的例子。

## 13.4.1　保护服务器子网的防火墙规则

与主机防火墙不一样,保护网络的防火墙一般有多个网络接口,而且绝大部分的规则应该添加在 filter 表的 FORWARD 链中,其配置要比主机防火墙复杂得多。为了使 iptables 承担网络防火墙的角色,首先要确保 Linux 能够在各个网络接口之间转发数据包,其方法是输入以下命令,使 ip_forward 文件的内容为 1。

```
#echo "1">/proc/sys/net/ipv4/ip_forward
```

上述命令的结果在系统重启后会失效。为了使系统在每次开机后能自动激活 IP 数据包转发功能,需要编辑配置文件/etc/sysctl.conf,它是 RHEL 6.2 的内核参数配置文件,其中包含了 ip_forward 参数的配置。具体方法是确保在/etc/sysctl.conf 文件中有以下一行:

```
net.ipv4.ip_forward=1
```

即原来的值如果是 0,现把它改为 1。然后执行以下命令使之生效:

```
#sysctl -p
```

上述命令的功能是实时修改内核运行时的参数。IP 数据包转发功能激活后,就可以设置网络防火墙规则了。下面以图 13-3 所示的网络结构为例,介绍 iptables 网络防火墙的配置方法。

在图 13-3 中,安装了 iptables 的 Linux 主机安装了 3 块网卡。其中,eth0 的 IP 地址是 192.168.0.1,它通过一台网关设备与 Internet 连接;eth1 的 IP 地址是 10.10.1.1,它与子网 10.10.1.0/24 连接;eth2 的 IP 地址是 10.10.2.1,它连接的子网是 10.10.2.0/24。

现假设 10.10.1.0/24 子网里运行的是为外界提供网络服务的服务器,而 10.10.2.0/24 子网里的计算机是用户上网用的客户机。对于服务器来说,它向外提供服务的端口号是固定的,为了保证其安全,应该只开放这些端口,即只允许目的端口是这些端口的数据包进入服务器子网,其余的数据包一律禁止。下面是一些在防火墙上执行的保护服务器子网的 iptables 命令。

```
#iptables -A FORWARD -p tcp --dport 22 -i eth0 -o eth1 -j ACCEPT
#iptables -A FORWARD -p tcp --dport 25 -i eth0 -o eth1 -j ACCEPT
```

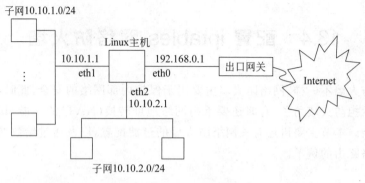

图 13-3　网络防火墙配置拓扑

```
#iptables -A FORWARD -p udp --dport 53 -i eth0 -o eth1 -j ACCEPT
#iptables -A FORWARD -p tcp --dport 80 -i eth0 -o eth1 -j ACCEPT
```

假设服务器子网采用默认端口为外界提供了 SSH、SMTP、DNS 和 HTTP 服务，以上 4 条命令在 filter 表的 FORWARD 链中加入了 4 条规则，允许从 eth0 网进入、到 eth1 网卡，并且协议和目的端口分别是 TCP 22、TCP 25、UDP 53 和 TCP 80 的数据包通过，这些协议和端口对应了该子网提供的网络服务。

以上 4 条命令确定了从 eth0 到 eth1 转发数据包的规则。这些数据包是进入服务器子网的数据包，而从服务器子网出去的数据包目前还是畅通无阻的，因为 FORWARD 链中还没有规则对 eth1 到 eth0 的数据包做任何限制。

需要注意的是，前面的规则规定了放行哪些数据包后，最后必须要有一条规则拒绝所有的数据包。否则，即使数据包与前面所有的规则都不匹配，最后也能被转发。因此，为了达到保护服务器子网的目的，还需要执行以下命令：

```
#iptables -A FORWARD -i eth0 -o eth1 -j DROP
```

以上命令把从网卡 eth0 到 eth1 的数据包全部丢弃，当然，这些数据包是那些与前面的规则都不匹配的数据包。此外，也可以用以下命令指定 FORWARD 链的默认目标动作来代替上述命令：

```
#iptables -P FORWARD DROP
```

上面命令的意思是与所有规则都不匹配的数据包将采用 DROP 目标动作予以丢弃，对于只保护服务器子网的防火墙来说，可以这样做。

**注意**：由于图 13-3 中的网络结构还要为 10.10.2.0/24 子网的客户机提供上网服务。如果设定默认目标动作为 DROP，需要添加明确的规则放行该子网的数据包。

另外，如果发现某些计算机，如 IP 为 11.22.33.44 的计算机对服务器子网有攻击行为，防火墙可以不转发这些数据，把它阻挡在防火墙的外面，命令如下：

```
#iptables -A FORWARD -i eth0 -o eth1 -s 11.22.33.44 -j DROP
```

或者如果发现服务器子网发往某一台主机，如 55.66.77.88 的数据流量特别大，出现了异常情况,可以执行以下命令,限制其流量。此时,数据流向应该是从 eth1 到 eth0。

```
#iptables -A FORWARD -i eth1 -o eth0 -d 55.66.77.88 -m limit --limit 60/m --
limit-burst 80 -j ACCEPT
```

网卡 eth0 收到的是来自 Internet 的数据包,因此,对它们作了严格的限制。但对于来自 10.10.2.0/24 子网的数据包来说,其限制应该相对宽松,因为它是内网。下面是几条有关内网到服务器子网的转发规则的设置命令。

```
#iptables -A FORWARD -i eth2 -o eth1 -m multiport --dport 1:1024,2049,32768 -j
    ACCEPT
#iptables -A FORWARD -i eth2 -o eth1 -s 10.10.2.2 -j ACCEPT
#iptables -A FORWARD -i eth2 -o eth1 -s 10.10.2.3 -j ACCEPT
```

上面的第一条命令允许来自 eth2 网卡的数据包转发到服务器子网 eth1 网卡,前提是数据包的目的端口号是 1 至 1024、2049 或者 32768。1 至 1024 包含了大部分网络服务默认使用的端口,2049 和 32768 是 NFS 服务器工作时需要开放的端口。第二条和第三条命令允许源 IP 地址是 10.10.2.2 或 10.10.2.3 的数据包通过,这两台计算机可能是由管理员使用的。

也有一些服务要使用 1024 号以上的端口,可以采用类似的命令加入规则,以开放这些端口。最后,如果不是采用-P 选项指定默认的 DROP 策略,还需要在 FORWARD 链中加入以下命令,以拒绝所有不匹配的数据包。

```
#iptables -A FORWARD -i eth2 -o eth1 -j DROP
```

上面的这条命令也可以和前面的"iptables -A FORWARD -i eth0 -o eth1 -j DROP"命令合并在一起,成为以下命令:

```
#iptables -A FORWARD -o eth1 -j DROP
```

显然,上面这条命令指定的规则应该放在最后的位置。另外,每一台主机还可以根据自己的特点设置自己的主机防火墙,以提供更多的保护。

## 13.4.2　保护内部客户机的防火墙规则

上节介绍的是针对服务器子网的防火墙配置,侧重点是如何对其进行保护。因此,规则排列的特点是先放行指定的数据包,再拒绝所有的数据包。但对于图 13-3 中的子网 10.10.2.0/24 来说,配置的原则应该是不一样的,因为这个子网中的计算机是用户上网的计算机,为了给用户提供尽量多的上网功能,应该放行所有的数据包,但事先要对部分有问题的数据包进行拒绝。

要限制的数据包分为两类,一类是限制用户对 Internet 上某些内容的访问,还有一类是不允许 Internet 上的某些内容进入该子网。前者的数据包是从网卡 eth2 到 eth0,而后者是从 eth0 到 eth2。例如,如果不希望内网的计算机使用 QQ,可以使用以下命令进行限制。

```
#iptables -A FORWARD -p UDP --dport 8000 -i eth2 -o eth0 -j DROP
```

说明：UDP 协议 8000 号端口是 QQ 客户端登录服务器时使用的目的端口，该命令限制内网的计算机向外发送目的端口是 8000 的数据包。

下面的这条命令与上面命令功能相同，但它限制的是进来的数据包，客户端发起登录请求的数据包还是能通过的，效果不如上面那条命令好。

```
#iptables -A FORWARD -p UDP --sport 8000 -i eth0 -o eth2 -j DROP
```

但实际上，目前 QQ 也可以通过 TCP 协议的 80 和 443 端口进行登录，而这两个端口是不能封的，否则，用户的浏览器将不能访问网站。因此，比较可靠的方法是封锁访问 QQ 服务器 IP 地址的数据包，具体命令如下：

```
#iptables -A FORWARD -p tcp -d 60.191.124.236 -i eth2 -o eth0 -j DROP
#iptables -A FORWARD -p tcp -d 58.60.15.38 -i eth2 -o eth0 -j DROP
  ⋮
```

60.191.124.236 和 58.60.15.38 等 IP 址是 QQ 服务器的地址，有几十个 IP，而且是动态变化的，需要即时搜集更新。此外，如果有些网站或者其他服务器也不允许内网的用户访问，可以查出其 IP 地址后，使用类似的命令进行限制。有些计算机病毒或木马程序要使用固定的端口进行传播或通信，为了保护内网不受这些程序的影响，需要把这部分端口封掉，例子命令如下所示：

```
#iptables -A FORWARD -i eth0 -o eth2 -m multiport --dport 135:139,445,593,5554
-j DROP
```

135 至 139 是 Windows 网络共享使用的端口号，为了防止内网数据泄露，一般要封掉该端口，使内网和 Internet 之间不能进行 Windows 网络共享。其他几个端口都是病毒或木马程序端口，如果有最新的病毒或木马使用其他端口，应该在上述命令中添加进去。

有些蠕虫病毒发作时会产生大量的 ICMP 数据包，可以设置拒绝 ICMP 数据包的规则。但由于 ping 命令也是使用 ICMP 数据包工作的，如果设置拒绝转发 ICMP 数据包，内网将不能 ping 外网的任何主机，会给网络维护带来不便，因此比较好的办法是限制 ICMP 数据包的数量，命令如下所示：

```
#iptables -A FORWARD -p icmp -m limit --limit 50/m --limit-burst 60 -j ACCEPT
```

前面的规则限制了 10.10.2.0/24 子网与 Internet 之间的部分数据包，管理员可以根据具体情况随时添加更多的规则或删除、修改部分规则。最后，还应该添加使所有数据包都能通过的规则，具体命令如下所示：

```
#iptables -A FORWARD  -i eth2 -o eth0 -j ACCEPT
#iptables -A FORWARD  -i eth0 -o eth2 -j ACCEPT
```

由于还有一个与服务器相连的 eth1 网卡，它默认是不允许数据包通过的，因此上述命令要指明是在 eth2 和 eth0 网卡之间可以通过所有的数据包。

### 13.4.3　mangle 表应用举例

前面介绍的防火墙规则其所在的规则链都位于 filter 表中,下面再介绍一个有关 mangle 表的使用例子。mangle 表的主要功能是根据规则修改数据包的一些标志位,以便其他规则或程序可以利用这种标志对数据包进行过滤或策略路由。

图 13-4 所示的是一种典型的网络结构,内网的客户机通过 Linux 主机连入 Internet, 而 Linux 主机与 Internet 连接时有两条线路,它们的网关如图 13-4 所示。现要求对内网进行策略路由,所有通过 TCP 协议访问 80 端口的数据包都从 ChinaNet 线路出去,而所有访问 UDP 协议 53 号端口的数据包都从 Cernet 线路出去。

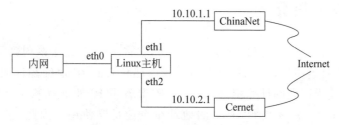

图 13-4　利用 mangle 表进行策略路由的例子网络结构

这是一个策略路由的问题,为了达到目的,在对数据包进行路由前,先根据数据包的协议和目的端口给数据包做一种标志,然后再指定相应规则,根据数据包的标志进行策略路由。为了给特定的数据包做上标志,需要使用 mangle 表,mangle 表共有 5 条链,由于需要在路由选择前做标志,因此应该使用 PREROUTING 链,下面是具体的命令。

```
#iptables -t mangle -A PREROUTING -i eth0 -p tcp --dport 80 -j MARK --set-mark 1
#iptables -t mangle -A PREROUTING -i eth0 -p udp --dprot 53 -j MARK --set-mark 2
```

以上命令在 mangle 表的 PREROUTING 链中添加规则,为来自 eth0 接口的数据包做标志,其匹配规则分别是 TCP 协议、目的端口号是 80 和 UDP 协议、目的端口号是 53, 标志的值分别是 1 和 2。数据包经过 PREROUTING 链后,将要进入路由选择模块,为了对其进行策略路由,执行以下两条命令,添加相应的规则。

```
#ip rule add from all fwmark 1 table 10
#ip rule add from all fwmark 2 table 20
```

以上两条命令表示所有标志是 1 的数据包使用路由表 10 进行路由,而所有标志是 2 的数据包使用路由表 20 进行路由。路由表 10 和 20 分别使用了 ChinaNet 和 Cernet 线路上的网关作为默认网关,具体设置命令如下所示:

```
#ip route add default via 10.10.1.1 dev eth1 table 10
#ip route add default via 10.10.2.1 dev eth2 table 20
```

以上两条命令在路由表 10 和 20 上分别指定了 10.10.1.1 和 10.10.2.1 作为默认网关,它们分别位于 ChinaNet 和 Cernet 线路上。于是,使用路由表 10 的数据包将通过

ChinaNet 线路出去，而使用路由表 20 的数据包将通过 Cernet 线路出去。

# 13.5　iptables 防火墙的 NAT 配置

NAT（Network Address Translation，网络地址转换）是一项非常重要的 Internet 技术，它可以让内网众多的计算机访问 Internet 时，共用一个公网地址，从而解决了 Internet 地址不足的问题，并对公网隐藏了内网的计算机，提高了安全性能。下面介绍利用 iptables 防火墙实现 NAT 的方法。

## 13.5.1　NAT 简介

NAT 并不是一种网络协议，而是一种技术，它将一组 IP 地址映射到另一组 IP 地址，而且对用户来说是透明的。NAT 通常用于将内部私有的 IP 地址翻译成合法的公网 IP 地址，从而可以使内网中的计算机共享公网 IP，节省了 IP 地址资源。可以这样说，正是由于 NAT 技术的出现，才使得 IPv4 的地址至今还足够使用。因此，在 IPv6 广泛使用前，NAT 技术仍然会广泛地应用。

### 1. NAT 的工作原理

NAT 的工作原理如图 13-5 所示。

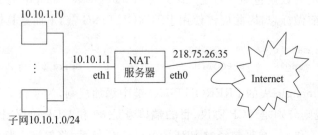

图 13-5　NAT 服务器工作原理图

内网中 IP 为 10.10.1.10 的计算机发送的数据包其源 IP 地址是 10.10.1.10，但这个地址是 Internet 的保留地址，不允许在 Internet 上使用，Internet 上的路由器是不会转发这样的数据包的。为了使这个数据包能在 Internet 上传输，需要把源 IP 地址 10.10.1.10 转换成一个能在 Internet 上使用的合法 IP 地址，如 218.75.26.35，才能顺利地到达目的地。

这种 IP 地址转换的任务由 NAT 服务器完成，运行 NAT 服务的主机一般位于内网的出口处，至少需要有两个网络接口，一个设置为内网 IP，一个设置为外网合法 IP。NAT 服务器改变出去的数据包的源 IP 地址后，需要在内部保存的 NAT 地址映射表中登记相应的条目，以便回复的数据包能返回给正确的内网计算机。

当然，从 Internet 回复的数据包也并不是直接发送给内网的，而是发给了 NAT 服务器中具有合法 IP 地址的那个网络接口。NAT 服务器收到回复的数据包后,根据内部保存的 NAT 地址映射表,找到该数据包是属于哪个内网 IP 的,然后再把数据包的目的 IP 转换回来,还原成原来的那个内网地址,最后再通过内网接口路由出去。

以上地址转换过程对用户来说是透明的,计算机 10.10.1.10 并不知道自己发送出去的数据包在传输过程中被修改过,只是认为自己发送出去的数据包能得到正确的响应数据包,与正常情况没有什么区别。

通过 NAT 转换还可以保护内网中的计算机不受到来自 Internet 的攻击。因为外网的计算机不能直接发送数据包给使用保留地址的内网计算机,只能发给 NAT 服务器的外网接口。在内网计算机没有主动与外网计算机联系的情况下,在 NAT 服务器的 NAT 地址映射表中是无法找到相应条目的,因此也就无法把该数据包的目的 IP 转换成内网 IP。

说明:在有些情况下,数据包还可能会经过多次的地址转换。

**2. 动态 NAT**

以上介绍的 NAT 也称为源 NAT,即改变数据包的源 IP 地址,通常也称为静态 NAT,它用于内网的计算机共用公网 IP 上网。还有一种 NAT 是目的 NAT,改变的是数据包的目的 IP 地址,通常也称为动态 NAT,它用于把某一个公网 IP 映射为某一内网 IP,使两者建立固定的联系。当 Internet 上的计算机访问公网 IP 时,NAT 服务器会把这些数据包的目的地址转换为对应的内网 IP,再路由给内网计算机。

**3. 端口 NAT**

另外还有一种 NAT 称为端口 NAT,它可以使公网 IP 的某一端口与内网 IP 的某一端口建立映射关系。当来自 Internet 的数据包访问的是这个公网 IP 的指定端口时,NAT 服务器不仅会把数据包的目的公网 IP 地址转换为对应的内网 IP,而且会把数据包的目的端口号也根据映射关系进行转换。

除了存在单独的 NAT 设备外,NAT 功能还通常被集成到路由器、防火墙等设备或软件中。iptables 防火墙也集成了 NAT 功能,可以利用 NAT 表中的规则链对数据包的源或目的 IP 地址进行转换。下面两个小节将分别介绍在 iptables 防火墙中实现源 NAT 和目的 NAT 的方法。

## 13.5.2　使用 iptables 配置源 NAT

在前面的内容中,已经介绍了路由和过滤数据包的方法,它们都不牵涉数据包 IP 地址的改变。但源 NAT 需要对内网出去的数据包的源 IP 地址进行转换,用公网 IP 代替内网 IP,以便数据包能在 Internet 上传输。iptables 的源 NAT 的配置应该是在路由和网络防火墙配置的基础上进行的。

iptables 防火墙中有 3 张内置的表,其中的 nat 表实现了地址转换的功能。nat 表包含 PREROUTING、OUTPUT 和 POSTROUTING 这 3 条链,里面包含的规则指出了如何对数据包的地址进行转换。其中,源 NAT 的规则在 POSTROUTING 链中定义。这些规则的处理是在路由完成后进行的,可以使用"-j SNAT"目标动作对匹配的数据包进行源地址转换。

在图 13-5 所示的网络结构中,假设让 iptables 防火墙承担 NAT 服务器功能。此时,如果希望内网 10.10.1.0/24 出去的数据包其源 IP 地址都转换为外网接口 eth0 的公网 IP 地址 218.75.26.35,则需要执行以下 iptables 命令:

```
#iptables -t nat -A POSTROUTING -s 10.10.1.0/24 -o eth0 -j SNAT --to-source
218.75.26.35
```

以上命令中,"-t nat"指定使用的是 nat 表,"-A POSTROUTING"表示在 POSTROUTING 链中添加规则,"--to-source 218.75.26.35"表示把数据包的源 IP 地址转换为 218.75.26.35,而根据-s 选项的内容,匹配的数据包其源 IP 地址应该是属于 10.10.1.0/24 子网的。还有,"-o eth0"指定了只有从 eth0 接口出去的数据包才做源 NAT 转换,因为从其他接口出去的数据包可能不是到 Internet 的,不需要进行地址转换。

以上命令中,转换后的公网地址直接是 eth0 的公网 IP 地址。也可以使用其他地址,例如,218.75.26.34。此时,需要为 eth0 创建一个子接口,并把 IP 地址设置为 218.75.26.34,使用的命令如下所示:

```
#ifconfig eth0:1 218.75.26.34 netmask 255.255.255.240
```

以上命令使 eth0 接口拥有两个公网 IP。也可以使用某一 IP 地址范围作为转换后的公网地址,此时要创建多个子接口,并对应每一个公网地址。而"--to-source"选项后的参数应该以"a.b.c.x-a.b.c.y"的形式出现。

前面介绍的是数据包转换后的公网 IP 是固定的情况。如果公网 IP 地址是从 ISP 服务商那里通过拨号动态获得的,则每一次拨号所得到的地址是不同的,并且网络接口也是在拨号后才产生的。在这种情况下,前面命令中的"--to-source"选项将无法使用。为了解决这个问题,iptables 提供了另一种称为 IP 伪装的源 NAT,其实现方法是采用 "-j MASQUERADE"目标动作,具体命令如下所示:

```
#iptables -t nat -A POSTROUTING -s 10.10.1.0/24 -o ppp0 -j MASQUERADE
```

以上命令中,ppp0 是拨号成功后产生的虚拟接口,其 IP 地址是从 ISP 服务商那里获得的公网 IP。"-j MASQUERADE"表示把数据包的源 IP 地址改为 ppp0 接口的 IP 地址。

**注意**:除了上面的源 NAT 配置外,在实际应用中,还需要配置其他一些有关 iptables 网络防火墙的规则,同时,路由的配置也是必不可少的。

## 13.5.3　使用 iptables 配置目的 NAT

目的 NAT 改变的是数据包的目的 IP 地址,当来自 Internet 的数据包访问 NAT 服务器网络接口的公网 IP 时,NAT 服务器会把这些数据包的目的地址转换为某一对应的内网 IP,再路由给内网计算机。这样,使用内网 IP 地址的服务器也可以为 Internet 上的计算机提供网络服务了。

如图 13-6 所示,位于子网 10.10.1.0/24 的是普通的客户机,它们使用源 NAT 访问 Internet。而子网 10.10.2.0/24 是服务器网段,里面的计算机运行着各种网络服务,它们不仅要为内网提供服务,而且要为 Internet 上的计算机提供服务。但由于使用的是内网地址,因此需要在 NAT 服务器配置目的 NAT,才能让来自 Internet 的数据包能顺利到达服务器网段。

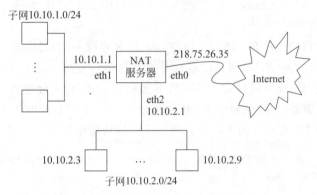

图 13-6　用于目的 NAT 配置的网络结构

假设 IP 为 10.10.2.3 的计算机需要为 Internet 提供网络服务,此时,可以规定一个公网 IP 地址,使其与 10.10.2.3 建立映射关系。假设使用的公网 IP 是 218.75.26.34,则配置目的 NAT 的命令如下:

```
#iptables -t nat -A PREROUTING -i eth0 -d 218.75.26.34/32 -j DNAT --to 10.10.2.3
```

以上命令是在 PREROUTING 链中添加规则,这条链位于路由模块的前面,因此是在路由前改变了数据包的目的 IP,这将对路由的结果造成影响。由于网络接口 eth0 与 Internet 连接,因此,“-i eth0”保证了数据包是来自 Internet 的数据包。“-d 218.75.26.34/32”表示数据包的目的地是到 218.75.26.34 主机,而这个 IP 应该是 eth0 某个子接口的地址,这样才能由 NAT 服务器接收数据包,否则,数据包将会因为无人接收而丢弃。

“-j DNAT”指定了目标动作是 DNAT,表示要对数据包的目的 IP 进行修改,它的子选项“--to 10.10.2.3”表示修改后的 IP 地址是 10.10.2.3。于是,目的 IP 修改后,接下来将由路由模块把数据包路由给 10.10.2.3 服务器。

以上是让一个公网 IP 完全映射到内网的某个 IP 上,此时同 10.10.2.3 主机直接位于 Internet,并且使用 218.75.26.34 地址是没有区别的。因此这种方式虽然达到了地址转换的目的,但实际上并没有带来多大好处,因为使用 NAT 的主要目的是能够共用公网 IP 地址,以节省日益紧张的 IP 地址资源。为了达到共用 IP 地址的目的,可以使用端口映射。

端口映射是把一个公网 IP 地址的某一端口映射到内网某一 IP 地址的某一端口上去。它使用起来非常灵活,两个映射端口的端口号可以不一样,而且同一个公网 IP 的不同端口可以映射到不同的内网 IP 地址上去。

例如，假设主机 10.10.2.3 只为外网提供 Web 服务，因此，只需要开放 80 端口，而主机 10.10.2.9 为外网提供了 FTP 服务，因此需要开放 21 号端口。在这种情况下，完全可以把公网 IP 地址 218.75.26.34 的 80 号和 21 号端口分别映射到 10.10.2.3 和 10.10.2.9 的 80 号和 21 号端口，以便两台内网服务器可以共用一个公网 IP。具体命令如下所示：

```
#iptables -t nat -A PREROUTING -i eth0 -d 218.75.26.34/32 -p tcp --dport 80 -j
DNAT --to 10.10.2.3:80
#iptables -t nat -A PREROUTING -i eth0 -d 218.75.26.34/32 -p tcp --dport 21 -j
DNAT --to 10.10.2.9:21
```

以上命令中，目的地址是 218.75.26.34 的 TCP 数据包，当目的端口是 80 时，将转发给 10.10.2.3 主机的 80 端口；当目的端口是 21 时，将转发给 10.10.2.9 主机的 21 号端口。当然，两个映射的端口可以完全不一样。例如，如果还有一台主机 10.10.2.8 也通过 80 端口提供 Web 服务，并且映射的 IP 地址也是 218.75.26.34，此时需要把 218.75.26.34 的另一个端口，如 8080，映射到 10.10.2.8 的 80 端口，命令如下：

```
#iptables -t nat -A PREROUTING -i eth0 -d 218.75.26.34/32 -p tcp --dport 8080
-j DNAT --to 10.10.2.8:80
```

**注意**：上面介绍的只是有关 iptables 中的 DNAT 配置，在实际应用中，还需要其他一些配置的配合才能真正成功。例如，filter 表的 3 个链应该允许相应的数据包通过，应该为每一个外网 IP 创建 eth0 接口的子接口等。

此外，对于 FTP 服务来说，由于 21 号端口只是建立控制连接时用到的端口，真正传输数据时要使用其他端口。而且在被动方式下，客户端向 FTP 服务器发起连接的端口号是随机的，因此，无法通过开放固定的端口来满足要求。为了解决这个问题，可以在 Linux 系统中载入以下两个模块。

（1）modprobe ip_conntrack_ftp

（2）modprobe ip_nat_ftp

这两个模块可以监控 FTP 控制流，以便能事先知道将要建立的 FTP 数据连接所使用的端口，从而可以允许相应的数据包通过，即使防火墙没有开放这个端口。

# 本 章 实 训

### 实训目的

（1）掌握 iptables 防火墙的配置。

（2）掌握 NAT 的实现方法。

### 实训内容

网络中包括两个子网 A 和 B。子网 A 的网络地址为 192.168.1.0/24，网关为

hostA。hostA 有两个接口,eth0 和 eth1。eth0 连接子网 A,IP 地址为 192.168.1.1。eth1 连接外部网络,IP 地址为 10.0.0.11。子网 B 的网络地址为 192.168.10.0/24,网关为 hostB。hostB 有两个网络接口,eth0 和 eth1。eth0 连接子网 B,IP 地址为 192.168.10.1。eth1 连接外部网络,IP 地址为 10.0.0.101。hostA 和 hostB 构成子网 C,网络地址是 10.0.0.0/24,通过集线器连接到 hostC,然后通过 hostC 连接 Internet。hostC 的内部网络接口为 eth0,IP 地址为 10.0.0.1。

1. 配置路由器

在 hostA、hostB 和 hostC 上配置路由器,使子网 A 和 B 之间能够互相通信,同时子网 A 和 B 的主机也能够和 hostC 相互通信。

2. 配置防火墙

在 hostA 上用 iptables 配置防火墙,实现如下规则。

(1) 允许转发数据包,保证 hostA 的路由功能。

(2) 允许所有来自子网 A 内的数据包通过。

(3) 允许子网 A 内的主机对外发出请求后返回的 TCP 数据包进入子网 A。

(4) 只允许子网 A 外的客户机连接子网 A 内的客户机的 22 号 TCP 端口,也就是只允许子网 A 外的主机对子网 A 内的主机进行 SSH 连接。

(5) 禁止子网 A 外的主机 ping 子网 A 内的主机,也就是禁止子网 A 外的 ICMP 包进入子网 A。

3. 配置 NAT

重新配置 hostA 和 hostB 上的路由规则和防火墙规则,启用 IP 伪装功能。在 hostA 上对子网 A 内的 IP 地址进行伪装,实现 NAT,使子网 A 内的主机能够访问外部的网络。

**实训总结**

通过此次的上机实训,掌握在 Linux 下如何配置防火墙。

# 本 章 习 题

**一、选择题**

1. 若要开启 IP 包转发功能,以下命令中,不正确的是(　　)。

    A. 在/etc/sysconfig/network 配置文件中设置 FORWARD_IPv4＝true

    B. 执行命令：echo "1"＞/proc/sys/net/ipv4/ip_forward

    C. 执行命令：sysctl -w net.ipv4.ip_forward＝"1"

    D. 修改/etc/sysctl.conf 配置文件,设置 ip_forward＝1

2. 若要清除 filter 表中所有自定义的链,以下命令中正确的是(　　)。

    A. iptables -F -t filter　　　　　　　　B. iptables -Z

    C. iptables -X　　　　　　　　　　　　D. iptables -Z -t filter

3. 以下可启动 iptables 防火墙的命令有(　　　)。

    A. service iptables save　　　　　B. /etc/rc. d/init. d/iptables start

    C. service iptable start　　　　　　D. service iptables start

4. 在 filter 表中不包括以下(　　　)链。

    A. INPUT　　　　　　　　　　　　B. OUTPUT

    C. FORWARD　　　　　　　　　　D. PREROUTING

5. NAT 的类型不包括(　　　)。

    A. 静态 NAT　　　　　　　　　　B. 网络地址端口转换 DNAT

    C. 动态地址 NAT　　　　　　　　D. 代理服务器 NAT

6. 在 iptables 中,特殊目标规则 REJECT 表示(　　　)。

    A. 让数据包透明通过

    B. 简单地丢弃数据包

    C. 丢弃该数据,同时通知数据的发送者数据被拒绝通过

    D. 被伪装成是从本地主机发出的,回应的数据被自动地在转发时解伪装

## 二、简答题

1. 什么是防火墙? 防火墙主要有哪些类型?

2. 如何开启 IP 的包转发功能?

3. 如何开启和关闭 iptables 服务?

4. 简述 iptables 的包传输过程。

5. 什么是 NAT? 试简述其工作原理。

# 第 14 章 配置 SELinux

SELinux 是 Linux 内核 2.6 版本中提供的强制访问控制（MAC）系统。对于目前可用的 Linux 安全模块来说，SELinux 是在 20 年的 MAC 研究基础上建立的，功能最全面、测试最充分的安全功能之一。SELinux 在类型强制服务器中合并了多级安全性或一种可选的多类策略，并采用了基于角色的访问控制概念。本章介绍了 SELinux 的相关概念及其简单的使用方法。

**本章要点：**

（1）了解 SELinux。

（2）了解 SELinux 中的用户。

（3）了解 SELinux 中的策略。

（4）掌握 SELinux 的简单使用。

## 14.1　SELinux 简 介

### 14.1.1　SELinux 概述

现在不论是政府还是民间企业，大家对信息安全问题是越来越关心了，因为企业的业务平台的服务器上存储着大量的商务机密、个人资料等。特别是政府的网站，作为信息公开的平台，它的安全就显得更重要了。这些连到互联网的服务器，不可避免地要受到来自世界各地的各种威胁，最坏的情况有服务器被入侵、主页文档被替换、机密文档被盗走等。除了来自外部的威胁外，内部人员的不法访问、攻击也是不可忽视的。对于这些攻击或者说是威胁，当然有很多的办法，如使用防火墙、入侵检测系统、打补丁等。因为 Linux 也和其他的商用 UNIX 相同，各类的安全漏洞不断出现。不得不花很多的人力对付这些漏洞。在这些手段之中，提高 OS 系统自身的牢固性就显得很重要。

Red Hat Enterprise Linux 中安全方面的最大变化就在于集成了 SELinux 的支持。SELinux 的全称是 Security-Enhanced Linux，是由美国国家安全局 NSA 开发的访问控制体制。SELinux 可以最大限度地保证 Linux 系统的安全。至于它的作用到底有多大，举一个简单的例子可以证明。

没有 SELinux 保护的 Linux 的安全级别和 Windows 一样，是 C2 级，但经过 SELinux 保护的 Linux 安全级别则可以达到 B1 级。例如，把/tmp 目录下的所有文件和目录权限设置为 0777,这样在没有 SELinux 保护的情况下,任何人都可以访问/tmp 下的内容;而在 SELinux 环境下,尽管目录权限允许访问/tmp 下的内容,但 SELinux 的安全策略会继续检查用户是否可以访问。

普通 Linux 安全和传统 UNIX 系统一样,基于自主存取控制方法,即 DAC,只要符合规定的权限,如规定的所有者和文件属性等,就可存取资源。在传统的安全机制下,一些通过 setuid/setgid 的程序就产生了严重安全隐患,甚至一些错误的配置就可引发巨大的漏洞,被轻易攻击。而 SELinux 则基于强制存取控制方法,即 MAC,通过强制性的安全策略,应用程序或用户必须同时符合 DAC 及对应 SELinux 的 MAC 才能进行正常操作,否则都将遭到拒绝或失败,而这些问题将不会影响其他正常运作的程序和应用,并保持它们的安全系统结构。

NSA 推出的 SELinux 安全体系结构称为 Flask,在这一结构中,安全性策略的逻辑和通用接口一起封装在与操作系统独立的组件中,这个单独的组件称为安全服务器。SELinux 的安全服务器定义了一种混合的安全性策略,由类型实施(TE)、基于角色的访问控制(RBAC)和多级安全(MLS)组成。通过替换安全服务器,可以支持不同的安全策略。SELinux 使用策略配置语言定义安全策略,然后通过 checkpolicy 编译成二进制形式,存储在文件(如目标策略/etc/selinux/targeted/policy/policy.24)中,在内核引导时读到内核空间。这意味着安全性策略在每次系统引导时都会有所不同。

SELinux 的策略分为两种,一个是目标(targeted)策略,另一个是多层(MLS)策略。目标策略只对 Apache、Postfix、bind 等部分网络服务进行保护,不属于这些服务的就都属于 unconfined_t,该策略可导入性高,可用性好,但不能对整体进行保护;而多层策略 MLS 是另一种强制访问控制策略,特别适合于政府机密数据的访问控制,SELinux 为 MLS 提供了可选的支持,即使类型强制保留了 SELinux 的基础访问控制机制,也可以提供额外的 MLS 风格的强制访问控制。目标策略模式下,9 个(可能更多)系统服务受 SELinux 监控,几乎所有的网络服务都受控。

SELinux 配置文件/etc/selinux/config 控制系统下一次启动过程中载入哪个策略,以及系统运行在哪个模式下,用户可以使用 sestatus 命令查看当前 SELinux 的状态。

```
#sestatus
SELinux status:             enabled
SELinuxfs mount:            /selinux
Current mode:               enforcing
Mode from config file:      enforcing
policy version:             24
policy from config file:    targeted
```

通过修改/etc/selinux/config 文件可以控制两个配置设置:SELinux 模式和活动策略。/etc/selinux/config 文件内容如下:

```
#This file controls the state of SELinux on the system.
#SELINUX=can take one of these three values:
#     enforcing-SELinux security policy is enforced.
```

```
#    permissive-SELinux prints warnings instead of enforcing.
#    disabled-NO SELinux policy is loaded.
SELINUX=enforcing
#    SELINUXTYPE=can take one of these two values:
#    targeted-Targeted processes are protected,
#    mls   Multi Level Security Protection.
SELINUXTYPE=targeted
```

SELinux 模式(由第 6 行的 SELINUX 选项确定)可以被设置为 enforcing、permissive 或 disabled。

(1) 在 enforcing 模式(又称强制模式)下,策略被完整执行,这是 SELinux 的主要模式,应该在所有要求增强 Linux 安全性的操作系统上使用。

(2) 在 permissive 模式(又称宽松模式)下,策略规则不被强制执行,相反,只是审核遭受拒绝的消息,除此之外,SELinux 不会影响系统的安全性,这个模式在配置和测试一个策略时非常有用。

(3) 在 disabled 模式(又称关闭模式)下,SELinux 内核机制是完全关闭了的,只有系统启动时策略载入前,系统才会处于 disabled 模式,这个模式和 permissive 模式有所不同,permissive 模式有 SELinux 内核特征操作,但不会拒绝任何访问,只是进行审核,在 disabled 模式下,SELinux 将不会有任何动作,只有在极端环境下才使用这个模式,例如,当策略错误阻止用户登录系统时,即使在 permissive 模式下也有可能发生这种事情,或用户不想使用 SELinux 时。

**警告**:在 enforcing 和 permissive 模式或 disabled 模式之间切换时要小心,当返回 enforcing 模式时,通常会出现文件标记不一致的问题。

SELinux 配置文件中的模式设置由 init 使用,在它载入初始策略前配置 SELinux 使用。

SELinux 配置文件中的 SELINUXTYPE 选项告诉 init 在系统启动过程中载入哪个策略,这里设置的字符串必须匹配用来存储二进制策略版本的目录名,例如,使用 MLS 策略作为例子,则设置 SELINUXTYPE＝mls,确保用户想要内核使用的策略位于/etc/selinux/mls/policy/中,如果用户已经创建了自己的自定义策略,如 custom_policy,应该将这个选项设置为 SELINUXTYPE＝custom_policy,确保编译的策略位于/etc/selinux/custom_policy/policy/中。

## 14.1.2　SELinux 的概念

### 1. DAC

DAC(自主存取控制)依据程序运行时的身份决定权限,是大部分操作系统的权限存取控制方式。也就是依据文件的 own、group、other/r、w、x 权限进行限制。root 用户有无法限制的最高权限。r、w、x 权限划分太粗糙,无法针对不同的进程实现限制。

## 2. MAC

MAC(Mandatory Access Control,强制存取控制),依据条件决定是否有存取权限。也就是说,即使是 root 用户,在使用不同的程序时,所能取得的权限并不一定最高,而要依当时该程序的设定而定。这样可以规范个别细致的项目进行存取控制,提供完整的彻底化规范限制。可以对文件、目录、网络、套接字等进行规范,所有动作必须先得到 DAC 授权,然后得到 MAC 授权才可以存取。

## 3. RBAC

RBAC(Role Base Access Control,基于角色的访问控制),对于用户只赋予最小权限。用户被划分成了一些 role(角色),即使是 root 用户,如果不具有 sysadm_r 角色的话,也不能执行相关的管理。哪个 role 可以执行哪些 domain 也是可以修改的。

## 4. 安全上下文

当启动 SELinux 的时候,所有文件与对象都有安全上下文。进程的安全上下文是域,安全上下文由"用户：角色：类型"表示,即由 user：role：type 这 3 部分组成,下面分别说明其作用。

(1) user identity

类似 Linux 系统中的 UID,提供身份识别,是安全上下文中的一部分。3 种常见的 user 如下所示。

① user_u-：普通用户登录系统后预设。

② system_u-：开机过程中系统进程的预设。

③ root-：root 登录后预设。

在 targeted 策略中 users 不是很重要,而在 strict 策略中比较重要,有预设的 selinux users 都以"_u"结尾,root 除外。

(2) role

用户的 role,类似于系统中的 GID,不同的角色具备不同的权限。用户可以具备多个 role,但是同一时间内只能使用一个 role。role 是 RBAC 的基础。常见 role 的表示如下所示。

① 文件与目录的 role,通常是 object_r。

② 程序的 role,通常是 system_r。

③ 用户的 role,targeted 策略为 system_r。

④ strict 策略为 sysadm_r、staff_r、user_r。

(3) type

用来将主体与客体划分为不同的组,给每个主体和系统中的客体定义了一个类型;为进程运行提供最低的权限环境。当一个类型与执行的进程关联时,该 type 也称为 domain,也叫安全上下文。域或安全上下文是一个进程允许操作的列表,决定一个进程可以对哪种类型进行操作。

## 14.1.3　策略目录

RHEL 系统上安装的每个策略在/etc/selinux/目录下都有自己的目录,子目录的名字对应于策略的名字(如 targeted,mls,refpolicy 等)。在 SELinux 配置文件中就要使用这些子目录名字,告诉内核在启动时载入哪个策略。在本章中提到的所有路径都是相对域策略目录路径/etc/selinux/[policy]/的。下面是 RHEL 系统上/etc/selinux/目录的简单列表输出。

```
#ls -lZ /etc/selinux
-rw-r--r--. root root system_u:object_r:selinux_config_t:s0 config
-rw-r--r--. root root system_u:object_r:selinux_config_t:s0 semanage.conf
-rw-r--r--. root root system_u:object_r:selinux_config_t:s0 restorecond.conf
-rw-r--r--. root root system_u:object_r:selinux_config_t:s0 restorecond_
    user.conf
drwxr-xr-x. root root system_u:object_r:selinux_config_t:s0 targeted
```

由上所示,在系统上只安装了一个 targeted 策略目录。注意目录和策略子目录都用 selinux_config_t 类型进行标记,这些传统的应用给二进制策略和相关文件的类型。semodule 和 semanage 命令可以管理策略的许多方面,semodule 命令管理可载入策略模块的安装、更新和移除,它对可载入策略包起作用,它包括一个可载入策略模块和文件上下文消息,semanage 工具管理添加、修改和移除用户、角色、文件上下文、多层安全(MLS)/多范畴安全(MCS)转换、端口标记和接口标记,关于这些工具的更多信息在它们的帮助手册中。

每个策略子目录包括的文件和文件如何标记必须遵守一个规范,这个规范被许多系统实用程序使用,可以帮助管理策略。通常,任何设计优良的策略源树都将正确安装策略文件,下面是 targeted 策略目录的列表输出,它就是一个典型示例。

```
#ls -lZ /etc/selinux/targeted
-rw-r--r--.  root  root  system_u:object_r:selinux_config_t:s0
    setrans.conf
-rw-r--r--.  root  root  system_u:object_r:selinux_config_t:s0   seusers
drwxr-xr-x.  root  root  system_u:object_r:default_context_t:s0  contexts
drwxr-xr-x.  root  root  system_u:object_r:selinux_config_t:s0   modules
drwxr-xr-x.  root  root  system_u:object_r:semanage_store_t:s0   policy
```

# 14.2　SELinux 的基本操作

SELinux 是个经过安全强化的 Linux 操作系统,实际上,原来的应用软件基本上没有必要修改就能在它上面运行。真正做了特别修改的 RPM 包只有 50 多个。如文件系统 EXT4 都经过了扩展,对于一些原有的命令也进行了扩展,另外还增加了一些新的命令,接下来就来介绍这些命令。

**1. 文件操作**

（1）ls 命令

专门用于 SELinux 的选项如下所示。

① --lcontext：显示安全上下文。

② -Z 或--context：显示安全上下文，它适合绝大多数的显示。

③ -scontext：只显示安全上下文和文件名。

例如：

```
#ls -Z                            //显示当前目录中文件的安全上下文
-rwxr-xr-x. fu fu user_u:object_r:user_home_t azureus
-rw-r--r--. fu fu user_u:object_r:user_home_t Azureus2.jar
-rw-r--r--. fu fu user_u:object_r:user_home_t Azureus.png
```

（2）chcon

改变每个文件的 SELinux 安全上下文。

用法：

```
chcon [OPTION]... CONTEXT FILE...
chcon [OPTION]... [-u USER] [-r ROLE] [-l RANGE] [-t TYPE] FILE...
chcon [OPTION]... --reference=RFILE FILE...
```

常见的选项如下所示。

-f，--silent，--quiet：强迫执行。

--reference＝RFILE：复制安全上下文。

-u，--user＝USER：修改安全上下文用户的配置。

-r，--role＝ROLE：修改安全上下文角色的配置。

-t，--type＝TYPE：修改安全上下文类型的配置。

-l，--range＝RANGE：在目标安全上下文中设置范围。

-R，--recursive：修改安全上下文用户的配置。

-v，--verbose：输出详细执行过程。

--help：显示帮助信息并退出。

--version：显示版本信息并退出。

示例：

```
#ls --context test.txt
-rw-r--r--. root root root:object_r:staff_tmp_t test.txt
#chcon -t etc_t test.txt
#ls -lZ test.txt
-rw-r--r--. root root root:object_r:etc_t test.txt          //更改了文件的标签
```

（3）restorecon

当这个文件在策略里有定义时，可以恢复原来的文件标签。

（4）setfiles

跟 chcon 一样可以更改一部分文件的标签，不需要对整个文件系统重新设定标签。

（5）fixfiles

一般是对整个文件系统而言的，后面一般跟 relabel，对整个系统 relabel 后，一般都重新启动。如果在根目录下有". autorelabel"空文件，每次重新启动时都调用 fixfiles relabel。

（6）star

就是 tar 在 SELinux 下的互换命令，能把文件的标签也一起备份起来。

（7）cp

后面可以跟 -Z，--context＝CONTEXT 在复制的时候指定目的地文件的 security context。

（8）find

可以跟-context 参数，查找特定的类型的文件。例如，

```
#find /home/fu/ --context fu:fu_r:amule_t -exec ls -Z {} \:
```

（9）run_init

在 sysadm_t 里手动启动一些如 Apache 之类的程序，也可以让它正常进行 domain 迁移。

### 2. 进程 domain 的确认

如果要确认程序现在在哪个 domain 里运行，可以在 ps 命令后加－Z 选项。例如，

```
#ps -eZ
LABEL                          PID  TTY  TIME      CMD
system_u:system_r:init_t       1    ?    00:00:00  init
system_u:system_r:kernel_t 2    ?    00:00:00  ksoftirqd/0
system_u:system_r:kernel_t 3    ?    00:00:00  watchdog/0
```

### 3. ROLE 的确认和变更

使用命令 id 能确认登录用户的安全上下文（security context）。

```
#id
uid=0(root) gid=0(root) groups=0(root),1(bin),2(daemon),3(sys),4(adm),6
(disk),10(wheel) context=root:staff_r:staff_t
```

这里虽然是 root 用户，但也只是在一般的 ROLE 和 staff_t 里运行，如果在 enforcing 模式下，这时的 root 对于系统管理工作来说，是什么也做不了的。要改变其角色，可以使用如下命令：

```
#newrole -r sysadm_r
#id -Z                          //再次查看安全上下文
staff_u:sysadm_r:sysadm_t:SystemLow-SystemHigh
```

### 4. 模式切换

（1）getenforce

可得到 SELinux 当前的模式。

```
#getenforce
Permissive
```

（2）setenforce

更改 SELinux 当前的模式，后面可以跟 enforcing、permissive 或者 1、0。

```
#setenforce permissive        //相当于执行了 setenforce 0
```

（3）sestatus

显示当前的 SELinux 的信息。

```
#sestatus -v
SELinux status: enabled
SELinuxfs mount: /selinux
Current mode: permissive
Mode from config file: permissive
Policy version: 20
Policy from config file: refpolicy
Process contexts:
Current context: user_u:user_r:user_t
Init context: system_u:system_r:init_t
/sbin/mingetty system_u:system_r:getty_t
/usr/sbin/sshd system_u:system_r:sshd_t
File contexts:
Controlling term: user_u:object_r:user_devpts_t
/etc/passwd system_u:object_r:etc_t
/etc/shadow system_u:object_r:shadow_t
/bin/bash system_u:object_r:shell_exec_t
/bin/login system_u:object_r:login_exec_t
/bin/sh system_u:object_r:bin_t ->  system_u:object_r:shell_exec_t
/sbin/agetty system_u:object_r:getty_exec_t
/sbin/init system_u:object_r:init_exec_t
/sbin/mingetty system_u:object_r:getty_exec_t
```

### 5. 其他重要命令

（1）Audit2allow

很重要的一个以 Python 写的命令，主要用来处理日志，把日志中的违反策略的动作的记录转换成 access vector，对开发安全策略非常有用。在 refpolicy 里，它的功能比以前有了很大的扩展。

```
#cat dmesg | audit2allow -m local>  local.te
```

（2）checkmodule -m -o local. mod local. te

编译模块。

```
#checkmodule -m -o local.mod local.te
checkmodule: loading policy configuration from local.te
checkmodule: policy configuration loaded
checkmodule: writing binary representation (version 5) to local.mod
```

（3）semodule_package

创建新的模块。

```
#semodule_package -o local.pp -m local.mod
```

（4）semodule

可以显示、加载、删除模块。例如,加载模块：

```
#semodule -i local.pp
```

（5）semanage

这是一个功能强大的策略管理工具,有了它即使没有策略的源代码,也是可以管理安全策略的。因为它主要是介绍用源代码来修改策略的,详细用法可以参考它的 man 页。

# 14.3　定 制 策 略

RHEL 最初是采用策略 1. X 版本的,并且是提供策略源代码的 RPM 包。从 FC5 开始策略的版本从 1. X 升级到 2. X。2. X 版本的 refpolicy(reference policy)最大的一个变化就是引进模块(module)这个概念,同一套策略源代码就可以支持 Multi-LevelSecurity(MLS)和 non-MLS。

RHEL 6 系统不提供源代码的 RPM 包,其提供的 audit2allow、semanage、semodule 也是可以开发一些简单的策略模块的。但是,要是做策略模块的开发,像增加一个 ROLE 之类的,最好还是下载 refpolicy 的源代码。

## 14.3.1　策略源文件的安装

从 CVS 服务器下载的源代码是最新的,如果遇到 make 的时候出错,那么最好就是把系统里和 SELinux 有关的那些包更新到最新的状态。从 source Forge 的 CVS 服务器下载源代码：

```
#cd /usr/local/src
#cvs -d:pserver:anonymous@cvs.sourceforge.net:/cvsroot/serefpolicy login
#cvs -z3 -d:pserver:anonymous@cvs.sourceforge.net:/cvsroot/serefpolicy co
   -P refpolicy
#cd refpolicy/
```

```
#make install-src
#cd /etc/selinux/refpolicy/src/policy
#cp build.conf build.conf.org
#vi build.conf
#diff build.conf build.conf.org
32c32
<DISTRO=redhat
---
>#DISTRO=redhat
43c43
<MONOLITHIC=n
---
>MONOLITHIC=y
#make conf
#make
```

这样,在/etc/selinux/refpolicy/src/policy 下生成很多的以 pp 为后缀的文件,这些就是 SELinux 模块。接下来修改/etc/sysconfig/selinux,设成 SELINUXTYPE=refpolicy,然后 reboot 启动后,确认策略的适用情况,现在的版本是 20。

```
$/usr/sbin/sestatus
SELinux status: enabled
SELinuxfs mount: /selinux
Current mode: permissive
Mode from config file: permissive
Policy version: 20
Policy from config file: refpolicy
```

## 14.3.2　定制 domain

开发程序策略的一般步骤如下。

(1) 给文件、端口之类的 object 赋予 type 标签。

(2) 设置 Type Enforcement(Domain 迁移、访问许可)。

(3) 策略加载。

(4) permissive 模式下运行程序。

(5) 确认日志,用 audit2allow 生成访问许可。

(6) 重复动作(1)～(5),直到没有违反的日志出现。

(7) 切换到 enforcing 模式,正式运用。

因为常用的那些服务的策略模块都已经有了,修改的时候也比较简单。接下来以 azureus 为例,介绍如何追加一个 azureus. pp 模块。在追加 azureus. pp 模块之前, azureus 在系统给用户设好的 user_t domain 里运行。

```
$ps -e|grep azureus
user_u:user_r:user_t fu 1751 1732 0 22:28 pts/3 00:00:00 /bin/bash ./azureus
```

接下来须追加 3 个文件。

（1）azureus.fc：在这里只定义一个文件，实际还要定义 azureus_t 可写的目录等。

```
#more azureus.fc
/home/fu/azureus --gen_context(user_u:object_r:azureus_exec_t,s0)
```

（2）追加 azureus.te。

```
#more azureus.te
policy_module(azureus,1.0.0)
type azureus_t;
type azureus_exec_t;
role user_r types azureus_t;
require {
type user_t;
};
domain_type(azureus_t)
domain_entry_file(azureus_t, azureus_exec_t)
domain_auto_trans(user_t, azureus_exec_t, azureus_t)
```

（3）azureus.if：如果没有别的模块要调用 azureus，这个文件可为空文件。

```
#more azureus.if
#policy/modules/apps/azureus.if
##Myapp example policy
##
##Execute a domain transition to run azureus.
##
##Domain allowed to transition.
##
interface(`azureus_domtrans',`
gen_requires(`type azureus_t, azureus_exec_t;')
domain_auto_trans($1,azureus_exec_t,azureus_t)
allow $1 azureus_t:fd use;
allow azureus_t $1:fd use;
allow $1 azureus_t:fifo_file rw_file_perms;
allow $1 azureus_t:process sigchld;
')
```

在/etc/selinux/refpolicy/src/policy/policy/module.conf 里加入下面一行：

```
#tail -1 modules.conf
azureus=module
#pwd
/etc/selinux/refpolicy/src/policy
#make;make load        //确认/etc/selinux/refpolicy/src/policy 里 MONOLITHIC=
                        n,最后 make, make load
#semodule -l |grep azureus    //可以用 semodule 命令来确认 azureus.pp 下载了没有
azureus 1.0.0
```

如果没有问题，再检查/home/fu/azureus/azureus 的安全性上下文，在 azureus.fc 里期望它是 user_u:object_r:azureus_exec_t，可是它还是继承了默认的 user_u:object_r:user_home_t，如果不是期望的文件标签，domain 是无法从 user_t 迁移到 azureus_t 的，假

如要执行 relabel 命令，会对整个文件系统重新设标签，很消耗时间，所以用文件标签更改的命令 chcon 来改标签。

```
#chcon -t azureus_exec_t azureus
#ls -lZ /home/fu/azureus/
-rwxr-xr-x. fu fu user_u:object_r:azureus_exec_t azureus    //标签变为 azureus_
                                                                        exec_t
-rw-r--r--. fu fu user_u:object_r:user_home_t Azureus2.jar
```

接下来退出 root 用户，以用户 fu 登录，运行 azureus 命令。

```
#ps -efZ|grep azureus
user_u:user_r:azureus_t fu 8703 8647 0 23:23 pts/1 00:00:00 /bin/bash ./azureus
user_u:user_r:azureus_t fu 8717 8703 4 23:24 pts/1 00:01:29 java -Djava.ext.
dirs=/usr/lib/jvm/java-1.4.2-gcj-1.4.2.0/jre/lib/ext -Xms16m -Xmx128m -cp
/home/fu/azureus/Azureus2.jar:/home/fu/azureus/swt.jar -Djava.library.path=
/home/fu/azureus -Dazureus.install.path=/home/fu/azureus org.gudy.azureus2.
ui.swt.Main
user_u:user_r:user_t root 9347 1956 0 23:59 pts/2 00:00:00 grep azureus
```

**注意**：这里只是演示如何让 domain 迁移，忽略了 azureus 严格的 access vector 的设置。

## 14.3.3　定义 ROLE

在这里要增加一个叫 madia 的 ROLE，在追加时要对一些文件进行修改。

（1）/etc/selinux/refpolicy/src/policy/policy/modules/kernel 下的文件修改。

① kernel.te 的修改。

```
#vi kernel.te
role madia_r;                      //在 role user_r 的下面加此行
```

② domain.te 的修改。

```
#vi domain.te
role madia_r type domain;          //在 role user_r types domain 的下面加此行
```

（2）/etc/selinux/refpolicy/src/policy/policy/modules/system 下的文件修改。

```
#vi userdomain.te
role sysadm_r, staff_r, user_r,madia_r;    //在第 5 行追加 madia_r
unpriv_user_template(madia)          //在 unpriv_user_template(user)下面加此行
```

（3）/etc/selinux/refpolicy/src/policy/policy 下的文件修改。

① user：users 和策略 1.X 里的 users 差不多。定义用户能利用的 ROLE。

```
#vi users
gen_user(madia, madia, madia_r, s0, s0)
```

② rolemap 的修改。

```
#vi rolemap
madia_r madia madia_t                        //在 user_r user user_t 下面加上此行
```

（4）重新 make 策略。

```
#make load
```

（5）/etc/selinux/refpolicy/seusers 文件的修改。

seusers 是系统一般用户和 SELinux 的用户映射。

```
#vi seusers
madia:madia
```

（6）/etc/selinux/refpolicy/contexts 下的文件修改。

① default_type：决定用户登录时的默认 ROLE。

```
#vi contexts/default_type
madia_r:madia_t
```

② default_contexts：决定用户登录时的默认 security context。

```
#vi contexts/default_contexts
system_r:local_login_t madia_r:madia_t staff_r:staff_t user_r:user_t sysadm_
r:sysadm_t
```

（7）以 madia 用户重新登录。最后以用户 madia 登录，查看是不是进入 madia_t 了。

```
$id
uid=501(madia) gid=501(madia) groups=501(madia) context=madia:madia_r:
madia_t
```

以上可以看出，madia 用户确实进入了 madia_t 运行。

说明：现在应用的还是 targeted 策略，因为现有的服务器在运行 Apache、Postgresql、Tomcat、Bind、Postfix 等服务时，targeted 能够保护它。而管理员的目标是将一些影响比较小的，服务比较单一的服务器移植到能运行 strict 策略的服务器上。当然，即使用 SELinux，对于系统的安全也不能掉以轻心，不能认为有了 SELinux 就 100％安全。比如 targeted 里有 unconfined_t，任何在这个 domain 里运行的服务都是不被保护的。还有，对于系统管理员对 TE 的错误设置、内核的漏洞、DoS 攻击等，SELinux 也是无能为力的。

# 14.4　应　用　SELinux

SELinux 的设置分为两个部分，修改安全上下文以及策略，下面收集了一些应用的安全上下文，供配置时使用，对于策略的设置，应根据服务应用的特点来修改相应的策略值。

**1. SELinux 与 samba**

（1）samba 共享的文件必须用正确的 SELinux 安全上下文标记。

```
#chcon -R -t samba_share_t /tmp/abc
```

如果共享/home/abc，需要设置整个主目录的安全上下文。

```
#chcon -R -r samba_share_t /home
```

（2）修改策略（只对主目录的策略的修改）如下。

```
#setsebool -P samba_enable_home_dirs=1
#setsebool -P allow_smbd_anon_write=1
#getsebool  -a                          //查看 SELinux 布尔值
samba_enable_home_dirs --> on
allow_smbd_anon_write --> on       //允许匿名访问并且可写
```

**2. SELinux 与 nfs**

SELinux 对 nfs 的限制好像不是很严格，默认状态下，不对 nfs 的安全上下文进行标记，而且在默认状态的策略下，nfs 的目标策略允许对 nfs 共享部分进行访问。

```
nfs_export_all_ro 0
nfs_export_all_rw 0
```

但是如果共享的是/home/abc，需要打开相关策略对 home 的访问。

```
#setsebool -P use_nfs_home_dirs boolean 1
#getsebool use_nfs_home_dirs
```

**3. SELinux 与 ftp**

（1）如果 ftp 为匿名用户共享目录，应修改安全上下文。

```
#chcon -R -t public_content_t /var/ftp
#chcon -R -t public_content_rw_t /var/ftp/incoming
```

（2）策略的设置如下。

```
#setsebool -P allow_ftpd_anon_write=1
#getsebool allow_ftpd_anon_write
allow_ftpd_anon_write-->on
```

**4. SELinux 与 http**

Apache 的主目录如果修改为其他位置，SELinux 就会限制客户的访问。
（1）修改安全上下文：

```
#chcon -R -t httpd_sys_content_t /home/html
```

由于网页都需要进行匿名访问，所以要允许匿名访问。

（2）修改策略如下。

```
#setsebool -P allow_ftpd_anon_write=1
#setsebool -P allow_httpd_anon_write=1
#setsebool -P allow_<协议名>_anon_write=1
```

关闭 selinux 对 httpd 的保护如下。

```
httpd_disable_trans=0
```

**5. SELinux 与公共目录共享**

如果 ftp、samba、web 都访问共享目录的话，该文件的安全上下文应为：

```
public_content_t=1
public_content_rw_t=1
```

其他各服务的策略的 bool 值应根据具体情况做相应的修改。

# 本 章 实 训

## 实训目的

通过对 SELinux 的操作，掌握 SELinux 的管理方法，体会安全操作系统的作用。

## 实训内容

（1）查看 SELinux 的状态。
（2）改变 SELinux 的策略。
（3）关闭及启用 SELinux。
（4）练习使用相关的工具包。

## 实训总结

SELinux 可以为操作系统提供较好的安全防护。使用者能被分配预先定义好的角色，以防他们存取不能存取的文件或者访问他们不拥有的程序。

# 本 章 习 题

## 简答题

1. SELinux 的策略有哪些？
2. SELinux 有几种常用的使用模式？这些模式之间有什么区别？
3. 如何使 SELinux 失去作用？

# 参 考 文 献

[1] Red Hat Inc. Red Hat Enterprise Linux 6:Deployment Guide 2010.

[2] http://docs. redhat. com/docs/en-US/Red_Hat_Enterprise_Linux/6/html/Deployment_Guide.

[3] 姜大庆. Linux 系统与网络管理[M]. 北京：中国铁道出版社,2009.

[4] 廖光忠. Linux 虚拟文件系统机制[J]. 计算机技术与发展,2006,16(11):114~116.

[5] 聂希芸. Linux 的虚拟文件系统[J]. 玉溪师范学院学报,2006,22(9):53~56.

[6] 顾喜梅,顾宝根. Linux 虚拟文件系统实现机制研究[J]. 微机发展,2002,12(1):60~63.

[7] 夏煜. Linux 操作系统的文件系统研究[D]. 西安：西北工业大学硕士学位论文,2000.

[8] 李善平,陈文智. 边学边干 Linux 内核指导[M]. 杭州：浙江大学出版社,2002.

[9] 倪继利. Linux 内核分析及编程[M]. 北京：电子工业出版社,2006.

[10] [美]Daniel P Bovet,Marco Cesati. 深入理解 Linux 内核[M]. 陈莉君,张琼声,张宏伟译. 北京：中国电力出版社,2007.